高等院校工程造价专业系列规划教材

GONGCHENG ZHAOTOUBIAO YU HETONG GUANLI

工程招标与合同管理（第2版）

任志涛 主　编
成桂英　张　睿 副主编

電子工業出版社
Publishing House of Electronics Industry
北京·BEIJING

图书在版编目（CIP）数据

工程招投标与合同管理 / 任志涛主编. —2 版. —北京：电子工业出版社，2016.4
高等院校工程造价专业系列规划教材
ISBN 978-7-121-28260-7

Ⅰ. ①工… Ⅱ. ①任… Ⅲ. ①建筑工程－招标－高等学校－教材②建筑工程－投标－高等学校－教材③建筑工程－经济合同－管理－高等学校－教材 Ⅳ. ①TU723

中国版本图书馆 CIP 数据核字(2016)第 043994 号

责任编辑：杨洪军
印　　刷：涿州市京南印刷厂
装　　订：涿州市京南印刷厂
出版发行：电子工业出版社
　　　　　北京市海淀区万寿路 173 信箱　邮编 100036
开　　本：787×1092　1/16　印张：16.75　字数：377 千字
版　　次：2009 年 3 月第 1 版
　　　　　2016 年 4 月第 2 版
印　　次：2016 年 4 月第 1 次印刷
定　　价：38.00 元

凡所购买电子工业出版社图书有缺损问题，请向购买书店调换。若书店售缺，请与本社发行部联系，联系及邮购电话：（010）88254888。
质量投诉请发邮件至 zlts@phei.com.cn，盗版侵权举报请发邮件至 dbqq@phei.com.cn。
服务热线：（010）88258888。

前言

我国工程建设领域的各项法律、法规是随着建筑市场的形成而逐步建立和完善起来的。从发展背景上，工程项目建设经历了一个漫长的发展过程，遵循工程项目的特点和我国经济的发展，正在潜移默化地进步和深化。从发展趋势上，工程项目建设招投标应用领域还在继续拓宽，合同规范化程度也在进一步提高。现在我国建设投资已呈现多元化局面，国内的外资项目，如世行项目、亚行项目、中外合资项目以及外商独资项目均已按国际惯例进行交易和管理。随着建筑产业的整体发展和提升，工程招投标与合同管理是国家和产业健康、平稳、持续发展的基本支撑。

随着经济全球化的进一步发展，国内建筑业发展和改革进一步深化，尤其是我国加入世界贸易组织（WTO）后，有关建设工程项目管理、建设工程施工安全、建设工程强制性标准及建筑市场管理等规范与规定相继颁布执行。结合我国建筑业新成就、改革新精神、宣传贯彻新文件和规范的体会，以及近年来参与改革实践的经验与教训，为了适应现代职业教育能力的培养，满足高等学校教材建设的需要，培养从事建设工程招标、投标和工程施工合同管理人才，我们组织编写了本教材。

在我国建筑市场发展的基础上，本教材介绍了招标、投标的程序和合同管理内容，突出招标、投标文件的编制和合同管理能力的培养，注重提高学生的应用能力，保证学生在校期间能够完成一个中等规模的建设工程项目从招标、投标到开标、评标、定标的全过程，以及工程项目合同管理的具体实施流程，具备工程项目招标文件与投标文件的编制能力和工程项目合同管理的应用能力。本教材还加入了政府采购法与公私合作关系（PPP）等内容，使知识内容与时俱进，更加符合现代社会发展趋势。本教材侧重于培养应用型人才，具有较强的综合性和实践性，理论与实际密切结合，抓住课程根本内容，采用示范案例方式，突出综合应用能力的培养，因此在各章中加强对引导案例和实际问题的分析。

本教材共10章，涵盖了工程招投标和合同管理的关键性环节和关键性内容，主要包括：工程招投标的相关知识，工程招标，工程投标，工程开标、评标和定标，国际工程招投标，工程合同管理的相关知识，工程施工合同管理，工程施工索赔管理及争议处理，国际工程合同条件。本书第1、2、7章由任志涛编写，第3、4、5章由成桂英编写，第6、8章由张睿编写，第9章由李德华编写，第10章由陈杨杨编写。校正工作由硕士研究生于昕、胡欣、王滢菡、武继科完成。

本教材在编写过程中参考引用了参考文献的部分理论成果，谨在此向这些作品的作者致以衷心的感谢。

限于作者水平，书中如有错误和不当之处，希望广大读者和专家给予批评和指正。

编　者

目　录

第 1 章　绪论

本章学习目标

☑ 掌握工程建设与工程建设项目管理的概念，并熟悉工程项目建设的程序与主体。
☑ 了解招投标与合同的关系，以及招投标与合同的法律制度和管理制度。
☑ 了解我国招投标制度的推行，并熟悉鲁布革引水工程招投标情况。
☑ 了解现代电子招投标的发展，以及我国工程合同示范文本的制定和推行。

引导案例

沙特麦加轻轨项目，是一个集设计、施工和运营管理于一体的 EPC 总承包项目。它原本是一条让整个伊斯兰世界振奋的标志性工程——连接麦加禁寺和阿拉法特山，全长 18.25 公里，行驶时速最高达 360 公里，它的诞生是为了避免 2006 年麦加朝觐时 362 人死于踩踏事故的悲剧重演。从商业角度看，总造价 17.7 亿美元的这一项目堪称近年中东基础建设风潮的标志。

2009 年 2 月，中国铁建股份有限公司（简称中国铁建）低价中标，成为圣城轻轨的总承包商，中铁十八局是具体承建公司。麦加轻轨项目为 EPC+O&M 合同，即设计、采购、施工、运营管理的模式，然而，中国铁建投标决策人员和项目管理人员对于 EPC 合同并不熟悉。针对具体项目，在投标时就要对材料和分包商进行逐项询价，但中国铁建由于经验不足、时间紧迫等原因，并没有进行相应的工作，导致投标时无法较准确地估计成本。2010 年 9 月 23 日，离竣工还有 3 个月时，中铁十八局董事长因工期延误在麦加被就地解职。之后，中国铁建公告称，麦加轻轨项目将给其带来 41.53 亿元人民币的巨额亏损，几近其全年利润的一半。中国铁建解释亏损的原因是开工后，因为业主不断提出新的功能需求、指令性变更、增加工程量、地下管网和征地拆迁严重滞后等原因，导致项目工作量和成本投入大幅增加，计划工期出现阶段性延误。在此情况下，中国铁建全力确保工期进度，增加投入了大量人力、物力和财力，项目成本因此超出预期。

从中铁建设沙特麦加轻轨项目总承包发生巨亏，看我国工程建设中存在的招投标与合同管理问题。

1.1 工程建设项目管理概述

1.1.1 工程建设

1. 工程建设的概念

工程建设，也称工程建设活动，简称工程，是对土木建筑工程的建造、线路管道和设备安装及与之相关的其他建设工作的总称。土木建筑工程包括矿山、铁路、公路、道路、隧道、桥梁、堤坝、电站、码头、飞机场、房屋等工程；线路管道和设备安装包括电力、通信线路，石油、燃气、给水、排水、供热等管道系统和各类机械设备、装置的安装；其他建设工作包括建设单位及其主管部门的投资决策活动、政府的监督管理，以及征用土地、工程勘察设计、工程监理和相应的技术咨询等工作。工程建设活动为国民经济的发展和人民生活的改善提供重要的物质技术基础，并对众多产业的振兴发挥促进作用，因此它在国民经济中占有相当重要的地位。工程建设活动的对象是建设项目，工程建设活动的成果是建设产品，房屋建筑是最常见的建设产品。

工程建设项目，是指为完成依法立项的新建、扩建、改建等各类工程而进行的、有起止日期的、达到规定要求的一组相互关联的受控活动组织的特定过程，包括策划、勘察、设计、采购、施工、试运行、竣工验收和考核评价等。

工程建设项目管理，是指运用系统的、科学的理论和方法，对工程项目进行的计划、组织、领导、协调和控制等专业化活动。

2. 工程建设的特点

工程建设的特点主要从建设产品和建设过程两个方面来体现。

（1）建设产品的特点。

1）总体性。建设产品是由许多材料、制品经施工装配而组成的综合体；是由许多个人和单位分工协作、共同劳动的总成果；往往也是由许多具有不同功能的建（构）筑物布置结合成的完整体系。

2）固定性。一般的工农业产品可以流动，消费使用空间不受限制，而建设产品只能固定在建设场址使用，在建造中和建成后都是不能移动的。

（2）建设过程的特点。

1）生产周期长。工程建设周期通常需要几个月到几十个月。在如此长的建设周期中，不能提供完整产品，不能发挥完全效益，因而造成了大量的人力、物力和资金的长期占用；同时，由于建设周期长，受政治、社会、经济、自然等因素影响大。

2）建设过程的连续性和协作性。工程建设的各阶段、各环节、各协作单位及各项工作，必须按照统一的建设计划有机地组织起来，在时间上不间断，在空间上不脱节，使建设过程有条不紊地进行。如果某个环节的工作遭到破坏或中断，就会导致该工作停工，甚至波及其他工作，造成人力、物力、财力的积压，并可能导致工期拖延，影响项目的按时投产。

3）施工的流动性。建设产品的固定性决定了施工的流动性，施工人员及机械设备必须随着建设对象、地点的不同而经常迁移。

4）受自然和社会条件的制约性强。一方面，由于建设产品的固定性，工程施工多为露天作业；另一方面，在建设过程中，需要投入大量的人力和物资。因此，工程建设受地形、地质、水文、气象等自然因素以及材料、水电、交通、生活等社会条件的影响很大。

3. 工程建设市场

工程建设市场是指以建筑产品承发包交易活动为主要内容的市场，一般称建设市场或建筑市场。建筑市场有广义与狭义之分。狭义的建筑市场一般是指有形建筑市场，是指建设产品需求者与供给者进行买卖活动的场所，是固定的交易场所。广义的建筑市场包括有形市场和无形市场，是工程建设生产和交易关系的综合。由于建筑产品具有生产周期长、价值量大、生产过程的不同阶段对承包的能力和特点要求不同的特点，这决定了建筑市场交易贯穿于建筑产品生产的整个过程。从工程建设的决策、设计、施工，一直到工程竣工、保修期结束，业主与承包商、分包商进行各种交易以及相关的商品混凝土供应、构配件生产、建筑机械租赁等活动，都是在建筑市场中进行的。

目前我国采取有形建筑市场的方式，即建设工程交易中心，它是依据国家法律法规成立，经政府主管部门批准，为建设工程交易活动提供服务的场所。这项措施对于增进建设工程交易透明度，加强对建设工程交易活动的监督管理，从源头上预防工程建设领域腐败行为，具有重要作用。设立有形建筑市场，必须符合以下条件：有固定的建设工程交易场所和满足有形建筑市场基本功能要求的服务设施；成立不与任何政府部门及其所属机构有隶属关系的独立管理机构；有健全的有形建筑市场工作规则、办事程序和内部管理制度；工作人员应熟悉相关法律法规、工程建设和招投标管理等方面知识；经当地政府有关部门及其管理机构同意，在有形建筑市场设立服务“窗口”，并依法实施监督。

1.1.2 工程项目建设程序

工程项目建设程序是指由法律、行政性法规、规章所规定的，进行工程建设活动所必须遵循的阶段及先后顺序。它反映了工程建设所固有的客观规律和经济规律，体现了现行建设管理体制的特点，是建设项目科学决策和顺利进行的重要保证。建设程序既是工程建设应遵循的准则，也是国家对工程建设进行监督管理的手段之一。

我国不同行业工程项目建设的程序略有差异，但一般可分为 7 个阶段，即项目建议书阶段、可行性研究阶段、设计工作阶段、建设准备阶段、建设实施阶段、竣工验收阶段和后评价阶段。这 7 个阶段的关系如图 1-1 所示，其中项目建议书阶段和可行性研究阶段称为前期工作阶段或决策阶段。

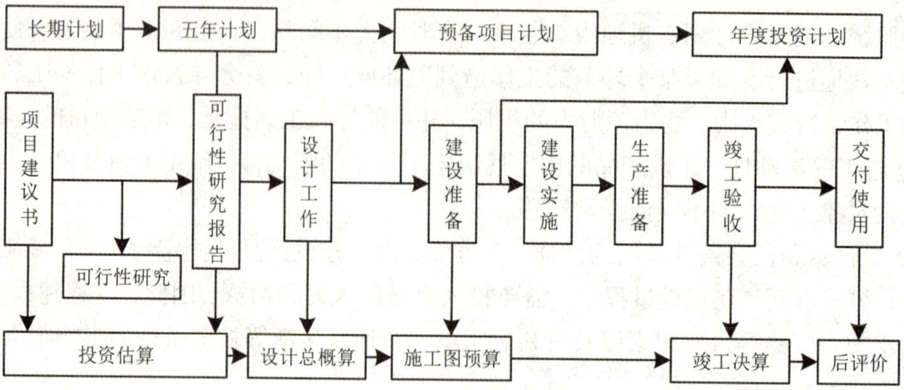

图1-1 工程建设程序图

（1）项目建议书阶段，也称初步可行性研究阶段或预可行性研究阶段。项目建议书是项目法人单位向国家提出的、要求建设某一工程项目的建议性文件，是对工程项目的轮廓设想，是从拟建项目的必要性和可行性加以考虑的。

（2）项目可行性研究阶段。项目建议书经批准后，应紧接着进行可行性研究。可行性研究是对工程项目在技术和经济上是否可行进行科学分析和论证的工作，是技术经济的深入论证阶段，为项目决策提供依据。可行性研究阶段最后提交的成果是可行性研究报告。经批准的可行性研究报告，是工程项目实施的依据。

（3）设计工作阶段。设计是复杂的综合性技术经济工作，设计前和设计中要进行大量的勘察调查工作，没有一定广度和深度的勘察工作，就不可能有正确的设计工作。工程设计是分阶段进行的，常见的设计工作阶段分为以下几个。

1）初步设计。它是根据可行性研究报告的要求所做的具体实施方案。目的是为了论证在指定的地点、时间和投资控制数额内，拟建项目在技术上的可行性和经济上的合理性，并通过对工程项目作出的基本技术经济参数的规定，编制项目总概算。

2）技术设计。它是对重大项目和新型特殊项目，为进一步解决某些具体技术问题，或确定某些技术方案而增加的设计阶段。它是对初步设计阶段中无法解决而又需要进一步解决的问题而进行的设计，诸如：特殊工艺流程方面的试验、研究及确定；大型建筑物、构筑物某些关键部位的结构形式、工程措施等的试验、研究和确定；新型设备的试验、制作和确定等。对于一般的工程项目，较少设置专门的技术设计阶段。

3）施工详图设计，也称施工图设计。它要完整地表现建筑物外形、内部空间分割、结构体系、构造状况以及建筑群的布局和周围环境的配合，具有详细的构造尺寸。设计完的施工图经过审核，提供给承包人施工。

（4）建设准备阶段。建设准备的主要工作内容包括：征地、拆迁和施工场地平整；完成施工用水、电、路等工程；组织设备、材料订货；组织施工招标，选定承包人。

（5）建设实施阶段。工程项目经批准开工，便进入了建设实施阶段。一般开工建设的时间，是指工程项目设计文件中规定的任何一项永久性工程第一次破土开槽开始施工的日期。不需要开槽的，正式开始打桩的日期就是开工日期。铁路、公路、水库土石坝等需要进行大量土、石方工程的，以开始进行土、石方施工的日期作为正式开工日期。施工活动应按设计要求、合同条款、规程规范、施工组织设计进行，保证工程项目的质量目标、工期目标和投资控制目标得以实现。在建设实施阶段还要进行生产准备。生产准备是项目投产前的一项重要工作，它是连接建设和生产的桥梁，是建设转入生产经营的必要条件。

（6）竣工验收阶段。竣工验收阶段包含两种验收：一是一个工程项目的施工合同完成后，由承包人将合同工程移交给业主所进行的验收，其常称完工验收；二是整个工程项目完工并投产后，由政府组织对工程的验收，其常称竣工验收。竣工验收是建设全过程的最后一道程序，是投资成果转入生产或使用的标志，是项目业主向国家汇报工程项目的生产能力或效益、质量和交付新增固定资产的过程。竣工验收对促进工程项目及时投产、发挥投资效益及总结经验均有重要作用。

（7）后评价阶段。项目后评价是工程项目竣工投产、生产运营一段时间后，再对项目的立项决策、设计施工、生产运营等全过程进行系统评价的一种技术经济活动，是固定资产投资管理的一项重要内容，也是固定资产投资管理的最后一个环节。通过建设项目后评价，可以达到肯定成绩、总结经验、研究问题、吸取教训、提出建议、改进工作、不断提高项目决策水平和投资效果的目的。项目后评价的内容包括立项决策评价、设计施工评价、生产运营评价和建设效益评价。项目后评价的基本方法是对比法，就是将工程项目建成投产后所取得的实际效果、经济效益和社会效益、环境保护等情况与前期决策阶段的预测情况相对比，与项目建设前的情况相对比，从中发现问题，总结经验教训。

1.1.3 工程项目建设主体

工程建设是一个系统性的工作，根据我国现行法规，除了政府的管理部门（如行政管理、质量监督等部门）、金融机构及建筑材料、设备供应商之外，我国从事建设活动的单位主要有建设单位、房地产开发企业、工程总承包企业、建筑业企业、工程勘察设计企业、工程监理单位以及工程咨询和服务企业等。

1. 建设单位

建设单位也称为业主单位或项目业主，指建设工程项目的投资主体或投资者，它也是建设项目管理的主体。所有的建设单位都拥有一种共同的东西，那就是需要。要将这种需要尽快付诸行动或收到效益，建设单位就要委托设计单位（或咨询单位）将自己的设想逐步向前推进，把自己的设想逐步变成设计图纸，通过招标选定施工单位按照设计图纸将设想变成实际的工程。

在国际上，通常使用业主（Owner）一词，也有些国家和地区使用雇主（Employer）一词。其含义是一样的。在我国建筑市场上，建设单位实际上就是类似于业主的角色。过去在某些大中型项目中，工程指挥部行使了业主的权利。国家计委规定自1992年起，新开工的大中型基本建设项目原则上都要实行项目业主责任制（1996年改成项目法人责任制），促使我国的投资效益有了一个根本的改观。

2．房地产开发企业

房地产开发企业是指在城市及村镇从事土地开发、房屋及基础设施和配套设施开发经营业务，依法取得相应资质等级证书，具有企业法人资格的经济实体。未取得房地产开发资质等级证书的企业，不得从事房地产开发经营业务。在工程建设中，房地产开发企业的角色与一般建设单位相似。

房地产开发企业的资质等级，按照其拥有的注册资本、专业技术人员和开发业绩等条件划分为四个等级。各资质等级企业应当在规定的业务范围内从事房地产开发经营业务，不得越级承揽业务。一级资质的房地产开发企业承担房地产项目的建设规模不受限制，可以在全国范围承揽房地产开发项目。二级资质及二级资质以下的房地产开发企业可以承担建筑面积25万平方米以下的开发建设项目，承揽业务的具体范围由省、自治区、直辖市人民政府建设行政主管部门确定。

3．工程总承包企业

工程总承包企业是指对项目从立项到交付使用的全过程进行承包的企业。工程总承包是指从事工程总承包的企业受业主委托，按照合同约定对工程项目的勘察、设计、采购、施工、试运行（竣工验收）等实行全过程或若干阶段的承包。工程总承包企业按照合同约定对工程项目的质量、工期、造价等向业主负责。工程总承包企业可依法将所承包工程中的部分工作发包给具有相应资质的分包企业；分包企业按照分包合同的约定对总承包企业负责。

工程总承包企业可以实行项目建设全过程的总承包，也可进行分阶段的承包；可独立进行总承包，也可与其他单位联合总承包。具体运营模式有设计采购施工/交钥匙总承包（EPC）和设计–施工总承包（D-B）。

具有工程勘察、设计或施工总承包资质的勘察、设计和施工企业，通过改造和重组，建立与工程总承包业务相适应的组织机构、项目管理体系，充实项目管理专业人员，提高融资能力，发展成为具有设计、采购、施工（施工管理）综合功能的工程公司，在其勘察、设计或施工总承包资质等级许可的工程项目范围内开展工程总承包业务。

4．建筑业企业

建筑业企业是指从事土木工程、建筑工程、线路管道设备安装工程、装修工程的新建、扩建、改建活动的企业。建筑业企业应当按照其拥有的注册资本、净资产、专业技术人员、技术设备和已完成的建筑工程业绩等资质，经审查合格，取得相应等级的资质证书后，方可在其资质等级许可的范围内从事建筑活动。

建筑业企业的资质等级，按照其拥有的注册资本、专业技术人员和业绩等条件划分为若干等级，分为施工总承包、专业承包和劳务分包三个序列。施工总承包分12大类，专业承包分60大类，劳务分包分13大类。

承担施工总承包的企业可以对所承接的工程全部自行施工，也可以将非主体工程或者劳务作业分包给具有相应专业承包资质的其他建筑业企业。施工总承包企业可以实行项目建设全过程的总承包，也可进行分阶段的承包；可独立进行总承包，也可与其他单位联合总承包。获得专业承包资质的企业，可以承接施工总承包企业分包的专业工程或者建设单位按照规定发包的专业工程。专业承包企业可以对所承包的工程全部自行施工，也可以将劳务作业分包给具有相应劳务分包资质的劳务分包企业。获得劳务分包资质的企业，可以承接施工总承包企业或者专业承包企业分包的劳务作业。

5. 工程勘察设计企业

工程勘察设计企业是指依法取得资格，从事工程勘察、工程设计活动的单位。一般情况下，工程勘察和工程设计是业务各自独立的企业。工程勘察设计企业应当按照其拥有的注册资本、专业技术人员、技术装备和勘察设计业绩等条件申请资质，经审查合格，取得建设工程勘察、设计资质证书后，方可在资质等级许可的范围内从事建设工程勘察、设计活动。

建设工程勘察，是指根据建设工程的要求，查明、分析、评价建设场地的地质地理环境特征和岩土工程条件，编制建设工程勘察文件的活动。一般包括初步勘察和详细勘察两个阶段。

建设工程设计，是指根据建设工程的要求，对建设工程所需的技术、经济、资源、环境等条件进行综合分析、论证，编制建设工程设计文件的活动。

国际上一般将设计工作划分为概念设计、基本设计和详细设计三个阶段。概念设计是以创意和构思设计，在此基础上通过与业主的充分交流与沟通，再继续深化设计，作出一个双方都满意的设计方案。概念设计的基本目的是通过简明的技术图纸和技术要求及分析，探讨最佳设计方案，作为基本设计和详细设计的依据。基本设计主要是作为编制施工详图和控制工程造价的基本依据。有些国家用基本设计阶段的图纸和文件进行招标。详细设计也称施工详图设计，主要用于工程招标和工程施工。

我国一般将设计工作划分为方案设计、初步设计和施工图设计三个阶段，与国际上的三阶段划分有大致对应关系。我国还规定，对于技术复杂或缺乏设计经验的大中型工程可以增加技术设计阶段，据以进行设备订货和施工准备，同时根据它来编制修正总概算。根据我国的有关规定，从事建设工程勘察、设计活动，必须坚持先勘察、后设计、再施工的原则。同时，取得资质证书的建设工程勘察、设计企业可以从事相应的建设工程勘察、设计咨询和技术服务。国家对从事建设工程勘察、设计活动的专业技术人员，实行执业资格注册管理制度。

6. 工程监理单位

工程监理单位是指取得监理资质证书，具有法人资格的单位。从性质上讲，监理单位属于工程咨询类企业。“监理”是我国特有的称谓，西方国家承担监理任务的是工程咨询公司、工程顾问公司、建筑师事务所等，一般通称“工程师”。但是，在我国，建设监理是一项制度，对监理单位的资格管理和行业管理与一般的工程咨询有所区别。工程建设中，监理单位接受业主的委托和授权，根据有关工程建设法律法规，经建设主管部门批准的工程项目建设文件、监理合同和其他工程建设合同，对工程建设项目实施阶段进行专业化监督与管理，业主和承包商之间与建设合同有关的联系活动要通过监理单位进行。虽然监理单位是受业主委托开展监理工作的，但在工作中，应独立、公正无偏地处理业主与被监理单位的利益，不得偏袒业主利益而克扣承包商利益。

工程监理企业按照其拥有的注册资本、专业技术人员和工程监理业绩等资质条件申请资质。取得相应等级的资质证书后，方可在其资质等级许可的范围内从事工程监理活动。工程监理企业的资质等级分为甲级、乙级和丙级，并按照工程性质和技术特点划分为若干工程类别。

7. 工程咨询和服务企业

工程咨询和服务企业主要向业主提供工程咨询和管理等智力型服务。除了勘察设计单位和监理单位外，从事工程咨询和服务的企业还有很多，如工程咨询、信息咨询、工程造价咨询、工程质量检测、工程招标代理、房地产中介（包括咨询、价格评估、经纪等）、房地产测绘等单位。工程咨询和服务企业一般应当取得相应的工程咨询资质证书，是拥有规定数量的执业（职业）人员的独立法人资格的经济组织，并在核定的范围内从事工程咨询服务。比如在项目投资决策阶段的主要工作——可行性研究，一般由工程咨询单位来完成。

工程项目管理企业是提供工程咨询和服务的。从事工程项目管理的企业，受业主委托，按照合同约定，代表业主对工程项目的组织实施进行全过程或若干阶段的管理和服务。工程项目管理企业不直接与该工程项目的总承包企业或勘察、设计、供货、施工等企业签订合同，但可以按合同约定，协助业主与工程项目的总承包企业或勘察、设计、供货、施工等企业签订合同，并受业主委托监督合同的履行。工程项目管理的具体方式及服务内容、权限、取费和责任等，由业主与工程项目管理企业在合同中约定。工程项目管理主要有项目管理服务（PM）和项目管理承包（PMC）。

1.2 工程招投标与合同

1.2.1 工程招投标与合同管理的关系

市场经济是法制经济，就建筑市场而言，通过工程招投标和施工合同管理对市场进行宏观调控和管理，是社会主义市场经济条件下必不可少的管理手段。

招标投标和合同管理是紧密相连、互相衔接、互相交叉的两个关键的管理环节。一方面，合同是招标投标成果的双方承诺以法律形式落实的契约，施工合同的合同条件是招标文件的重要组成部分；另一方面，招标文件又是合同文件的重要依据，两者相辅相成，密不可分。

招投标的过程需要合同管理的全力配合，合同管理贯穿于招标投标的全部过程。对于投标单位来说，招标文件即是合同管理的开始。工程施工合同管理是工程施工项目管理的核心内容和行为的尺度，工程施工合同管理与招投标制度是相互支撑的关系，工程招投标制度是合同管理的基础，工程施工合同管理是工程招投标制度的优化落实和工程施工实施的保障。

招投标的管理机构不仅要仔细监督工程的招标投标活动，而且要监督施工项目合同的签订与履行，首先是因为建筑工程的招投标过程是施工的合同谈判与签订的过程，也就是双方提出提议和接受提议与协商的过程。不仅如此，从市场交易的行为上来看，工程的招投标过程也是交易行为的过程，在承发包的双方签订施工合同之后，通过合同这种法律形式，交易行为被正式确定下来，如此，双方的权利与义务关系受到法律的制约与保护。其次，从招投标的跟踪管理的角度去看，想要评价招投标项目是否成功，只有通过检查与监督双方对于施工合同中各项条款的履行情况才能体现。只有将招投标与合同管理密切地结合起来，才能使建筑市场更加健康快速地发展起来。

1.2.2 工程招投标与合同管理制度

整个招投标决定了建设工程合同的质量，而建设工程合同又是建设工程实施的核心，对建设工程合同管理的成功与否意义重大，因此，对招投标进行管理的重要性不容忽视。在我国，合同的行政管理是指有关行政主管部门对利用合同从事的违法行为进行监督处理，并通过查处违法的合同行为对合同订立和履行依法实施监督、检查、指导等一系列行政监督管理活动的总称。目前招投标的监管机构是以发改委为领导，各行业的主管部门分别负责监督管理本行业的招标投标工作的模式，具体行业包括房建、通信、铁路、航空、水利、公路、市政等部门。合同监管的主要手段有对合同违法行为进行惩戒、建立合同的登记备案制度、建立市场准入机制、督促指导合同履行、建立合同争议解决机制和推行合同示范文本等。

建设工程合同是建设工程的灵魂，建设工程活动都要围绕合同来进行，就此而言，合同缔约阶段的重要性可见一斑。无论是企业内部还是相关的行政部门，对合同的管理都涉及了对合同的签订前阶段的管理，我们可以得出一个结论，对合同缔约前活动的管理在合同管理中有着很重要的地位。以下几种管理制度构成了我国行政主管部门对合同缔约阶段监管的主要内容。

（1）要对合同进行监管，首先要设置监管主体。行政监管体制研究的是监管的主体以及权力的划分等问题，合理的监管体制是对合同有效监管的前提。因此，建立合理、完整的合同行政监管主体制度是合同行政监管制度的首要之义。

（2）设置市场主体的准入机制是政府对市场经济进行规制的有效手段，对市场主体的资格审查制度是规范合同订立和履约的基础，也是行政监管的主要手段。

（3）设置并推广合同的示范文本，可以为签订合同的当事人在订立合同时提供参考的合同文本，合同示范文本制度不仅为合同的制定提供了便利，还可以减少合同纠纷的发生。

（4）设置有效的争议解决机制，有利于对合同签订过程的争议进行有效解决，也是行政主管部门对合同进行监管的重要措施。另外，行政主管部门还要对合同缔约过程的各项活动进行全面监督，以保证整个签约过程的公平、公正和有序。

1.2.3 工程招投标与合同的法律制度

工程招投标和合同的法律制度，从起步到现在，逐渐完善。我国招投标制度是伴随着改革开放而逐步建立并完善的。1984 年，国家计委、城乡建设环境保护部联合下发了《建设工程招标投标暂行规定》，倡导实行建设工程招投标，我国由此开始推行招投标制度。

1991 年 11 月 21 日建设部、国家工商行政管理局联合下发《建筑市场管理规定》，明确提出加强发包管理和承包管理，其中发包管理主要是指工程报建制度与招标制度。在整顿建筑市场的同时，建设部还与国家工商行政管理局一起制定了《施工合同示范文本》及其管理办法，于 1991 年颁发，以指导工程合同的管理。1992 年 12 月 30 日，建设部颁发了《工程建设施工招标投标管理办法》。

1994 年 12 月 16 日建设部、国家体改委再次发出《全面深化建筑市场体制改革的意见》，强调了建筑市场管理环境的治理。文中明确提出大力推行招标投标，强化市场竞争机制。此后，各地也纷纷制定了各自的实施细则，使我国的工程招投标制度趋于完善。

1999 年，我国工程招标投标制度面临重大转折。首先是 1999 年 3 月 15 日全国人大通过了《中华人民共和国合同法》，并于同年 10 月 1 日起生效实施，由于招标投标是合同订立过程中的两个阶段，因此，该法对招标投标制度产生了重要的影响。其次是 1999 年 8 月 30 日全国人大常委会通过了《中华人民共和国招标投标法》，并于 2000 年 1 月 1 日起施行。这部法律基本上是针对建设工程发包活动而言的，其中大量采用了国际惯例或通用做法，带来招标体制的巨大变革。

随后的 2000 年 5 月 1 日，国家计委发布了《工程建设项目招标范围的规模标准规定》；2000 年 7 月 1 日，国家计委又发布了《工程建设项目自行招标试行办法》和《招标公告发布暂行办法》。

2001 年 7 月 5 日，国家计委等七部委联合发布《评标委员会和评标办法暂行规定》。其中有三个重大突破：关于低于成本价的认定标准；关于中标人的确定条件；关于最低价中标。在这里第一次明确了最低价中标的原则，这与国际惯例是接轨的。这一评标定标原则必然给我国现行的定额管理带来冲击。在这一时期，建设部也连续颁布了第 79 号令《工程建设项目招标代理机构资格认定办法》、第 89 号令《房屋建筑和市政基础设施工程施工招标投标管理办法》、《房屋建筑和市政基础设施工程施工招标文件范本》（2003 年 1 月 1 日施行）以及第 107 号令《建筑工程施工发包与承包计价管理办法》（2001 年 11 月）等，对招投标活动及其承发包中的计价工作作出进一步的规范。

2011 年 11 月 30 日，国务院第 183 次常务会议通过《中华人民共和国招标投标法实施条例》，自 2012 年 2 月 1 日起施行。通过颁布实施《中华人民共和国招标投标法实施条例》，在总结实践证明行之有效做法的基础上，在行政法规层面对招标投标配套规则进行整合提炼，促进招标投标规则统一，为依法规范招标投标活动，进一步筑牢工程建设领域预防和惩治腐败的制度屏障，维护招标投标活动的正常秩序，提供有力的制度保障。

1.3 工程招投标与合同管理的历史沿革与发展趋势

1.3.1 我国工程招投标制度的推行

随着我国社会主义市场经济制度的发展和完善，招投标制度作为我国建设领域工程发包的主要方式，具有公开性、公平性、公正性的特点。我国建筑企业开始走向世界，进入国际工程承包市场，在激烈的国际招投标竞争中取得了不少经验和教训。国内建设工程的招投标制度建立于 20 世纪 80 年代，1982 年开始的鲁布革引水工程国际招投标的冲击促使我国从 1992 年通过试点后大力推行招投标制度。自 1992 年至今，立法建制逐步完善，特别是《中华人民共和国招标投标法》于 2000 年 1 月 1 日起施行后，我国招标投标制进入了全面实施的新阶段，真正引入了建筑市场竞争机制。下面是对鲁布革引水工程在采取国际招投标中获得的经验的回顾。

1. 鲁布革水电站引水工程招投标情况

（1）鲁布革水电站引水工程招投标简介。鲁布革水电站位于云南罗平和贵州兴义交界处。鲁布革水电站总容量每小时 60 万千瓦，年发电量 28.2 亿千瓦时。1981 年 6 月经国家批准列为重点建设项目。1982 年 7 月，国家决定将鲁布革水电站工程作为改革开放后我国水电建设方面第一个利用世界银行贷款、对外公开招标的国家重点工程项目，并按照世界银行规定，实行新中国成立以来的第一次国际公开招标。该工程由一条长 8.8 公里、内径 8 米的引水隧洞和调压井等组成。招标工程的范围是其引水隧洞、调压井和通向电站的压力电管等。招标工作由水利电力部委托中国进出口公司进行，其招标程序和合同履约情况如表 1-1 所示。

表 1-1 鲁布革水电站引水工程国际公开招标程序

时　间	工作内容	说　明
1982 年 9 月	刊登招标通告及编制招标文件	
1982 年 9 ~ 12 月	第一阶段资格预审	从 13 个国家 32 个公司中选定 20 家合格公司，包括我国 3 家公司进行谈判

续表

时　间	工作内容	说　明
1983 年 2～7 月	第二阶段资格预审	与世界银行磋商第一阶段预审结果，中外公司为组成联合投标公司进行谈判
1983 年 6 月 15 日	发售招标文件（标书）	15 家外商及 3 家国内公司购买了标书，8 家投标
1983 年 11 月 8 日	公开招标	共 8 家公司投标，其中 1 家为废标
1983 年 11 月～1984 年 4 月	评标	确定大成（日）、前田（日）和英波结洛公司（意美联合）3 家为评标对象，最后确定日本大成公司中标，与之签订合同，合同价为 8 463 万元，比标底 12 958 万元低了 43%，合同工期 1 597 天
1984 年 11 月	引水工程正式开工	
1988 年 8 月 13 日	正式竣工	工程师签署了工程竣工移交证书，工程初步结算价 9 100 万元，仅为标底的 60.8%，比合同价增加了 7.53%，实际工期 1 475 天，比合同工期提前了 122 天

根据世界银行贷款项目《土建工程国际竞争性招标文件》的规定，开标时对各投标人的投标书进行开封和宣读。评标的主要规定和步骤如下。

1）业主可要求任何投标人以书面或电报方式澄清其投标书，包括单价分析表，但投标人不应寻求或提出对其报价价格或实质性内容进行修改。这是为了有助于对投标书的审查、澄清、评价和比较。

2）投标书的检查与响应性的确定。评标前，业主应在以下方面对投标书进行检查：①是否符合现行规定的投标书合格性的标准；② 签署是否适当；③ 是否提交了符合要求的投标保函；④ 是否提交了业主为确定其响应性而要求其提供的所有澄清文件或证明文件；⑤ 是否实质上响应了投标书的要求。实质上响应招标文件的投标书应符合招标文件的全部条款、条件和技术规范，无重大的偏离和保留。所谓重大的偏离和保留，是指对工程的范围、质量、工程的实施产生重大的影响；对合同中规定的业主的权利及投标人的义务造成重大的限制；纠正这种偏离或保留，将会对其他按合理价格提交了实质上符合要求的投标书的投标人的地位产生不公正的影响。

如果投标书实质上不响应招标文件的要求，业主将视之为废标，且不允许投标人修正或撤消其重大偏离或保留，而使其投标书符合响应性要求。表 1-2 中某公司未按照招标文件投送投标书，而成为废标。

表 1-2 鲁布革水电站引水工程国际公开招标评标折算报价

公 司	折算报价（万元）	公 司	折算报价（万元）
大成公司	8 460	中国闽昆与挪威 FHS 联合公司	12 210
前田公司	8 800	南斯拉夫能源公司	13 220
英波吉洛公司（意美联合公司）	9 280	法国 SBTP 联合公司	17 940
中国贵华与西德霍尔兹曼联合公司	12 000	某公司	废标

（2）修正错误。对于确定为实质上响应的投标书，业主应按下列原则修正其中的错误。

1）当以数字表示的金额与文字表示的金额不一致时，以文字金额为准。

2）在工程量清单任何一行中，如所标的单价乘以该行数量所得合价金额同该单价不一致时，应以所标的单价为准。除非业主认为该单价有明显的小数点错位，则此时应以该行列出的合价金额为准，并修改此单价。

业主按上述规定修改错误后所得的该投标书报价金额，在投标人的同意下，应对该投标人起约束作用。如果投标人不接受此修改后的金额，则其投标书将被拒绝，并没收其投标保证金。按照国际惯例，只有前三标能进入评标阶段，因此我国两家公司没有入选。这次国际竞争性招标，虽然国内公司享受 7.5%的优惠，条件颇为有利，但未中标。

事后分析，原因可能如下。

1）标底计算过高，束缚了自己的手脚。

2）外商标价中费用项目比我国概算要少得多。国内一个公司就负担着一个小社会，费用名目繁多，再加上人员设备工效低，临时设施数量大，这些因素都会使报价增高，工期较长，削弱投标竞争能力。

3）由于“十年动乱”的干扰，国内公司的施工技术和管理水平在当时与外国大公司比，有一定差距。此外，投标过程中对市场信息的掌握也稍差。

差距首先表现在人员设备工效上。当时国内隧洞开挖进尺每月最高为 112 米，仅达到国外公司平均工效的 50%左右。其次是施工工艺落后。日本大成公司每立方米混凝土的水泥用量比国内公司少用 70 千克。国内公司与挪威联营的公司所用水泥比大成公司多了 4 万多吨，按进口水泥运达工地价计算，差额约为 100 万元。此外，国内设备利用率低，而国外高于我们。由于上述因素，国内公司报价的主要指标一般高于此次投低标的外国公司而处于不利地位，表 1-3 为各投标公司主要指标对比。

表 1-3 各投标公司主要指标对比

项 目	单 位	大成公司	前田公司	意美联合公司	闽挪联合公司	标 底
隧洞开挖	元/m^3	37	35	26	56	79

续表

项　目	单　位	大成公司	前田公司	意美联合公司	闽挪联合公司	标　底
隧洞衬砌	元/m^3	200	218	269	291	444
混凝土衬砌水泥单方用量	元/m^3	270	308		360	320～350
水泥总用量	t	52 500	65 500	64 000	92 400	77 890
劳动量总计	工日/月	22 490	19 250	19 250	28 790	
隧洞超挖	cm	12～15（圆形）	12～15(圆形）	10（圆形）	20（马蹄形）	20（马蹄形）
隧洞开挖月进尺	m/月	190	220	140	180	

大成公司采用总承包制，管理及技术人员仅30人左右，雇用我国某公司为分包单位，采用科学的项目管理方法。合同工期为1 597天，竣工工期为1 475天，提前122天。工程质量综合评价为优良。包括除汇率风险以外的设计变更、物价涨落、索赔及附加工程量等增加费用在内的工程初步结算为9 100万元，仅为标底的60.8%，比合同价增加了7.53%。鲁布革工程的管理经验不仅得到了世界银行的充分肯定，也受到我国政府的重视，号召建筑施工企业进行学习。建设部和国家计委等五单位于1987年7月发布《关于第一批推广鲁布革工程管理经验企业有关问题的通知》后，于1988年8月确定了15个试点企业共66个项目。1991年将试点企业调整为50家。1991年9月，建设部提出了《关于加强分类指导、专题突破、分步实施、全面深化施工管理体制综合改革工作的指导意见》，将试点工作转变为全行业的综合改革。

2. 鲁布革水电站引水工程的主要经验

水电部早在1977年就着手进行鲁布革水电站的建设准备工作，水电十四局开始修路，进行施工准备。但由于资金缺乏，准备工程进展缓慢，前后拖延7年之久。20世纪80年代初，水电部决定利用世界银行贷款，使工程出现转机。鲁布革水电站引水工程原为水电十四局承担的工程，且已经做了大量施工准备，但是在投标竞争中，以最低评标价中标的日本大成公司投标价为 8 463 万元，十四局和闽江局及挪威联合的公司投标价为 12 132.7万元，比大成公司高了30%。

鲁布革水电站引水工程进行国际招标和实行国际合同管理，在当时具有很大的超前性。鲁布革工程管理局作为既是“代理业主”又是“监理工程师”的机构设置，按合同进行项目管理的实践。水电站引水工程进行国际招标，首部大坝枢纽和地下厂房工程以及机电安装仍由水电十四局负责施工，因此形成了“一个工程，两种管理体制”并存的状况。这正好给了人们一个充分比较、研究、分析两种管理体制差异的极好机会。

（1）核心的经验是把竞争机制引入工程建设领域。

（2）工程施工采用全过程总承包方式和科学的项目管理。

（3）严格的合同管理和工程师监理制。

在中国工程建设发展和改革过程中，鲁布革水电站的建设占有一定的历史地位，发挥了重要的历史作用。通过以中外合作方式建设鲁布革水电站，中国建设者学会了国际合同编标、招标、评标的程序和方法；运用了 FIDIC 合同管理；引进了处理变更、索赔等合同管理业务知识。在总结鲁布革水电站工程管理经验的基础上，中国建设系统结合中国国情，逐步推行了建设体制的四项改革，即项目建设的业主负责制、合同管理制、工程建设监理制和工程招标投标制。

1.3.2　电子招投标

1. 电子招投标的定义

电子招投标活动是指以数据电文形式，依托电子招投标系统完成的全部或者部分招投标交易、公共服务和行政监督活动。它是利用现代计算机技术，以电子文档的形式记录，通过可移动电子存储介质或互联网传递招标及投标文件等数据信息，并实现开标、评标、定标、合同签订、价款支付、监管活动等全过程信息化的一种招投标管理体系，是基于互联网平台将计算机技术与招标采购标准流程相结合，利用网络技术安全、便捷、高效地在线履行全部招投标工作的过程。

当前，电子招投标建设得到了世界范围内多个行业的广泛认可及政府的高度重视。据世界银行统计，全世界政府采购电子化的数量已经超过 120 亿美元。由于起步较早，西方各国的电子招投标在技术、方法等方面相对完善，制度建设更为齐全，取得了较好的应用效果。据研究数据表明，全球 500 强中约 70%的企业在采购环节中使用了电子化手段，从而在成本与效益方面获得了收益。同时，电子化招投标也被大量用于政府的公共采购领域，各国还为规范招投标市场并促进其良性发展，加强了该领域的制度建设，以为其提供合法性支撑。

我国的电子招投标系统最早是应用于国际招标活动中的，1999 年的外经贸纺织品配额招标工作中我国首次使用了电子招标方式。商务部则于 2001 年通过中国国际招标网在国内率先使用了电子招投标系统，并取得了较好的反响。在其带动下，全国各地区、各行业也积极开展了电子招投标系统与实践的开发与探索，覆盖领域也从货物采购逐渐向装备采购、工程项目领域拓展，并且部分地区或者单位也取得了较为突出的成绩。根据主体进行区别，包括政府、行业、企业等主体所主导的电子招投标项目，其中政府推行的电子招投标又分为中央政府主导的全国性平台及地方政府主持的区域性平台。

2. 电子招投标与传统招投标方式对比

电子招投标相较于传统的招投标方式，更加简便、快捷，并且大大减少了工作人员的工作量。表 1-4 是它们之间在具体业务流程上的对比。

表 1-4　电子招投标与传统招投标方式的对比

	传统方式	电子方式
投标人注册	纸质提交供应商调查表 招标公司人员自行录入	投标人网上自行注册 投标人信息自助维护，包括企业信息、资质文件
招标项目立项	合同纸质保留 人工分配 招标编号手工领取 信息不共享	合同内容电子化 根据工作负荷分配 招标信息和委托联动共享 招标编号自动生成 设定操作权限，灵活授权
招标文件编制	根据历史招标文件或范本 “剪刀+糨糊”的制作方式 招标文件审核工作量大 招标文件发出流转周期长	根据文件模板标准定义 自动生成招标文件初稿 自动合成招标文件 自动转换 PDF 文件 自动加盖电子印章 只审核可变数据，无须全审
招标公告发布	专人在官网上发布公告 专人在采购网上发布公告 专人在国际招标网上发布公告	系统自动进行官网公告发布 系统自动在采购网发布 可以和国际招标网做接口 支持和其他公共平台对接
招标文件出售	专人进行标书出售 工作量非常大 标书打印成本高 标书发票邮寄烦琐 财务对账困难	投标人网上自行购买 网上支付成功立刻下载 无需专人售卖标书 减少财务人员的工作量 发票、快递单可套打联打 财务对账更为简单
标前澄清补疑	组织标前现场答疑会 投标人标前互相见面难防范 传真邮件澄清补遗文件 逐个通知，工作量大	网上答疑、澄清、补遗 避免投标人标前见面 澄清通知通过短信提醒 投标人自行下载澄清文件 减轻项目经理工作量
投标	打印装订纸质投标书 一正四副成本高 逐页小签手抽筋 最怕领导改报价	制作电子投标书 离线制作安全高 电子签章防篡改 电子钥匙上好锁 网上投递很方便

续表

	传统方式	电子方式
开标	大包小包上飞机 住宿打车怕误点 交通吃饭要花钱 开标成本难避免	网上开标免差旅 自己加密自己解 透明监督全掌握 轻松高效零成本
评标	评委会翻阅纸质标书 评委打分后自行计算 标书信息量巨大 很难精确进行指标对比 评审过程相对粗放 评委的工作量较大	相对集中式远程异地评标 系统自动抓取招标投标数据 自动进行横向比较分析 专家在电脑上打分 系统自动汇总、计算 可实现精细化评审 减轻评委工作量
定标	手工编制评标报告 专人在官网发布公告公示 手工编制中标通知书 传真、电话通知投标人	评标报告可自动生成 公告公示可根据模块生成 中标通知书可自动生成 系统可自动发送邮件信息

3. 电子招投标的意义

（1）节约社会成本（招投标及监督成本等）。未来高效、透明的电子招投标系统，将全面响应环保理念，实现无纸化办公、多媒介参与及电子监督，减少了出行、通信和会务开支，大大节约了社会成本。

（2）提高招投标效率。避免空间和地域限制，实现影音等多媒介的不间断联系。实现电子化后，招投标文件编制、发布都将更便于修改、传递和确认，使招投标效率大幅提高。

（3）建立公平平台。统一标准的技术平台，招投标双方都以数字形式在网络中出现，低成本地实现“P2C（人与机）对话”，克服了传统招投标中“P2P（人与人）对话”存在的人为因素影响。

（4）便于监督机构管理。利用系统记录和监管系统对整个招投标过程进行管理、备存和记录，严格的数据保护功能和超强的数据记忆（恢复）功能无疑有利于政府加强对招投标的监督威慑力和宏观调控力。

（5）降低招投标风险。微观上，电子格式标书规范了投标人行为，提高了投标质量和效率，大大降低废标的可能性；宏观上，根据建立一套严格的涉及工商、税务、行业等多维资格立体审查体系，对招投标双方实行多指标、多层面的动态管理、评价，可以保证参加招投标双方的资格和信用。

4．电子招投标中存在的问题及相关法律法规

随着电子招投标市场的发展，相关问题也接踵而至。第一，各地交易中心的建立和运行缺乏统一标准、良莠不齐、缺乏管理、电子交易平台没有互联互通，长此以往将阻碍电子招标的发展。第二，电子招标活动中特有的专业程序和安全问题，如投标文件传输失败的解决办法和法律责任、泄密的责任追究等。第三，电子招标的监管体制不健全，有形市场内的监督局限于开标旁站，交易市场外的项目疏于管理。

基于此，2013 年 2 月 4 日国家发改委等部门经过认真调研，反复征求意见，起草颁布了《电子招标投标办法》及其技术规范。该办法于 2013 年 5 月 1 日正式实施，该办法的实施为建立公平公正的电子招投标活动的市场秩序提供了法律和技术保障，是招投标行业可持续发展的里程碑。

1.3.3 我国工程合同示范文本的制定和推行

根据有关工程建设施工的法律法规，结合我国工程建设施工的实际情况，并借鉴国际上广泛使用的土木工程施工合同条件（特别是 FIDIC 土木工程施工合同条件），国家建设部、国家工商行政管理局联合发布了《建设工程施工合同示范文本》、《建设工程设计合同示范文本》、《建设监理合同示范文本》、《建设装饰工程合同示范文本》及《总承包和分包合同示范文本》。《建设工程施工合同示范文本》于 1991 年 3 月颁布，推行效果良好，1999 年 12 月建设部和国家工商行政管理局依据相关法规，对《建设工程施工合同示范文本》做了重大修改，使其更能适应我国建筑业的发展和工程建设与国际接轨的需求。2013 年 4 月，住房和城乡建设部联合国家工商行政管理总局印发建市［2013］56 号文件，发布了 2013 版《建设工程施工合同（示范文本）》（GF—2013—0201）（简称《施工合同示范文本》）。《施工合同示范文本》适用于房屋建筑工程、土木工程、线路管道和设备安装工程、装修工程等建设工程的施工承发包活动。《施工合同示范文本》为非强制性使用文本，合同当事人可结合建设工程具体情况，根据《施工合同示范文本》订立合同，并按照法律法规规定和合同约定承担相应的法律责任及合同权利义务。

下面以《施工合同示范文本》为例作介绍。《施工合同示范文本》是由协议书、通用条款、专用条款三部分组成的，并附有三个附件：一是承包人承揽工程项目一览表，二是发包方供应材料设备一览表，三是房屋建筑工程质量保修书。

（1）协议书。协议书是《施工合同示范文本》中的总纲性文件。虽然其文字量并不大，但它规定了合同当事人双方最主要的权利义务，规定了组成合同的文件及合同当事人对履行合同义务的承诺，合同当事人要在这份文件上签字盖章，因此具有很强的法律效力。协议书的内容包括工程概况、工程承包范围、合同工期、质量标准、合同价款、组成合同的文件及双方的承诺等。

（2）通用条款。通用条款是根据《合同法》、《建筑法》等法律对承发包双方的权利义务作出规定的文件，除双方协商一致对其中的某些条款做了修改、补充或取消外，双方都

必须履行。它是将建设工程施工合同中共性的一些内容抽象出来编写的一份完整的合同文件。通用条款具有很强的通用性，基本适用于各类建设工程。通用条款共由 11 部分 47 条组成。这 11 部分的内容是：词语定义及合同文件；双方一般权利和义务；施工组织设计和工期；质量与检验；安全施工；合同价款与支付；材料设备供应；工程变更；竣工验收与结算；违约、索赔和争议；其他等。

（3）专用条款。考虑到建设工程的内容各不相同，工期、造价也随之变动，承包人、发包人各自的能力、施工现场的环境和条件也各不相同，通用条款不能完全适用于各个具体工程，因此，用专用条款来做必要的补充或修改，使通用条款和专用条款成为双方统一意愿的体现。专用条款的条款号与通用条款相一致，但主要是空格，需要由当事人根据工程的具体情况予以明确或对通用条款进行补充修改。

（4）施工合同示范文本附件。施工合同示范文本的附件是对施工合同当事人权利义务的进一步明确，并且使得施工合同当事人的有关工作一目了然，便于执行和管理。

改革开放以来，我国建筑企业通过“走出去”（参加国外工程承包）、“请进来”（外国企业参加国内和国际惯例承包的工程施工和自身实践），已经在项目及合同管理方面积累了相当丰富的经验。国内工程的施上合同管理已经历了“启蒙起步”、“依靠关系”、“关系加合同”和“合同加关系”几个阶段。对于工程索赔，承包商以“实事求是，该索就索”的原则，取得了不少经验，但与国际市场承包活动相比，还存在一定差距。

本章小结

工程建设是对土木建筑工程的建造和线路管道、设备安装及与之相关的其他建设工作的总称。工程建设项目是指为完成依法立项的新建、扩建、改建等各类工程而进行的、有起止日期的、达到规定要求的一组相互关联的受控活动组织的特定过程，包括策划、勘察、设计、采购、施工、试运行、竣工验收和考核评价等。

我国从事建设活动的单位主要有建设单位、房地产开发企业、工程总承包企业、建筑业企业、工程勘察设计企业、工程监理单位以及工程咨询服务企业等。

合同是招标投标成果的双方承诺以法律形式落实的契约，施工合同的合同条件是招标文件的重要组成部分；招标文件又是合同文件的重要依据，两者相辅相成，密不可分。

电子招投标有节约社会成本、提高招投标效率、建立公平平台、便于监督机构管理、降低招投标风险等优点，但依然存在一些问题，如各地交易中心的建立和运行缺乏统一标准、良莠不齐、缺乏管理、电子交易平台没有互联互通等。

《施工合同示范文本》是由协议书、通用条款、专用条款三部分组成的，并附有三个附件：一是承包人承揽工程项目一览表，二是发包方供应材料设备一览表，三是房屋建筑工程质量保修书。

复习思考题

1. 问答题

（1）简述工程项目建设的程序。

（2）工程项目建设主体以及各自的作用是什么？

（3）什么是电子招投标？

（4）简述推行工程招投标制度的意义。

2. 判断题

（1）工程项目建设市场的主体是指参与建筑生产交易的各方。其中包括：业主、承包商和工程咨询服务机构。（　）

（2）合同法律关系是指合同法律规范调整的当事人在民事流转过程中形成的债权人与债务人关系。（　）

3. 选择题

（1）招投标法规定开标的时间应当是（　）。

A．提交投标文件截止时间的同一时间　　B．提交投标文件截止时间的24小时内

C．提交投标文件截止时间的30天内　　D．提交投标文件截止时间后的任何时间

（2）根据《施工合同示范文本》的规定，下列发包人违约的情形中，承包人依法可以与发包人协议将工程折价并就该工程折价的价款优先受偿的是（　）。

A．发包人严重拖欠工程进度款　　B．发包人拖延组织工程竣工验收

C．发包人拒绝支付工程竣工结算款　　D．发包人指令使用质量不合格的建筑材料

（3）根据《招标投标法》的有关规定，评标委员会完成评标后，应当（　）。

A．向招标人提出口头评标报告，并推荐合格的中标候选人

B．向招标人提出书面评标报告，并决定合格的中标候选人

C．向招标人提出口头评标报告，并决定合格的中标候选人

D．向招标人提出书面评标报告，并推荐合格的中标候选人

（4）合同法律关系的主体是参加合同法律关系，享有相应权利，承担相应义务的当事人。下列主体中，可以作为合同法律关系主体的有（　）。

A．政府机关　　B．法人的分支机构

C．大学所属二级学院　　D．事业单位

E．社会团体

（5）《建设工程施工合同示范文本》由（　）组成。

A．建筑工程施工协议书　　B．建筑工程施工专用条款

C．洽商、变更等明确双方权利义务的纪要、协议

D．建筑工程施工通用条款

E．标准、规范和其他有关技术资料

实训题

北京市政府已批准兴建一所医院工程，现就该工程的施工面向社会公开招标。本次招标工程项目的概况为：建筑规模约 18 000 万元；建筑面积约 200 000 平方米；主楼采用框架结构；建设地点在四环以外；招标范围：土建和所有专业安装工程。工程质量要求达到国家施工验收规范合格标准。

【问题】

1．上述医院项目建设过程中的参与主体主要包括哪些？

2．工程招标过程中相关的合同法律法规有哪些？

第 2 章　工程招投标的相关知识

本章学习目标

☑ 掌握招投标的基本概念、适用范围、分类及特点。
☑ 掌握招投标的主体、方式、标的、程序、基本原则及意义。
☑ 了解工程招投标的相关理论基础。
☑ 熟悉工程招投标与其他交易方式的区别与联系。

引导案例

广东省中山医大三院医技大楼设计建筑面积为 19 945 平方米，预计造价 7 400 万元，其中土建工程造价约为 3 402 万元，配套设备暂定造价为 3 998 万元。年初，该工程项目进入该省建设工程交易中心以总承包方式向社会公开招标。

经常以“广州辉宇房地产有限公司总经理”身份对外交往的包工头郑楚辉得知该项目的情况后，即分别到该省 4 家建筑公司活动，要求挂靠这 4 家公司参与投标。这 4 家公司在未对郑楚辉的广州辉宇房地产有限公司的资质和业绩进行审查的情况下，就同意其挂靠，并分别商定了“合作”条件：一是投标保证金由郑支付；二是某市建筑公司代郑编制标书，由郑支付“劳务费”，其余 3 家公司的经济标书由郑编制；三是项目中标后全部或部分工程由郑组织施工，挂靠单位收取占工程造价 3%～5%的管理费。1 月份，郑楚辉给 4 家公司各汇去 30 万元投标保证金，并支付给某建筑公司 1.5 万元编制标书的“劳务费”。

为揽到该项目，郑楚辉还不择手段拉拢该省交易中心评标处副处长张文忠、办公室副主任陈暹河。张、陈两人积极为郑提供“咨询”服务，不惜泄露招投标中的有关保密事项，甚至带郑到审核标底现场向有关人员打探标底，后因现场监督严格而未得逞。

1 月 22 日下午开始评标。评标委员会置该项目招标文件规定于不顾，把原安排 22 日下午评技术标、23 日上午评经济标两段评标内容集中在一个下午进行，致使评标委员会没有足够时间对标书进行认真细致的评审，一些标书明显存在违反招标文件规定的错误而未能发现。同时，评标委员在评审中还把标底价 50%以上的配套设备暂定价 3 998 万元剔除，使造价总体下浮变为部分下浮，影响了评标结果的合理性。下午 7 时 20 分左右，评标结束，中标单位为深圳市总公司。

由于郑楚辉挂靠的 4 家公司均未能中标，郑便鼓动这 4 家公司向有关部门投诉，设法改变评标结果。因不断发生投诉，有关单位未发出中标通知书。

【问题】若郑中标，是否有效？应承担什么法律责任？

2.1　工程招投标概述

2.1.1　招投标的概念

工程招投标是指招标人对工程建设、货物买卖、中介服务等交易业务，事先公布采购条件和要求，吸引愿意承接任务的众多投标人参加竞争，招标人按照规定的程序和办法择优选定中标人的活动。

其中，工程是指各类房屋和土木工程的建造、设备安装、管线铺设、装饰装修等建设以及附带的服务。货物是指各种各样的物品，包括原材料，产品，设备，固态、液态或气态物体和电力，以及货物供应的附带服务。服务是指除工程、货物以外的任何采购对象，如勘察、设计、咨询、监理等。

招标与投标是一种商品交易行为，是交易过程的两个方面。招标与投标分别是招标人与投标人在招投标过程中的行为，最终的行为结果是签订合同，产生招标人与投标人之间的合同关系。

2.1.2　招投标的适用范围

1. 必须进行招标的工程建设项目范围

《招标投标法》明确规定必须进行招标采购的工程建设项目，包括项目的勘察、设计、施工、监理，以及与工程建设项目有关的重要设备、材料等的采购。凡属于国家计委制定的《工程建设项目招标范围和规模标准规定》内的建设项目，都必须进行招投标。主要包括以下类别。

（1）大型基础设施，关系社会公众利益、公众安全性质等的基础设施和公用事业类项目。基础设施是指为国民经济生产过程提供基础条件的项目，包括：① 煤炭、石油、天然气、电力、新能源等能源项目；② 铁路、公路、管道、水运、航空及其他交通运输业等交通运输项目；③ 邮政、电信枢纽、通信、信息网络等邮电通信项目；④ 防洪、灌溉、排涝、引（供）水、滩涂治理、水土保持、水利枢纽等水利项目；⑤ 道路、桥梁、地铁和轨道交通、污水排放及处理、垃圾处理、地下管理、公共停车场等城市设施项目；⑥ 生态环境保护项目；⑦ 其他基础设施项目。

公用事业项目是指为适应生产和生活需要而提供的具有公共用途的服务项目，包括：① 供水、供电、供气、供热等市政工程项目；② 科技、教育、文化等项目；③ 体育、旅游等项目；④ 卫生、社会福利等项目；⑤ 商品住宅，包括经济适用住房；⑥ 其他公用事业项目。

（2）全部或部分使用国有资金投资或者国家融资的项目。使用国有资金投资项目主要包括：① 使用各级财政预算资金的项目；② 使用纳入财政管理的各种政府性专项建设基金的项目；③ 使用国有企业事业单位自有资金，并且国有资产投资者实际拥有控制权的项目。

国家融资项目包括：① 使用国家发行债券所筹资金的项目；② 使用国家对外借款或者担保所筹资金的项目；③ 使用国家政策性贷款的项目；④ 国家授权投资主体融资的项目；⑤ 国家特许的融资项目。

（3）使用国际组织或者外国政府资金的项目。主要包括：① 使用世界银行、亚洲开发银行等国际组织贷款资金的项目；② 使用外国政府及其机构贷款资金的项目；③ 使用国际组织或者外国政府援助资金的项目。

（4）工程建设有关的重要设备、材料等的采购，达到下列标准之一的也必须进行招标。① 施工单项合同估算在200万元以上的；② 重要设备、材料等货物采购，单项合同估算价在100万元以上的；③ 勘察、设计、监理等服务的采购，单项合同估算价在50万元以上的；④ 单项合同估算价虽低于①、②及③项规定的标准，但项目总投资额在3 000万元以上的。

此外，政府采购法中已明确规定属于政府采购范围内的其他大额采购，同样纳入强制招标的范围。

2．可以不进行招标的工程建设项目范围

按照《招标投标法》，对于涉及国家安全、国家秘密、抢险救灾或者属于利用扶贫资金实行以工代赈、需要使用农民工等特殊情况，建设项目的勘察、设计采用特定专利或专有技术的，或者其建筑艺术造型有特殊要求的，经项目主管部门批准，可以不进行招标。《实施条例》中还补充规定下列情形之一的，可以不进行招标：① 需要采用不可替代的专利或专有技术；② 采购人依法能够自行建设、生产或者提供；③ 在建工程追加的附属小型工程或者主体加层工程，原中标人仍具备承包能力的；④ 需要向原中标人采购工程、货物或者服务，否则将影响施工或者功能配套要求；⑤ 法律、行政法规规定的其他情形。

凡按照规定应该招标的工程不进行招标的，应该公开招标的工程不公开招标的，招标人所确定的中标人一律无效，且建设行政主管部门按照《建筑法》的规定，不予颁发施工许可证，对于违反规定擅自施工的，依据《建筑法》的规定，追究其法律责任。

2.1.3 招投标的分类及特点

1．建设工程招投标的分类

对于建设工程招投标，从不同角度可进行不同的分类，如图2-1所示。

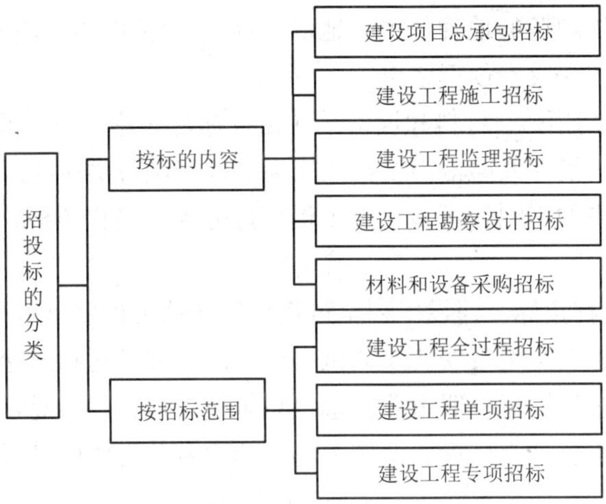

图 2-1　招投标的分类

（1）按标的的内容可分为建设项目总承包招标、建设工程施工招标、建设工程监理招标、建设工程勘察设计招标及材料和设备采购招标。

1）建设项目总承包招标。《实施条例》中明确规定，招标人可以依法对工程以及与工程建设有关的货物、服务全部或部分实行总承包招标。

建设项目总承包招标即选择项目总承包人招标，从项目的可行性研究到交付使用只进行一次招标，业主只需要对项目投资和使用要求及竣工、交付使用期限的建设全过程招标，其可行性研究、勘察设计、材料和设备采购、土建施工、设备安装及调试、生产准备和试运行、交付使用，均由一个总承包商承包，即“交钥匙工程”，承包该工程的承包商被称作总承包商。工程总承包商根据建设单位提出的工程使用要求，对项目建议书、可行性研究、勘察设计、设备询价与选购、材料订货、工程施工、职工培训、试生产、竣工投产等实行全面投标报价。由于总承包招标对投标人的能力要求较高，大部分情况下，总承包商要将工程部分阶段的实施任务再分包出去。

这种招标方式大多适用于业主对工程项目建设过程管理能力较差的中小型工程，业主基本上不再参与实施工程中的管理，只是宏观地对建设工程进行监督和控制。这种方式的优点是可充分发挥工程承包公司已有的经验，节约投资，缩短工期，避免由于业主对建设项目管理方面经验不足而对项目造成损失。

2）建设工程施工招标。建设工程施工招标是用招标的方式选择施工单位的招标。中标的施工单位最终向业主交付符合招标文件规定的建筑产品。

3）建设工程监理招标。建设工程监理招标是建设项目的业主为了加强对项目前期准备及项目实施阶段的监督管理，委托有经验、有能力的建设监理单位对建设项目进行监理，由建设监理单位竞争承接此建设项目的监理任务的过程。

4）建设工程勘察设计招标。建设工程勘察设计招标是指根据批准的可行性研究报告，择优选择勘察设计单位的招标。勘察和设计工作可由勘察单位和设计单位分别完成。勘察单位最终提出包括施工现场的地理位置、地形、地貌、地质、水文等在内的勘察报告。设计单位最终提供设计图和成本预算结果。

5）材料和设备采购招标。材料和设备采购招投标是对建设项目所需的建筑材料和设备采购任务进行的招标。投标人通常为材料供应商、成套设备供应商。

（2）按照招标范围的不同，可将建设工程招标分为全过程招标、单项招标和专项招标三类。

1）建设工程全过程招标。建设工程全过程招标指从工程项目可行性研究、勘察设计、设备材料采购、土建施工、设备安装及调试、生产准备和试运行直至交付使用为止的全部工作内容的招标。全过程招标一般由业主选定总承包单位，再由总承包单位去组织各阶段的实施工作。建设工程全过程招标即是按上述标的内容分类中的建设项目总承包招标，两者只是根据不同划分标准命名不同，其本质是一样的。

2）建设工程单项招标。单项招标是指工程规模或工作内容复杂的建设项目，业主对不同阶段的工作、单项工程或不同专业工程分别单独招标，将分解的工作内容直接发包给各种不同性质的单位实施。单项招标包括可行性研究、勘察设计招标、物资供应招标、土建工程招标、安装工程招标等，此外，对于业主不熟悉的相关专业工作，均可通过招标的方式来完成，如编制设计任务书（通过招标委托专业咨询机构或设计单位完成）、择优选择建设监理单位、生产职工培训（通过招标委托适当的专业机构完成培训任务）等。

3）建设工程专项招标。专项招标是指某一建设阶段的某一专门项目，由于专业性较强，通过招标择优选择专业承包商来完成。例如，勘察设计阶段的工程地质勘查、洪水水源勘查、基础或结构工程设计、工艺设计；施工阶段的基础施工、金属结构制作和安装等。

此外，建设工程招投标的类型还可从其他角度进行分类，如按工程是否有涉外因素可分为国内工程招投标和国外工程招投标。

2. 建设工程招投标的特点

建设工程招投标的目的是在建设工程中引入竞争机制，择优选定具有能力的工程承包企业来进行工程建设，以达到缩短工期、保证质量及节约成本的目标。建设工程招投标的特点主要包括以下几点。

（1）公开性。遵循公开、公正、公平的原则，防止垄断、优胜劣汰，实现投资效益，更高效地完成供需双方的匹配。

（2）竞争性。通过引入竞争机制、科学合理和规范化的监管机制与运作程序，有效杜绝不正之风，避免了社会资源的浪费。

（3）不确定性。现代工程涉及专业门类多，科技含量高，工程项目本身具有一次性及不可复制性的特点，导致在工程招标投标过程以及工程合同执行过程中具有一定的不确定性。

2.1.4　招投标主体及方式

1．招投标主体

招投标中的主要参与者包括招标人、投标人、招标代理机构和建设工程招投标行政监管机关。招投标活动的每个阶段一般既要涉及招标人和投标人，也需要监督管理部门的参与。

（1）招标人。招标人是指依照法律规定提出招标项目进行工程建设的勘察、设计、施工、监理以及与工程建设有关的重要设备、材料等招标的法人或者其他组织。招标人通常为该建设工程的投资人即项目业主或建设单位。建设工程招标人在建设工程招投标活动中起主导作用。

"提出招标项目"是指根据实际情况和《招标投标法》的有关规定，提出和确定拟招标的项目、办理有关审批手续、落实项目的资金来源等。"进行招标"是指提出招标方案、拟定或决定招标方式、编制招标文件、发布招标公告、审查潜在投标人资格、主持开标、组建评标委员会、确定中标人、签订书面合同等，这些工作既可由招标人自行办理，也可委托招标代理机构，并在其授权范围内行使，仍被视为招标人"进行招标"。

在我国，随着投资管理体制的改革，投资主体已由过去单一的政府投资，发展为国家、集体、个人多元化投资。与投资主体多元化相适应，建设工程招标人也多种多样，包括各类企业单位、机关、事业单位、团体、合伙企业、个人独资企业和外国企业以及企业的分支机构等。

（2）投标人。投标人是响应招标、参加投标竞争的法人或者其他组织。投标人应当具备承担招标项目的能力。参加投标活动必须具备一定的条件，并不是所有感兴趣的法人或其他组织都可以参加投标。投标人通常应具备的基本条件是：必须有与招标文件要求相适应的人力、物力和财力；必须有符合招标文件要求的资质证书和相应的工作经验与业绩证明；符合法律、法规规定的其他条件。建设工程投标人主要指：勘察设计单位、施工企业、建设装饰装修企业、工程材料设备供应（采购）单位、工程总承包单位以及咨询、监理单位等。

招标公告或者投标邀请书发出后，那些响应招标并购买招标文件、参加投标的潜在投标人称为投标人。所谓"响应招标"，是指潜在投标人获得了招标信息后，接受并通过资格审查，购买招标文件，并编制投标文件，按照招标人的要求参加投标活动。参加投标竞争是指按照招标文件的要求并在规定的时间内提交投标文件的活动。

（3）招标代理机构。建设工程招标代理机构，是指受招标人委托，代为从事招标组织活动的中介组织。它必须是依法成立，从事招标代理业务并提供相关服务，实行独立核算、自负盈亏，具有法人资格的社会中介组织，如工程招标公司、工程招标（代理）中心、工程咨询公司等。

建设工程招标代理制度，是指建设工程招标人将建设工程招标事务委托给相应中介服务机构，由该中介服务机构在招标人委托授权的范围内，以委托的招标人名义，同他人独立进行建设工程招标投标活动，由此产生的法律效果直接归属于委托的招标人的一种制度。

建设工程招标代理行为具有以下几个特征：① 建设工程招标代理人必须以被代理人的名义办理招标事务；② 建设工程招标代理人具有独立进行意思表示的职能，这样才能使建设工程招标活动得以顺利进行；③ 建设工程招标代理行为应在委托授权的范围内实施；④ 建设工程招标代理行为的法律效果归属于被代理人。

（4）建设工程招投标行政监管机关。为了维护建设市场的统一性、竞争有序性和开放性，国家明确指定了一个统一归口的建设行政主管部门，即建设部，它是全国最高招投标管理机构，在建设部的统一监管下，实行省、市、县三级建设行政主管部门对所辖行政区内的建设工程招投标分级管理。此外，还设有隶属于各级建设行政主管部门领导的建设工程招标投标办公室，其一方面承担具体负责建设工程招投标管理工作的职责，另一方面，在招投标管理活动中享有可独立以自己的名义行使的管理职权。

2．招投标方式

（1）公开招标。公开招标又称无限竞争招标，是指招标人在国内外公开出版的报刊或通过广播、电视、网络等公共媒体发布招标广告，邀请不特定的法人或其他组织参与投标，并在符合条件的投标人中择优选择中标人的一种招标方式。在公开招标中，投标人不受地域、行业和数量的限制，凡是有兴趣并符合广告要求的供应商、承包商均可以申请投标，经过资格审查后，按规定的时间参加投标竞争。

公开招标的优点是：招标人可以在较广的范围内选择承包商或供应商，投标竞争激烈，择优率更高，有利于招标人将工程项目交予可靠的供应商或承包商实施，并获得有竞争性的商业报价，同时也可以在较大程度上避免招标活动中的贿赂行为。因此，国际上的政府采购通常采用这种方式。但其缺点是：对投标申请者进行资格预审和评标的工作量大，招标时间长，费用高。同时，参加竞争的投标者越多，每个参加者中标的机会越小，风险越大，损失的费用也就越高，而这种费用的损失必然反映在标价上，最终会由招标人承担，故这种方式在一些国家使用较少。

但我国的国家重点建设项目和各省、自治区、直辖市人民政府确定的地方重点建设项目，以及全部使用国有资金投资或者国有资金投资占控股或主导地位的工程建设项目，应当公开招标。

（2）邀请招标。邀请招标也称有限竞争性招标，是指招标人以投标邀请书的形式邀请特定的法人或者其他组织投标。招标人向预先确定的若干家供应商、承包商发出投标邀请函，就招标工程的内容、工作范围和实施的条件等作出简要的说明，请他们来参加投标竞争。被邀请单位同意参加投标后，从招标人处获取招标文件，并在规定时间内投标报价。采用邀请招标方式时需要注意两点：一是，招标人在一定范围内邀请特定的法人或其他组织投标，为保证招标的竞争性，邀请招标必须向三个以上具备承担招标项目能力并且资信良好的投标人发出邀请书；二是，邀请招标不需要发布招标公告，招标人只需向特定的投标人发出投标邀请书即可，接受邀请的人才有资格参加投标，其他人无权索要招标文件，不得参加投标。

邀请招标的优点是：简化了招标程序，节约了招标费用并缩短了招标周期。而且由于招标人对投标人以往的业绩和履约能力比较了解，从而减少了合同履行过程中承包商违约的风险。邀请招标虽然不履行资格预审程序，但为了体现公平竞争，便于招标人对各投标人的综合能力进行比较，仍要求投标人按招标文件中的相关要求，在投标书内报送有关资料，在评标时以资格后审的形式作为评标的内容之一。但其缺点是：由于投标竞争的激烈程度较差，有可能提高中标的合同价；也有可能排除了某些在技术上或报价上有竞争力的供应商、承包商参与投标，也有可能出现虚假招标、串标、陪标的现象。

与公开招标相比，邀请招标耗时短、花费少，对于标的额较小的招标来说，采用邀请招标比较有利。另外，有些项目专业性强，有资格承接的潜在投标人较少，或者需要在短时间内完成投标任务等，也不宜采用公开招标方式，而应采用邀请招标的方式。故适宜采用邀请招标方式的情况主要包括：① 项目技术复杂或有特殊要求，只有少量几家潜在投标人可供选择的；② 受自然地域环境限制的；③ 涉及国家安全、国家秘密或者抢险救灾，适宜招标但不适宜公开招标的；④ 拟公开招标的费用与项目的价值相比不值得的；⑤法律、法规规定不宜公开招标的。

应当指出，邀请招标虽然在潜在投标人的选择上和通知形式上与公开招标不同，但其所适用的程序和原则与公开招标是相同的，其在开标、评标标准等方面都是公开的，因此，邀请招标仍不失其公开性。

2.1.5　招投标标的

工程招投标的标的，是指招标人和投标人双方权利和义务所指向的对象。对招标人而言，是其采购的对象；对投标人而言，则是其出卖的对象。依据《招标投标法》的立法出发点及国际上招投标的相关规定来看，工程招投标的标的应当包括货物、工程、服务三类。

（1）货物。具有一定的物质形态、占有一定空间、具有一定价值和使用价值、用于交易的物品，包括原材料、设备、产品等。工程招投标的标的含有大量的货物招标投标，因为材料设备的采购能够占到工程造价的 60%左右。

（2）工程。土木建筑或者其他生产、制造部门用较大而复杂的设备来进行的工作，在工程招投标中，即建设领域中所指的工程是施工工程和安装工程两类工程，并且以施工为主。

（3）服务。世界银行和亚洲开发银行将咨询（包括设计、监理）纳入服务范围。《招标投标法》规定工程建设项目招标包括勘察、设计、监理。财政部于 2013 年印发的《政府采购品目分类表》将服务类采购概括为：① 印刷、出版；② 专业咨询、工程监理、工程设计；③ 信息技术、信息管理软件的开发设计；④ 维修，包括一般设备、专用设备、建筑物的维修以及其他维修；⑤ 保险；⑥ 租赁，包括办公、宿舍、仓库、设备和机械及其他租赁；⑦ 交通工具的维护保障，包括车辆保险、车辆加油、车辆维修；⑧ 会议，包括大型会议、一般会议；⑨ 培训；⑩ 物业管理。

2.1.6 招投标程序

建设工程招投标的程序一般分为三个阶段：① 招标准备阶段，从办理招标申请开始，到发出招标广告或邀请招标函为止的时间段；② 招标阶段，也是投标人的投标阶段，从发布招标广告之日起到投标截止之日的时间段；③ 决标成交阶段，从开标之日起，到与中标人签订合同为止的时间段。以施工招标为例，各阶段业主、监理方、承包商及监督管理部门的工作内容如表 2-1 所示。

表 2-1 业主、监理方、承包商及监督管理部门在招投标过程中的工作内容

阶段	主要工作步骤	各方完成的主要工作		
		业主/监理方	承包商	监督管理部门
招标准备阶段	申请批准招标	向建设主管部门的招标管理机构提出招标申请	准备投标资料、项目资料、企业内部资料等研究招投标法规组成投标小组	建设行政主管部门审查其资质并备案
	组建招标机构			
	确定招标方式	按照法律法规和规章制度确定公开招标或邀请招标		
	准备招标文件	① 招标广告 ② 资格预审文件及申请表 ③ 招标文件		
	编制标底	① 编制标的 ② 报主管部门审批		建设行政主管部门审批备案
招标阶段	邀请承包商参加资格预审	① 刊登资格预审广告 ② 编制资格预审文件 ③ 发出资格预审文件	① 购买资格预审文件 ② 填报和申请资格预审 ③ 回函收到通知	
	资格预审	① 分析资格预审材料 ② 提出多名合格投标商 ③ 邀请合格投标商参加投标	回函收到邀请	
	发售招标文件	发售招标文件	① 购买招标文件 ② 着手编制投标文件	

续表

阶段	主要工作步骤	各方完成的主要工作		
招标阶段	投标者考察现场	① 安排现场踏勘日期 ② 现场介绍	① 参加现场踏勘 ② 询价 ③ 准备投标书	
	对招标文件澄清和补遗	① 向投标者颁发招标文件的澄清和补遗 ② 报行政主管部门备案	回函收到澄清和补遗	建设行政主管部门接受招标文件澄清、补遗备案
	投标者提问	① 接收问题，准备解答 ② 以书面形式或会谈方式向投标人发放答疑纪要，并向主管部门备案	① 提出问题 ② 参加标前会议 ③ 回函收到答复 ④ 根据相关问题修改投标文件	建设行政主管部门接受答疑纪要
	投标书的提交和接收	① 接收投标书，记下日期和时间 ② 退还过期投标书 ③ 保护有效投标书安全至开标	① 递交投标文件（包括投标保函） ② 回函收到过期投标书	
决标成交阶段	开标	开标	参加开标会议	
	评标	① 初评标 ② 评投标书 ③ 要求投标单位提交澄清资料 ④ 召开澄清会议 ⑤ 编写评标报告 ⑥ 作出授标决定 ⑦ 编写招标情况书面报告，确定中标人 15 日内向主管部门备案	① 提交澄清资料 ② 参加澄清会议	建设行政主管部门接受备案
	定标	① 发出中标通知书 ② 要求中标商提交履约担保 ③ 进行合同谈判 ④ 准备合同文件 ⑤ 签订合同	① 回函收到通知 ② 提交履约保函 ③ 参加合同谈判 ④ 签订合同 ⑤ 未中标者收到通知及回函 ⑥ 中标者签约	建设行政主管部门接受备案

续表

阶段	主要工作步骤	各方完成的主要工作		
决标成交阶段	定标	⑥ 通知未中标者，并退回投标保函 ⑦ 办理合同备案 ⑧ 发布开工令		

2.1.7　招投标活动的基本原则

《招标投标法》第五条规定："招标投标活动应当遵循公开、公平、公正和诚实信用的原则。"

（1）公开原则。公开是指招投标活动应该具有较高的透明度，投标信息公开、条件公开、程序公开和结果公开。

（2）公平原则。招投标属于民事法律行为，公平是指民事主体的平等。因此应当杜绝一方把自己的意志强加于对方、报价压低或签订合同前无理压价、投标人恶意串通、提高标价损害对方利益等违反公平原则的行为。

（3）公正原则。公正是指按照招标文件中规定的统一标准，实事求是地进行评标和决标，不偏袒任何一方。

（4）诚实信用原则。诚实是指真实和合法，不能用歪曲或隐瞒真实情况的手段去欺骗对方。违反诚实原则的中标是无效的，且应对由此造成的损失和损害承担责任。信用是指遵守承诺，履行合约，不见利忘义、弄虚作假甚至损害他人、国家和集体的利益。诚实信用原则是市场经济的基本前提，在社会主义条件下一切民事权利的行使和民事义务的履行，均应遵守这一原则。

2.1.8　招投标活动的作用及意义

建设项目实行招投标制是适应我国社会主义市场经济需要的，招投标工作的开展促进了社会生产力水平的提高，加快了社会主义市场经济体制在建设市场的建立和完善，促进了建设市场的统一和开放，有利于培育、发展和规范建设市场，自实施以来，取得了明显的社会效益和经济效益，其作用和意义主要表现在以下几方面。

（1）有利于规范业主行为，督促并规范建设单位做好工程建设的前期工作，从根本上改正了"边勘察、边设计、边施工"的做法，促进了征地、设计、筹资等工作的落实，促进其严格按程序办事。

（2）有利于降低工程造价，使得工程价格更加符合价值基础，提高投资效益。据统计，建设工程的招投标机制使得投资一般可节约10%～15%。

（3）有利于缩短工期、保证质量、节约成本三大目标的实现。

（4）增强了各参与方如设计单位、监理单位等的责任感，促使相关人员高度重视本职工作。

（5）有利于减少交易费用，节省人力、物力、财力，降低工程造价的同时节约了社会资源。招投标中，若干投标人在同一时间、地点报价竞争，在专家支持系统的评估下，以群体决策方式确定中标者，必然减少交易过程的费用，这本身就意味着招标人收益的增加，对工程造价势必会产生积极的影响。

（6）招投标中公开、公平、公正及诚实信用原则的贯彻有利于预防职务犯罪和商业犯罪。

总之，招标投标对于促进市场竞争机制的形成，使参与投标的承包商获得公平、公正的待遇，提高建设领域的透明度及规范化，促进投资节约，项目效益的最大化，以及建设市场的健康发展，都具有重要的意义。

2.2　工程招投标理论基础

2.2.1　博弈论与招投标

1. 博弈论概述

博弈论（Game Theory），又称对策论，是研究具有对抗或者竞争性质现象的数学理论和方法，它是现代数学的一个新的分支，起源于 20 世纪初。1944 年，冯·诺依曼（Von Neumann）和奥斯卡·摩根斯坦恩（Oskar Morgenstern）合著的《博弈论和经济行为》（The Theory of Games and Economic Behavior）奠定了博弈论的理论基础，标志着博弈论理论体系的形成，并从此得到广泛的传播和应用。我国学者张维迎教授对博弈论的定义是：“研究决策主体的行为发生直接相互作用时候的决策以及这种决策的均衡问题。”它强调决策主体各方面策略的相互依存性，即任何一个决策主体必须在考虑其他局中人可能的策略选择基础上来确定自己的最优行动策略，精髓在于博弈中的一个理性决策者必须考虑在其他局中人反应的基础上来选择自己最理想的行动方案。一个完整的博弈包括参与人、行动、信息、策略、支付、结果和均衡这些要素，按博弈中参与人之间信息是否完全以及参与人行动的先后顺序，博弈模型可分为完全信息静态博弈、完全信息动态博弈、不完全信息静态博弈和不完全信息动态博弈。

2. 招投标中的博弈论分析

（1）招标人与投标人之间的博弈。招投标是在长期经济活动中形成的配置与获取资源的交易方式。密封式第一价格拍卖招投标采用保密的形式，各投标人密封标书投标，统一时间开标，出价最优惠的投标方中标。在招投标过程中，招标人期望以最合理的低价选择最适合招标项目的中标单位，而投标人希望以最有可能中标的报价参与招投标，最终以最低的成本付出中标。招标人与投标人在利益目标上既一致又对立，都想用最小化的成本换取最大化的价值。建设工程招投标活动中的招标人和投标人，在互相影响、互相作用的动态过程中调整着自己的决策行为，他们之间的策略关系满足博弈论中的理论模型。

（2）投标人与投标人之间的博弈。从博弈论上来讲，建设工程招投标活动具有信息不完全、同时行动的静态条件和个体非合作的博弈特点。参与招投标活动的投标人在开标公布之前只知道自己的报价策略，无法知道其他投标人的报价策略。投标人无法知晓对手的决策信息，处在信息不完全的行为状态下，只能通过对手的预测行为去判断猜测其他投标人的报价决策。建设工程招投标的投标文件要求密封投递，这就保证了参与招投标活动的投标人在进行报价时基本是同时完成决策行为的，不能通过对手的实际行为来相应改变自己的策略。通过招投标监管制度使投标人与投标人之间无法进行串通勾结、串标、围标的违法行为，使每个投标人独立进行报价决策体现了个体非合作的博弈特点。

2.2.2 交易成本理论与招投标

1. 交易成本理论概述

交易成本理论（Transaction Cost Theory）是用合约探究法来研究交易成本和经济组织的关系问题，是新制度经济学中重要的组成部分之一。它源于20世纪30年代，1937年，科斯在《经济学》杂志上撰文“企业的性质”中首次提出了“交易成本”的概念。交易成本的具体内容，各派学者从不同视角来定义，还未形成统一认识，就我国学者研究而言，较广泛采用的是张五常给出的定义，即交易成本包括那些一个人经济中不可能存在的所有成本，其中包括信息成本、谈判成本、起草和实施合约的成本、界定和实施产权的成本、监督管理的成本、改变制度安排的成本。简言之，交易成本包括一切不直接发生在物质生产过程中的成本。

2. 招投标中的交易成本理论

（1）建设工程招投标中的交易成本概念及分类。建设工程招投标中的交易成本是指为使建设工程交易活动能顺利实施，工程招投标主体招标人、投标人、政府管理机构以及参与工程招投标的社会中介所付出的有形与无形成本的总和。包括：招标人和投标人主体双方为完成建设工程的交易行为所支付的成本；除招标人和投标人外，其他参与招投标的社会各方，为使招投标各环节健康规范运行所支付的成本。根据工程招投标的交易过程，工程招投标交易成本可分为制度成本、招标成本、投标成本及定标成本，即 BC=IC+TC+BC+TC，该式从左到右依次为交易成本（Bargaining Cost）、制度成本（Institution Cost）、招标成本（Tendering Cost）、投标成本（Bidding Cost）、定标成本（Transaction Cost）。

（2）各类成本的产生、分摊方式及特性。工程招投标制度成本是招投标行为主体双方以及其他相关参与方共同遵守的制度和规则运行成本，内容主要包括制度剩余与缺失成本、立法成本、运行成本、寻租成本等，它的支付一部分可以被分摊到招投标具体行为中，由招标人和投标人承担，而更多的则由政府部门等社会其他有关各方共同承担或分摊。制度成本特性是工程招投标过程中发生的隐性成本，是全社会为维持招投标制度运行需要支付的长期成本，不因某次招投标行为的结束而消失，很难用货币直接计量；工程招投标的招标、投标、定标成本也可总称为招投标过程成本，是建筑工程招投标过程中招标投标当事人双方为达成交易目的，从招标、投标、评标、确定中标人直至签订工程合同整个流程中所需直接支付的成本，主要包括招投标信息成本、招投标文件编制成本、招投标交易综合服务费、招标人的招标组织成本、投标人的投标过程成本以及投标保证金、履约保证金的机会成本和利息损失等组成内容。过程成本的支付由招标人和投标人承担，对招标人而言，可以列支计入工程招标管理成本中，对投标人而言，可以列支计入企业管理成本或财务成本中。过程成本特性是工程招投标过程中发生的显性成本，是招标人和投标人在招投标过程中支付的短期成本，每次特定的招投标行为都会产生特定的过程成本，理论上讲它可以用货币直接计量。

2.2.3　委托代理理论与招投标

1．委托代理理论概述

委托与代理的关系是经济发展到一定阶段的产物，起源于19世纪40年代，由麦克林、詹森和罗斯等经济学家共同提出，在非完全信息的博弈论基础上建立起来，于20世纪70年代得到了迅猛的发展。委托代理理论是在委托代理关系产生的基础上建立的，委托代理理论是制度经济学契约理论的主要内容之一，主要研究的委托代理关系是指一个或多个行为主体根据一种明示或隐含的契约，指定、雇用另一些行为主体为其服务，同时授予后者一定的决策权利，并根据后者提供的服务数量和质量对其支付相应的报酬。在委托代理关系中，授权人被称作委托人，被授权人被称为代理人。在信息经济学中，由于委托代理是一种非完全信息的博弈，因此通常拥有信息优势的一方被叫作代理人，而拥有信息劣势的一方则被叫作委托人。

2．招投标中的委托代理理论

委托代理现象在生活中无处不在，十分普遍，在建筑行业招投标行为中同样存在委托代理关系。

（1）基于招投标双方信息不对称产生的委托代理问题。招标方和投标方在交易中拥有对方所不拥有的信息，其各自具有信息优势。例如，招标方在对其合同财务支付能力、对合同的控制能力、对图纸变更的意愿、对项目所执行的标准方面具有信息优势；而投标方则在其自身的施工工艺、生产成本施工条件、对其质量控制能力、综合管理能力、施工技术条件方面具有信息优势。出于招投标各方的自利性，双方都不会把自己信息优势告诉对方，招标人与投标人签订合同便产生了委托代理问题。

（2）基于施工合同不完备性产生的委托代理问题。在中标方最终与招标方签订的施工合同中，由于建设项目具有一次性、复杂性和长期性，根据不完全契约的相关理论，工程合同不可能考虑到所有合同条件，而且由于环境是不断变化的，可能在开始时签订的合同并不一定适用于合同真正的实施阶段，所以建设施工合同是一种不完备的合同，在该情况下，招标方和中标方不可能考虑到所有的合同条件，在合同中把双方所有的权利和义务都规定清楚，而合同中没有详细规定的那部分情况必然会影响中标方的行为选择，由此也会产生委托代理问题。

2.2.4 公共选择理论与招投标

1. 公共选择理论概述

公共选择理论起源于20世纪40年代，其诞生的标志是邓肯·布莱克（Duncan Black）、詹姆斯·布坎南（James M. Buchannan）和肯尼思·阿罗（Kenneth J. Arrow）三位学者分别在20世纪40年代末期有关公共选择相关文献的发表。公共选择理论所关注的是政府与市场、政府与社会的关系，该理论认为“没有任何逻辑理由证明公共服务必须由政府官僚机构来提供”，鼓励在公共服务中引入市场的机制。另一方面，公共选择理论主要研究了政府部门的低效率性，其认为工作机构的低效率性的主要原因在于：一是缺乏竞争压力，由于政府对公共物品的垄断供给，没有竞争对手，就有可能导致政府部门的过度投资，以至于生产出多于社会需求的公共物品，另外受终身雇佣条例的保护，没有足够的压力去努力提高其工作效率；二是没有降低成本的激励机制；三是监督体系的不完备。总之，公共选择理论借助新古典经济学的基本假设和研究方法来分析各个政治主体在政治市场的运行及其行为，是“对非市场决策的经济学研究，把经济学运用于政治科学的分析”。

2. 招投标中的公共选择理论

进行招投标的项目除以私人为业主外，还有很大一部分项目，如城市轨道交通、高速公路或公园、体育场馆等基础设施公共类项目，是由政府作为业主来进行招标建设的。公共选择理论在这类项目招投标中的运用体现在：一方面，基础设施类项目本身就是对公共选择理论中认为“没有任何理由证明公共项目必须是由政府提供的”的一种实践。基于此，政府对该类项目进行招标，引入私营部门进行施工建设，这种模式正是应用了公共选择理论，即政府在该类项目的建设中将市场行为引入公共服务领域。另一方面，在公共类项目政府进行招标的过程中，政府的行为关系到公私合作的效率。根据公共选择理论中对于政府角度的研究，充分运用该理论中所提出的一些提高政府效率的解决途径，在项目的全过程中引入竞争机制，建立相应的政策来规范和引导私营部门投标者的行为，最终确保公共项目建设的效益最大化。

2.3　工程招投标与其他交易方式的比较

2.3.1　招投标与采购

1．采购

采购主要分为企业采购和政府采购，本书简单介绍企业采购的概念，着重对政府采购作详细阐述。

（1）企业采购。企业采购是指企业在一定的条件下从供应市场获取产品或服务作为企业资源，以保证企业生产及经营活动正常开展的一项企业经营活动，采购是一个商业性质的有机体为维持正常运转而寻求从体外摄入的过程。

（2）政府采购。

1）政府采购的概念。政府采购是指国家各级政府为从事日常的政务活动或为了满足公共服务的目的，利用国家财政性资金和政府借款购买货物、工程和服务的行为。政府采购不仅是指具体的采购过程，而且是采购政策、采购程序、采购过程及采购管理的总称，是一种对公共采购管理的制度。

2）政府采购范围。政府采购范围从采购主体、采购资金、采购内容和限额几方面来把握。第一，政府采购主体包括各级国家机关、事业单位和团体组织，其中国家机关是指依法享有国家赋予的行政权力，具有独立的法人地位，以国家预算作为独立活动经费的各级机关；事业单位是指国家以社会公益为目的，由国家机关举办或者其他组织利用国有资产举办的，从事教育、科技、文化、卫生等活动的社会服务组织；团体组织是指我国公民自愿组成，为实现会员共同意愿，按照其章程开展活动的非营利性社会组织。第二，当采购人全部或部分使用财政性资金进行采购时，其行为也属于政府采购的管理范围，财政性资金包括预算资金、预算外资金和政府性基金，且使用财政性资金偿还的借款，视同为财政性资金。第三，政府采购的内容应当是依法制定的《政府集中采购目录》以内的货物、工程和服务，或者虽未列入《政府集中采购目录》，但采购金额超过了规定的限额标准的货物、工程和服务。其中，《政府集中采购目录》和政府采购最低限额标准由国务院和省、自治区、直辖市人民政府规定，《政府集中采购目录》中的采购内容一般是各采购单位通用的货物、工程和服务，如计算机、打印机、复印机、传真机、公务车、电梯、取暖锅炉等货物，房屋修缮和装修工程，会议服务、汽车维修、保险、加油等服务。此外，中央预算单位《政府集中采购目录》的采购内容还包括在中央部门内通用的货物、工程和服务，如防汛抗旱和救灾物资、医疗设备和器械、气象专用仪器、警用设备和用品、质检专用仪器、海洋专用仪器等。《政府集中采购目录》中的采购内容，无论金额大小都属于政府采购的范围，除《政府集中采购目录》规定的采购内容外，采购金额超过政府采购的最低限额标准的，也属于政府采购的范围。自《政府采购法》实施以来，国务院办公厅公布的中央预算单位政府采购的最低限额标准为：货物和服务单项或批量为 50 万元，工程为 60 万元。

3）政府采购的类型和途径。政府采购有四种基本类型：购买、租赁、委托、雇用。其中，购买特指货物所有权发生转移的政府采购行为；租赁是在一定期限内货物的使用权和收益权由出租人向承租人即政府采购方转移的行为；委托和雇用是政府采购方请受托方或受雇人处理事务的行为，工程的招标就属于委托。

政府采购有两种途径：委托采购和自行采购。其中，委托采购是指采购人通过集中采购机构或其他政府采购代理机构进行采购。属于集中采购目录或达到采购限额的，则通过委托采购途径。

4）政府采购功能。政府采购的功能主要包括：① 节约财政支出，提高采购资金的使用效益。政府采购制度是一种集中与分散相结合的公开透明的采购制度，从国际经验来看，实行政府采购一般资金节约率为10%以上。② 强化宏观调控。发挥政府在国民经济发展中的宏观调控作用，推进保护国内产业、保护环境、扶持不发达地区和中小企业等政策的实施需要制定政府采购法。③ 活跃市场经济。主要表现在以下几方面。一是，政府采购使政府正常运转需要的货物、需建的工程和服务，由政府自产、自建、自管转为全方位面向市场开放，极大地活跃市场经济；二是，政府采购的公开招标、竞争性谈判等方式，促使企业按市场经济的规律运行，不断提高产品质量、提高服务质量、提高产品竞争力等，也促使市场经济的活跃；三是，政府宏观调控，加大投资，促进内需，大多通过政府采购渠道来进行，大量的政府采购行为使市场经济更加活跃。④ 推进反腐倡廉。大量的案例表明，政府购买过程中的钱权交易是滋生行政腐败的主要形式，因此，在实现政府采购市场体制化与公开化的基础上，通过政府采购政策，可以杜绝政府采购主体的行为规范，有效地、及时地铲除行政腐败的幼苗。

2．招投标与政府采购的比较

（1）实施主体不同。遵照《政府采购法》的规定，政府依法在每一个行政区划单位成立一个政府采购中心管理政府内部的采购事务，是一个纯服务性机构，承担实施本级《政府集中采购目录》内的项目采购行政职能，其经费列入财政预算，人员参照公务员管理。根据政府采购的特殊性，各省从实行政府采购制度一开始，就设立独立的采购中心。与招投标机构在性质上完全不同，对招投标而言，国家有关部门批准登记设立的各类建设工程招投标机构，其性质属于营利性企业，不是政府的内设机构，没有行政职能。

（2）组织形式不同。政府采购是由财政部门、政府采购中心、采购人、评标专家、供应商、监察、审计机关六方共同组织采购工作，实行“采”、“管”分离，并接受纪检部门的全程监督，在程序、方式、人员等方面具有很强的规范性，从而更有利于实现“三公”原则和避免暗箱操作。而招投标是由业主单位加招标机构和投标企业，有时甚至是两方组织完成采购活动。

（3）资金保障不同。政府采购实行严格的预算管理，并有坚实的政府采购资金作为采购项目的保障，由国库统一集中支付，减少了拨款环节，避免了资金流失占用和拖欠资金等弊端，维护了政府形象。而招投标不具有上述特点。

（4）服务结果不同。政府采购中心作为政府内部的服务机构不收取任何费用，全部免费服务，同时对政府采购资金的节余部分全部归财政，充分体现了反腐倡廉目的，这是招投标企业所无法做到的。而招标则只要不违反国家法律、政策，采购结果应体现对单个招标人的最大受益，是一种完全的自由市场竞争行为。

政府采购的方式包括公开招标、邀请招标、竞争性谈判、单一来源采购和询价。2003 年 1 月 1 日起开始施行的《中华人民共和国政府采购法》中规定：政府采购工程进行招标投标的，适用《招标投标法》。政府采购合同适用《合同法》。

通过以上比较，政府采购是公共财政体系管理中的一项重要内容，是市场经济条件下国家管理政府公共支出的一种重要手段，是合理配置资源、促进产业发展的强有力工具。政府采购是为遏制腐败行为、节省财政资金以及对国民经济进行宏观调控发挥积极作用的公共服务行为。政府采购中心是依法设立、财政全额拨款的非营利性事业单位，是政府机关采购内部事务管理的执行机构，其性质既不同于社会中介代理机构，也与建设工程招投标服务机构有本质区别。而招投标只是采购形式的一种，在建设工程中，业主或承包商通过招标等形式选择合格的供货商来进行材料设备采购，购买工程项目建设所需的投入物，如机械、设备、仪器、仪表、办公设备、建筑材料等，并包括与之相关的服务，如运输、保险、安装、调试、培训和维修等。一般而言，这种选择供货商的方式大多适用于采购工程的大型货物或永久设备、标的金额较大、市场竞争较激烈的情况。招标方式可以是公开招标，也可以是邀请招标，在招标程序上与施工招标基本相同。

2.3.2　招投标与拍卖

拍卖也称竞买，拍卖是指以公开竞价的方式，将特定的物品或者财产权移交给最高应价者的买卖方式。拍卖的三个基本条件分别是：两个以上的买主；不断变动的价格；公开竞争的行为。

招投标与拍卖较为相似，均是通过多个参考者对某一物品公开进行竞争报价从而完成的交易，因而有不少学者以拍卖理论来研究招投标。工程招投标和拍卖都具有竞争和公平的特性，两种交易方式都是在固定的时间、固定的地点、按照固定的程序和条件进行的，但拍卖与招投标有本质的区别：招投标是由作为卖方的投标人提出报价，而后由招标人进行择优选择。通俗地说，当一方要买，而多方争着卖时，买方根据一定的条件选择一个卖方的交易叫招标，招标方式可使买方的效益最大化；当一方想卖，而多方争着买，卖方按价高者得的原则选择一个买方的交易叫作拍卖，拍卖方式可使卖方的效益最大化。

2.3.3　招投标与询价

询价即询价采购，是采用询价、报价、签订合同程序，即采购方对三家以上的供货商就采购的标的物进行询价，对其报价经过比较后选择其中一家与其签订供货合同。采用询价采购方式需要注意：邀请报价的数量至少为三个；只允许供应商提供一个报价，每一供应商或承包商只许提出一个报价，而且不许改变其报价，不得同某一供应商或承包商就其报价进行谈判，报价的提交形式可以采用电传或传真形式；报价的评审应按照买方公共或私营部门的良好惯例进行，采购合同一般授予符合采购实体需求的最低报价的供应商或承包商。

询价与招投标同是采购方式中的一种，与招投标相比，询价的优点在于无需采用复杂的招标程序，又可以保证价格有一定的竞争性，但是询价采购也存在诸多缺点：① 询价信息公开面较狭窄，局限在有限少数供应商，一般很少在政府采购信息发布指定媒体上发布询价公告，满足于三家的最低要求，排外现象较严重；② 询价采购出现超范围适用，法律规定适用通用、价格变化小、市场货源充足的采购项目，实际工作中则是以采购项目的概算大小来决定是否采用询价方式；③ 询价过于倾向报价，忽视对供应商资格性审查和服务质量的考察；④ 确定被询价的供应商主观性和随意性大；⑤ 询价采购的文件过于单薄，往往就是一张报价表，基本的合同条款也会被省略；⑥ 询价小组组成存在问题，采购代理机构人员介入小组，专家数量和比例不足法定要求；⑦ 采购活动的后续工作比较薄弱。不搞询价采购活动记录，不是现场公布询价结果，询价方式随意性大。故询价采购的方式一般适用于采购建筑材料或价值较小的标准规格产品，或采购现成的并非按采购实体的特定规格特别制造或提供的货物或服务。

2.3.4 招投标与磋商

磋商，即竞争性磋商采购方式，是指采购人、政府采购代理机构通过组建竞争性磋商小组与符合条件的供应商就采购货物、工程和服务事宜进行磋商，供应商按照磋商文件的要求提交响应文件和报价，采购人从磋商小组评审后提出的候选供应商名单中确定成交供应商的采购方式。

竞争性磋商与招投标方式的主要区别是适用条件的不同。政府购买服务项目；技术复杂或者性质特殊，不能确定详细规格或者具体要求的；因艺术品采购、专利、专有技术或者服务的时间、数量事先不能确定等原因不能事先计算出价格总额的；市场竞争不充分的科研项目，以及需要扶持的科技成果转化项目，以上类型的采购适用于竞争性磋商采购方式。

本章小结

工程招投标是指招标人对工程建设、货物买卖、中介服务等交易业务，事先公布采购条件和要求，吸引愿意承接任务的众多投标人参加竞争，招标人按照规定的程序和办法择优选定中标人的活动。

建设工程招投标按标的的内容可分为建设项目总承包招标、建设工程施工招标、建设工程监理招标、建设工程勘察设计招标及材料和设备采购招标。按招标范围可分为全过程招标、单项招标和专项招标。特点是公开性、竞争性和不确定性。

招投标中的主要参与者包括招标人、投标人、招标代理机构和建设工程招投标行政监管机关。招标方式主要分为公开招标与邀请招标。

建设工程招投标的程序一般分为招标准备阶段、招标阶段和决标成交阶段。招标投标活动应当遵循公开、公平、公正和诚实信用的原则。

招投标理论基础主要包括博弈论、交易成本理论、委托代理理论和公共选择理论等。招投标与采购、拍卖、询价、磋商等方式有着区别与联系。

复习思考题

1. 问答题

(1) 工程招投标的概念是什么？工程招投标的适用范围是什么？

(2) 工程招投标与拍卖的区别？

(3) 工程招投标的主体有哪些？

(4) 工程招投标的基本原则是什么？

2. 判断题

(1) 对工程招投标来说，投标是要约，中标通知书是承诺。(　　)

(2) 招标投标法关于开标程序的规定，开标地点应当为招标人与投标人商定的地点。(　　)

(3) 公开招标是指招标人以投标邀请书的方式邀请特定的法人或者其他组织投标。(　　)

3. 选择题

(1) 在招标活动的基本原则中，依法必须进行招标的项目的招标公告，必须通过国家指定的报刊、信息网络或者其他公共媒介发布，体现了(　　)。

A. 公开原则　　B. 公平原则　　C. 公正原则　　D. 诚实信用原则

(2) 建设项目总承包招投标，实际上就是(　　)。

A. 按照合同有关条款　　B. 项目全过程招投标

C. 勘查设计招投标　　D. 材料、设备供应招投标

(3) 关于评标委员会成员的义务，下列说法中错误的是(　　)。

A. 评标委员会成员应当客观、公正地履行职务

B. 评标委员会成员可以私下接触投标人，但不得收受投标人的财物或者其他好处

C. 评标委员会成员不得透露对投标文件的评审和比较的情况

D．评标委员会成员不得透露对中标候选人的推荐情况

（4）建筑工程依法实行招标发包，对不适于招标发包的可以直接发包。建筑工程发包与承包的招标投标活动，应当遵循（　　）的原则，择优选择承包单位。

A．公开　　B．公正　　C．平等竞争

D．区别对待　　E．重视弱势群体

（5）必须进行招标的项目包括（　　）。

A．私人投资的高级别墅

B．外国老板投资的基础设施的项目

C．大型基础设施、公用事业等关系到社会公共利益、公众安全的项目

D．全部或部分使用国有资金投资或者国家融资的项目

E．使用国际组织或者外国政府贷款、援助资金的项目

实训题

某钢筋混凝土框架结构的40层大型商业中心大厦工程项目，质量要求达到国家优良标准，地质条件良好，施工图纸齐备，现场已完成三通一平工作，满足开工条件。业主已落实自筹的建设资金。

【问题】业主应采用哪种招标方式为宜？招标应遵循什么原则？

第 3 章　工程招标

本章学习目标

☑ 掌握工程招标的实施程序。
☑ 掌握招标文件的编制方法。
☑ 熟悉施工招标标底及控制价的编制方法。
☑ 了解工程监理招标、设计招标、总承包招标的有关内容。

引导案例

某隧道工程全部由政府投资。该项目为该市建设规划的重要项目之一，且已列入地方年度固定资产投资计划，概算已经主管部门批准，征地工作尚未全部完成，施工图及有关技术资料齐全。现决定对该项目进行施工招标。因估计除本市施工企业参加投标外，还可能有外省市施工企业参加投标，故业主委托咨询单位编制了两个标底，准备分别用于对本市和外省市施工企业投标价的评定。业主对投标单位就招标文件所提出的所有问题统一作了书面答复，并以备忘录的形式分发给各投标单位，为简明起见，采用表格形式，如表 3-1 所示。

表 3-1　投标文件答疑备忘录

序　号	问　题	提问单位	提问时间	答　复

在书面答复投标单位的提问后，业主组织各投标单位进行了施工现场踏勘。在投标截止日期前 10 日，业主书面通知各投标单位，由于某种原因，决定将收费站工程从原招标范围内删除。

【问题】

1. 业主对投标单位进行资格预审应包括哪些内容？

2. 该项目施工招标在哪些方面存在问题或不当之处？

3.1 工程招标的实施条件和程序

依照法定的招标程序，通过竞争，选择技术强、信誉好、质量保障体系可靠的投标人中标，是能否对工程的投资、进度和质量进行有效控制，获得符合规范规定的合格标准的工程产品，达到预期效益的关键。

2013 年 4 月修订的《工程建设项目施工招标投标办法》（七部委 30 号令）规定，工程建设项目符合《工程建设项目招标范围和规模标准规定》（国家计委令第 3 号）规定的范围和标准的，必须通过招标选择施工单位。

任何单位和个人不得将依法必须进行招标的项目化整为零或者以其他任何方式规避招标。

3.1.1 工程招标的实施条件

《工程建设项目施工招标投标办法》（七部委 30 号令）第八条规定，依法必须招标的工程建设项目，应当具备下列条件才能进行施工招标。

1. 招标人已经依法成立

招标人是指依照招标投标法规定提出招标项目、进行招标的法人或者其他组织，自然人不能成为招标人。根据《民法通则》第三十七条，法人是指具有民事权利能力和民事行为能力，并依法享有民事权利和承担民事义务的组织，包括企业法人、机关法人和社会团体法人。法人必须具备以下条件：① 必须依法成立。这一条件有二重含义，一是其设立必须合法，设立目的和宗旨要符合国家和社会公共利益的要求，组织机构、设立方式、经营范围、经营方式等要符合法律的要求。二是法人成立的审核和登记程序必须合乎法律的要求，即法人的设立程序必须合法。根据现行规定，企业经主管部门批准，工商行政管理部门核准登记，方可取得法人资格。有独立经费的机关从成立之日起，具有法人资格。事业单位、社会团体依法不需要办理法人登记的，从成立之日起具有法人资格；依法需要办理法人登记的，经核准登记后取得法人资格。② 必须具有必要的财产（企业法人）或经费（机关、社会团体、事业单位法人）。这是作为法人的社会组织能够独立参加经济活动，享有民事权利和承担民事义务的物质基础，也是其承担民事责任的物质保障。除法律另有规定外，全民所有制企业法人以国家授予其经营管理的财产承担民事责任，集体所有制企业法人、中外合资（合作）经营企业法人和外资企业法人以企业所有的财产承担民事责任。有限责任公司、股份有限公司均以其全部资产对公司的债务承担责任。③ 有自己的名称、组织机构和场所。④ 能够独立承担民事责任。在经济活动中发生纠纷或争议时，法人能以自己的名义起诉或应诉，并以自己的财产作为自己债务的担保手段。

其他组织指不具备法人条件的组织。主要包括：法人的分支机构；企业之间或企业、事业单位之间联营，不具备法人条件的组织；合伙组织；个体工商户等。

鉴于招标采购的项目通常标的大、耗资多、影响范围广，招标人责任较大，为了切实保障招投标各方的权益，《招标投标法》未赋予自然人成为招标人的权利，但这并不意味着个人投资的项目不能采用招标的方式进行采购。个人投资的项目可以成立项目公司作为招标人。

2．初步设计及概算应当履行审批手续的，已经批准

（1）初步设计内容。

1）《建设项目初步设计审查申请表》。

2）有审批权限部门审批的立项批文。

3）规划分局发出的《建设用地规划许可证》及《建筑设计方案复文》。

4）工程地质资料原件（由有勘察资质单位出具并盖有省建设厅核发的出图专用章）。

5）工程初步设计说明书。该书应包含：设计总说明；各专业（建筑、结构、水、电、消防、环保、空调、通风及节能等）说明；各专业概算书、概算说明及总概算；涉及工艺的工艺流程说明。

6）初步设计图纸。包含：总平面图及建筑效果图；建筑平、立、剖面图及有关大样图；结构方面的基础平面图及承台大样图；水、电（强电、弱电）、消防、空调、通风等平面图及系统图；有关工艺流程方面的设计图。

（2）履行审批手续。依法必须招标的工程建设项目，凡应报送项目审批部门审批的，必须在报送项目可行性报告中增加有关招标的内容，主要有以下几项。

1）建设项目的勘察、设计、施工、监理以及重要设备、材料等采购活动的具体招标范围（全部或者部分招标）。

2）建设项目的勘察、设计、施工、监理以及重要设备、材料等采购活动拟采用的招标组织形式（委托招标或者自行招标）；拟自行招标的，还应按照《工程建设项目自行招标试行办法》（国家发展改革委令第5号）规定报送书面材料。

3）建设项目的勘察、设计、施工、监理以及重要设备、材料等采购活动拟采用的招标方式（公开招标或者邀请招标）；国家发展改革委确定的国家重点项目和省、自治区、直辖市人民政府确定的地方重点项目，拟采用邀请招标的，应对采用邀请招标的理由作出说明。

3．有相应资金或资金来源已经落实

当前基本建设投资资金的来源渠道主要有以下几方面。

（1）财政预算投资。由国家预算安排并列入年度基本建设计划的建设项目投资为财政预算投资，也称为国家投资。

（2）自筹资金投资。自筹资金是指各地区、各部门、各单位按照财政制度提留、管理和自行分配用于固定资产再生产的资金。自筹资金主要有：地方自筹资金；部门自筹资金；企业、事业单位自筹资金；集体、城乡个人筹集资金等。自筹资金必须纳入国家计划，并

控制在国家确定的自筹资金投资规模以内。地方和企业的自筹资金，应由建设银行统一管理，其投资要同预算内投资一样，事先要进行可行性研究和技术经济论证，严格按基本建设程序办事，以保障自筹投资有较好的投资效益。

（3）银行贷款投资。银行利用信贷资金发放基本建设贷款是建设项目投资资金的重要组成部分。

（4）利用外资。利用多种形式的外资，是我国实行改革开放政策、引进外国先进技术的一个重要步骤，同时也是我国建设项目投资不可缺少的重要资金来源。其主要形式有：外国政府贷款；国际金融组织贷款；国外商业银行贷款；在国外金融市场上发行债券；吸收外国银行、企业和私人存款；利用出口信贷；吸收国外资本直接投资包括与外商合资经营、合作经营、合作开发以及外商独资等形式；补偿贸易；对外加工装配；国际租赁；利用外资的 BOT 方式等。

（5）利用有价证券市场筹措建设资金。有价证券市场，是指买卖公债、公司债券和股票等有价证券，在不增加社会资金总量和资金所有权的前提下，通过融资方式，把分散的资金累积起来，从而有效地改变社会资金总量的结构。有价证券主要指债券和股票。

1）债券。债券是借款单位为筹集资金而发行的一种信用凭证，它证明持券人有权取得固定利息并到期收回本金。我国发行的债券种类有：国家债券即公债、国库券，是国家以信用的方式从社会上筹集资金的一种重要工具；地方政府债券；企业债券；金融债券。债券发行后，可在证券流通市场上进行交易，债券的发行与转让分别通过债券发行市场和债券转让市场进行。债券的票面价格即指债券券面上所标明的金额；发行价格即指债券的募集价格，是债券发行时投资者对债券所付的购买金额；债券的市场价格指债券发行后在证券流通市场上的买卖价格。

2）股票。股票是股份公司发给股东作为已投资入股的证书和索取股息的凭证。它是可作为买卖对象和（或）抵押品的有价证券。按股东承担风险和享有利益的大小，股票可分普通股和优先股两大类。股票筹资是一种有弹性的融资方式，由于股息和红利不像利息必须按期支付，且股票无到期日，公司不需要偿还资金，因而融资风险低。但对投资者来说，因股票的投资报酬可能比债券高，故投资的风险也大。

4. 有招标所需的设计图纸及技术资料

工程项目招标一项主要内容是工程报价，工程报价编制的一项主要依据即工程设计图纸及相关技术资料，所以招标前一定要给投标人提供招标所需的设计图纸，并在招标文件中明确项目所采用的技术标准等。

3.1.2 工程招标的实施程序

招标程序是招标过程中各个环节的承前启后、相互关联的工作序列。招标程序把招标活动架构成为一个统一的有机系统，这一系统是在《招标投标法》及国家相关法规指导之下形成的，对招标投标人具有强制的法律约束力。

就招标活动过程而言，它一般划分为准备、实施和定标等三个承前启后的阶段，每一阶段又可划分为时间上相互连接的若干工作环节或工作步骤，只有上一个工作步骤完成了，下一步工作才可以开展。但在特定条件下，工作步骤也可以平行移动，即在开展某一阶段的工作时也可为后续工作做前期的准备，比如在招标申请的同时就可以同时着手编制招标文件。

1．招标前的准备阶段

招标前准备阶段的工作主要有两大项，第一项是立项，第二项是确定建设项目的招标方案。每一项工作又可细分为若干分项。一般有如下工作。

（1）项目立项。建设工程项目应向国家行政主管部门，申请项目立项。主管部门对建设项目的立项批准后，应成立建设项目法人机构。项目法人机构建立后，开始制定建设项目的招标方案。

（2）制定招标方案。招标方案的主要内容包括：① 明确招标范围。全部或者部分招标。具体地说，是整体招标还是划分为几个合适的标段招标，是一次性招标还是分阶段招标；是否允许分包，什么内容可以分包等。② 招标的组织方式是委托招标还是自行招标。③ 招标方式是公开招标还是邀请招标。④ 制定招标时间及进度计划，制定招标费用计划及解决方案。

招标人自行招标指招标人具有编制招标文件和组织评标能力，可自行办理招标事宜。《招标投标法》、《工程建设项目自行招标试行办法》及《房屋建筑和市政基础设施工程施工招标投标管理办法》也都对招标人自行办理招标事宜作出了相应规定。总之，招标人自行招标所需具备的条件包括：① 招标人是法人或依法成立的其他组织；② 有与招标工程相适应的经济、技术、管理人员；③ 有组织编制招标文件的能力；④ 有审查投标单位资质的能力；⑤ 有组织开标、评标、定标的能力。不具备上述②～⑤项条件的，须委托具有相应资质的中介服务机构代理招标。

之所以有上述各种对招标人自行招标的规定，是因为如果让那些对招标程序不熟悉、自身也不具备招标能力的招标人组织招标，会影响招标工作的规范化、程序化，进而影响到招标质量和项目的顺利实施。另外，也可防止招标人借自行招标之机，行招标之名而无招标之实。因此，依法必须进行招标的项目，招标人自行办理招标事宜的，应向有关行政监督部门备案。监督部门根据规定，对招标人是否具备自行招标的条件进行核准、监督。

委托招标指招标人不具备自行招标能力的，可委托具备相应资质的招标代理机构代为办理招标事宜。《招标投标法》第12条规定："招标人有权自行选择招标代理机构，委托其办理招标事宜，任何单位和个人不得以任何方式为招标人指定招标代理机构。"

（3）招标申请。各地一般规定，招标人进行招标活动前，要向招标投标管理机构进行招标申请，填报招标申请书。招标申请书的内容主要包括：工程名称、建设地点、结构类型、招标范围、招标人的资质、招标工程具备的条件、拟采用的招标方式、招标机构组织情况和对投标人的要求等。

招标申请书经批准后，就可以编制招标文件、评标定标办法和标底等，并将这些文件报招投标管理机构批准。经招标投标管理机构对上述文件进行审查认定后，就可发布招标公告或投标邀请书。

2．招标的实施阶段

（1）编制招标文件。招标文件是规范整个招标过程，确定招标人与投标人权利义务的重要依据，是投标人进行投标的依据，也是招标人与中标人订立合同的基础。《招标投标法》第19条规定："招标人应当根据招标项目的特点和需要编制招标文件。"招标文件应当包括招标项目的技术要求、报价要求、评标标准等，以及拟签订合同的主要条款。国家对招标项目的技术、标准有规定的，招标人应当按照规定在招标文件里提出相应的要求。

编制招标文件时，若拟对投标人进行资格预审的，还应编制资格预审文件。资格预审文件指的是招标人编制的需要投标申请人提供企业资质、业绩、技术装备、财务状况和拟派出的项目经理与主要技术人员的简历、业绩等材料并规定投标人编制格式的文件。只有通过资格预审的承包商才可以参加投标。委托招标的，资格预审文件和招标文件均由招标代理机构编制，并由招标代理机构递交有关行政主管部门审定或备案。

（2）发出招标信息。

1）发布招标公告。若采用公开招标方式，则要在国家及有关部门指定的报刊、网络或其他大众传媒上发布。发布招标公告的主要目的是发布信息，使那些感兴趣的投标申请人知悉，前来参加资格预审或购买招标文件，编制投标文件并参加投标。

招标公告的内容，对潜在的投标人来说至关重要。主要内容应为对招标人和投标人的要求和招标项目的描述，使潜在投标人在掌握这些信息的基础上，根据自身情况，作出是否购买招标文件并投标的决定。此外，招标公告在何种媒介上发布，直接决定了招标信息的传播范围，进而影响到招标的竞争程度和招标效果。

招标公告应载明项目概况、投标人资格要求、获取招标文件的办法、投标截止时间等事项。

2）发出投标邀请。若采用邀请招标方式的，则需要向三个以上具备承担招标项目能力、资信良好的法人或者其他组织发出投标邀请书，其应载明的事项与公开招标相同。

（3）发放招标文件。招标人应将招标文件、图纸和有关技术资料按照规定的日期、时间和地点发给通过资格预审通过的投标资格的投标单位。不进行资格预审的，发放给愿意参加投标的单位。投标单位收到招标文件、图纸和有关资料后，应当认真核对，核对无误后以书面形式确认。

工程项目施工招标文件在发出的同时，一般应当到建设行政主管部门办理备案手续，接受建设行政主管部门依法对招标文件进行的审查。

（4）踏勘现场。《招标投标法》第21条规定："招标人根据项目的具体情况，可以组织潜在投标人踏勘项目现场。"组织投标人踏勘现场主要目的是让投标人了解工程现场和周围环境状况，获取必要的信息。踏勘现场时招标人应向投标人介绍：现场是否达到招标文件规定条件；现场的地理位置和地形、地貌；现场的地质、土质、地下水位、水文等情况；现场湿度、风力、年雨雪量等气候条件；现场交通、饮水、污水排放、生活用电、通信等环境情况；工程在现场中的位置和布置；临时用地、临时设施搭建等。

（5）投标预备会。投标预备会的目的在于澄清招标文件的疑问，解答投标人对招标文件和勘察现场中所提出的问题。投标预备会一般由招标人主持召开，对招标文件和现场情况作出介绍和解释，并解答投标者所提出的问题。投标预备会后，由招标人整理会议记录和解答内容，以书面形式将问题和解答同时发送到所有获得招标文件的投标人。

此外，在招标过程中投标人对招标文件或者现场踏勘中如果有疑问或不清楚的问题，还可以用书面的形式要求招标人予以解答。招标人收到投标人提出的疑问后，应当给予解释和答复，并将解答同时发给获取招标文件的投标人。

（6）投标文件的接收。《招标投标法》第28条规定："投标人应当在招标文件要求提交投标文件的截止时间前，将投标文件送达投标地点。"根据该规定，投标文件编制完成后，投标人负责人签署，并按照投标须知进行分装、密封，在截止时间前递交至招标人。招标人应接收截止时间前的投标文件，退回投标截止时间后的投标文件，并记录收到的日期和时间。

（7）开标。在投标截止日期后，按规定时间、地点，在投标人法定代表人或授权代理人在场的情况下举行开标会议，按规定的议程进行开标。

（8）评标。按有关规定成立评标委员会，在招标管理机构监督下，依据评标原则、评标方法，对投标人报价、工期、质量、主要材料用量、施工组织设计、以往业绩、信誉、优惠条件等方面进行综合评价，公正合理择优选择中标单位。

（9）提交评标报告。评标结束后，评标委员会要提交评标报告。主要内容包括：评标委员会成员名单；基本情况和数据表；开标记录；符合要求的投标人一览表；废标情况说明；评标标准、方法或评标因素一览表；经评审的价格或评分比较一览表；经评审的投标人排序；推荐的中标候选人名单；签订合同前要处理的问题；澄清、说明、补正事项纪要等。

3．定标阶段

（1）定标。根据评标委员会提出的评标报告和推荐的中标候选人，招标人一般向有关行政主管部门提出书面的招标工作报告后（有的地方和部门还要求将中标候选人上网或登报公示），即可确定中标候选人，并发出"中标通知书"。

（2）合同签订。招标人与中标人可在规定的期限内依据招标文件、投标文件及国家相关的法规政策，进行签订合同前的谈判，最终签订工程承包合同。

中标人拒绝按规定提交履约担保和签订合同的，可以视为自动放弃中标项目，并承担违约责任。在这种情况下，应当顺延至排名第二的中标候选人为中标单位。

合同签订后，招标人向中标人和未中标的投标人退还投标保证金，因违反规定被没收的投标保证金不予退回。

3.2 工程招标公告的发布媒介与内容

招标人采用公开招标方式的，应当发布招标公告。根据《中华人民共和国标准施工招标文件》（56 号令）的规定，若在公开招标过程中采用资格预审程序，可用资格预审公告代替招标公告，资格预审后不再单独发布招标公告。

3.2.1 招标公告的发布媒介

按照《招标投标法》、《招标投标法实施条例》和《招标公告发布制度暂行办法》规定，依法必须进行招标的项目的招标公告、资格预审公告，应当在国家指定的报刊、信息网络或者其他媒介发布。按照《招标公告发布暂行办法》规定，国家发展改革委经国务院授权，指定《中国日报》、《中国经济导报》、《中国建设报》、“中国采购与招标网”为依法必须招标项目的招标公告的发布媒介。其中依法必须招标的国际招标项目的招标公告应在《中国日报》发布。

按照《政府采购法》规定，应当公开的政府采购信息需在财政部门指定的政府采购信息发布媒体上向社会公开发布，《政府采购法实施条例》进一步明确政府采购项目信息应当在省级以上人民政府财政部门指定的媒体上发布。采购项目预算金额达到国务院财政部门规定标准的，政府采购项目信息应当在国务院财政部门指定的媒体上发布。《政府采购信息公告管理办法》规定，财政部负责确定政府采购信息公告的基本范围和内容，指定全国政府采购信息发布媒体。省级财政部门负责确定本地区政府采购信息公告的范围和内容，可以指定本地区政府采购信息发布媒体。除财政部和省级财政部门以外，其他任何单位和个人不得指定政府采购信息的发布媒体。目前，财政部指定《中国财经报》、“中国政府采购网”和《中国政府采购》为全国政府采购信息的发布媒介。

3.2.2 招标公告的内容及要求

1. 资格预审公告的内容

按照《标准施工招标资格预审文件》的规定，资格预审公告具体包括以下内容。

（1）招标条件。明确拟招标项目已符合前述的招标条件。

（2）项目概况与招标范围。说明本次招标项目的建设地点、规模、计划工期、招标范围、标段划分等。

（3）申请人的资格要求。包括对于申请资质、业绩、人员、设备、资金等各方面的要求，以及是否接受联合体资格预审申请的要求。

（4）资格预审的方法。明确采用合格制或有限数量制。

（5）资格预审文件的获取。是指获取资格预审文件的地点、时间和费用。

（6）资格预审申请文件的递交。说明递交资格预审申请文件的截止时间。

（7）发布公告的媒介。

（8）联系方式。

2. 招标公告的内容

若未进行资格预审，可以单独发布招标公告，根据《工程建设项目施工招标投标办法》和《标准施工招标文件》的规定，招标公告具体包括以下内容。

（1）招标条件。

（2）项目概况与招标范围。

（3）投标人资格要求。

（4）招标文件的获取。

（5）投标文件的递交。

（6）发布公告的媒介。

（7）联系方式。

3. 资格预审公告和招标公告发布的要求

《招标公告发布暂行办法》对招标公告的发布作出了明确的规定，资格预审公告的发布可参照此规定。

（1）对招标公告发布的监督。原国家计划委员会根据国务院授权，按照相对集中、适度竞争、受众分布合理的原则，对依法必须招标项目的招标公告，要求在指定的报纸、信息网络等媒介上发布，并对招标公告发布活动进行监督。

（2）对招标人的要求。依法必须公开招标项目的招标公告必须在指定媒介发布。招标公告的发布应当充分公开，任何单位和个人不得非法限制招标公告的发布地点和发布范围。

（3）拟发布的招标公告文本有下列情形之一的，有关媒介可以要求招标人或其委托的招标代理机构及时予以改正、补充或调整：

- 字迹潦草、模糊，无法辨认的。
- 载明的事项不符合规定的。
- 没有招标人或其委托的招标代理机构主要负责人签名并加盖公章的。
- 在两家以上媒介发布的同一招标公告的内容不一致的。

3.3 工程招标文件的编制

3.3.1 招标文件

1. 招标文件的含义

招标文件是招标人为投标人参与投标工作提供所需信息的总称，旨在向其提供响应招标所需了解的招标项目的要求、规定等约定，同时招标文件还要向投标人明示、通报招标投标所依据的规则、程序等。

在招标活动中，招标文件既是投标人编制招标文件的依据，又是招标人与中标人签订合同的基础内容和约定。就工程施工招标文件而言，招标文件要满足上述的要求，应当阐明招标的项目的技术要求、对投标人资格审查的标准、投标报价要求和评标标准等实质性要求和条件，以及拟与中标人签订的合同的基本条件和主要约定。

在招标投标活动中，招标文件中的各项规定是招标投标双方必须遵循的“游戏规则”，它是双方工作的指南针，指导着双方的活动。

2. 招标文件的作用

（1）进行投标决策和编制投标文件的客观依据。招标文件规定获得招标项目的实质性条件，如招标的技术要求、报价要求、评标标准、拟签合同的基础条款等，从而可以使潜在的投标人结合自身的实际条件，作出是否参与投标的决策，若决定参与，它又是投标人编制投标文件的重要编制依据。因为投标文件是否被招标人接受，主要看其响应招标文件的程度和广度。

（2）订立合同的基础。在招标文件中，由于拟定了招标人将与中标人签订合同的主要条款，这就为将签订的合同奠定了基础，并节约了交易时间，降低了交易成本。中标人的投标文件，实质上是响应招标文件的一份完美答卷，是对招标文件中的条件、规定、原则的书面承诺。

（3）让招标投标交易公开透明。招标投标的交易形式之所以成为国际组织、各国政府，甚至一般企业所采用的交易形式，在于它公开宣示交易条件，使交易在阳光下完成。如交易实现的关键环节是评标，这一过程是否公开透明，直接关系着招标过程是否公开透明。招标文件中作出的评标标准及办法的明确规定使得招标活动因而变得更加透明。

3. 招标文件的主要内容

招标文件应当包括招标项目的技术要求、对投标人资格审查的标准、投标报价要求和评标标准等所有实质性要求和条件，以及拟签订合同的主要条款。国家对招标项目的技术、标准有规定的，招标人应当按照其规定在招标文件中提出相应要求。

招标文件的内容大致可分为三类。

（1）编写和提交投标文件的规定。招标文件载入这些内容的目的是尽量减少符合资格的承包商，由于不明确如何编写投标文件而处于不利地位或其投标遭到拒绝的可能性。

（2）投标文件的评审标准和方法的规定。这类内容是为了提高招标过程的透明度和公平性，因而是非常重要的，也是必不可少的。

（3）合同的主要条款。其中主要是商务性条款，它有利于投标人了解中标后签订的合同的主要内容，明确双方各自的权利和义务。

招标文件中的技术要求、投标报价要求和主要合同条款等内容，统称实质性要求，这是招标人招标意图的集中反映，也是评审投标文件的基本标准。因为所谓投标人对招标文件的实质性响应，指的就是投标文件应该与招标文件的所有实质性要求相符，无显著差异或保留。如果投标文件与招标文件规定的实质性要求不相符，即可认定投标文件不符合招标文件的要求，招标人可以拒绝该投标，并不允许投标人修改或撤销其不符合要求的差异或保留，使之成为实质性响应的投标。

国家住建部于 2002 年 11 月 21 日发布了《房屋建筑和市政基础设施工程施工招标文件范本》(简称《施工招标文件范本》)，并自 2003 年 1 月 1 日起施行。《施工招标文件范本》包括招标公告、投标邀请书、投标申请人资格预审文件、招标文件（共十章）和中标通知书五个部分，详见表 3-2。该范本适用于各类房屋建筑和市政基础设施工程的招标，范本含义指“指导性示范文件”，招标人可结合工程具体情况，对范本进行调整或修改。

表 3-2　《施工招标文件范本》的内容

一	招标公告
二	投标邀请书
三	投标申请人资格预审文件 a）投标申请人资格预审须知 b）投标申请人资格预审申请书 c）投标申请人资格预审合法通知书
四	招标文件 第一章　投标须知及投标须知前附表 第二章　合同条款 第三章　合同文件格式 第四章　工程建设标准 第五章　图纸 第六章　工程量清单 第七章　投标文件投标函部分格式 第八章　投标文件商务部分格式 第九章　投标文件技术部分格式 第十章　资格审查申请书格式
五	中标通知书

3.3.2　工程施工招标文件的编制

1．招标文件的编制原则

招标人应当根据招标项目的特点和需要编制招标文件。而且，在其编制过程中必须遵循以下原则。

（1）遵守国家的法律、法规及规章。例如，《中华人民共和国招标投标法》、《中华人民共和国合同法》、《中华人民共和国建筑法》、《公路工程勘察设计招标投标管理办法》、《房屋建筑和市政基础设施工程招标投标管理办法》、《建设工程工程量清单计价规范》等。如果招标文件违反有关法规，则以此为依据签订的有关合同属于无效合同。如果是国际组织贷款项目，则必须按照该组织的各种规定和审批程序来编制招标文件。

（2）不得带有倾向或者排斥潜在投标人的其他内容。否则不仅限制了竞争，而且违背了“公平”、“公正”的原则。

（3）科学、公正地处理招标人、投标人的利益关系。如果招标文件将招标人的风险过多地转嫁给投标人，势必迫使投标人加大风险准备费用、提高报价，并最终导致招标人的投资增加。

（4）正确、详尽地反映招标项目的所有实质性要求和条件以及客观情况。这样可以使投标人在客观、可靠的基础上合理预见风险、进行投标，并有利于减少签约、履约过程中可能产生的分歧与争议。

（5）内容统一、避免矛盾。由于招标文件涉及众多的组成内容，容易出现矛盾，并给后续工作带来许多隐患。因此，招标文件应做到内容统一、结构明确、用语严谨。

（6）招标人可以对已发出的招标文件进行必要的澄清或修改。应当在招标文件要求提交投标文件截止时间至少15日前，以书面形式通知所有招标文件收受人。而且，该澄清或修改的内容应作为招标文件的组成部分。

2. 招标文件的编制要求

（1）内容全面。只有招标文件的内容全面，才能确保各项后续工作有据可依。

（2）条件合理。包括通用条件、专用条件在内的合同条件是投标人计算标底价格和投标报价的基础，也是招投标双方建立经济关系的法律依据。因此，招标文件中的合同条件应当努力保证应用与解释的一致性，并结合招标项目的具体情况，比较公正地规定有关各方的权利、责任和义务，合理处理招投标双方的经济利益关系。

（3）标准明确。某些重要标准涉及有关方面的经济利益，并影响到公开、公平、公正、科学择优原则的落实，乃至招标工作的成效。一般来讲，在工程项目施工的招标文件中，必须对下列标准予以明确的规定：

- 投标人应具备的资格标准；
- 工程的地点、内容、规模、工程标段划分及工程量计算标准；
- 工程的主要材料、设备的技术规格、工程施工技术的质量标准及工程验收标准；
- 投标人投标报价的价格形式及标书使用的语言标准；
- 投标有效期和可以参加开标的完整、合格的投标书标准；
- 投标保证金、履约保证金等标准；
- 有关合同签订及履行过程中的奖惩标准；
- 有关的优惠标准；
- 招标人评标及授予合同的基本标准等。

（4）文字规范、简练。由于招标文件涉及的内容广、条款多、篇幅长，容易出现矛盾，并引起签约双方的分歧与争议，妨碍合同的顺利履行。因此，招标文件必须做到关系严密、言简意赅、表述准确；如果是国际工程招标文件，则需在国际通用语言中进行选择。

（5）适时备案。为了确保招标文件的编制质量，根据部分行业或地区的有关规定，招标文件应当上报有关部门备案。比如根据《房屋建筑和市政基础设施工程招标投标管理办法》规定，依法必须进行施工招标的工程，招标人应当在招标文件发出的同时，将招标文件报送工程所在地的县级以上人民政府建设行政主管部门备案，建设行政主管部门发现招标文件有违反法律、法规内容的，应当责令招标人改正。

3.3.3 工程监理招标文件的编制

1. 建设工程监理的概念

建设工程监理是指具有相应资质的监理单位受工程项目建设单位（业主）的委托，依据国家有关工程建设的法律、法规、经建设主管部门批准的工程项目建设文件、建设工程委托监理合同及其他建设工程合同，对工程建设实施专业化监督管理。实行建设工程监理制度，目的在于提高工程建设的投资效益和社会效益。

2. 监理招标文件的编制

招标文件是投标人编制投标文件的依据，作为监理的招标文件应着重工程项目的综合情况介绍，通常由以下几个部分组成。

（1）投标邀请书。这是招标人发给已确定的投标短名单内的监理单位的信函。

（2）投标须知。投标须知是投标人参加投标竞争和编制投标文件的主要依据，内容要尽可能完整、详细。一般情况下包括以下几方面内容。

- 工程的综合说明。说明监理工程项目的建设内容、规模、工程等级、地点、总投资、现场条件、预计的开竣工日期等。
- 委托的监理任务大纲。监理大纲是招标人准备委托的工作范围，投标人依据这个文件编制监理大纲。大纲内说明的工作内容，要允许投标人根据其监理目标的设定作出进一步的完善和补充。
- 合格条件与资格要求。包括三个内容：一是说明本次招标对投标人的最低资格要求，二是本次投标的评审内容，三是投标人应提供资格的有关材料等。
- 招标投标的程序。这里包括两方面的内容：第一是有关招标投标活动的时间、地点的安排，如现场考察、投标截止日期等；第二是对投标文件编制要求和递送的要求。
- 评标考虑的要素及评标原则和方法。

（3）合同草案。招标人与中标人签订的监理合同应采用建设部和国家工商行政管理局联合颁布的《建设工程监理合同》（GF—2000—0202）标准化文本，合同的标准条件部分不得改动，但是结合委托监理任务的工程特点和项目地域特点，双方可针对标准条件中的要求予以补充、细化或修改。

（4）工程技术文件。工程技术文件是投标人完成委托监理任务的依据，包括：工程项目建议书；工程项目批复文件；可行性研究报告及审批文件；应遵守的有关技术规定；必要的设计文件、图纸和有关资料。

（5）投标文件格式。一般来说招标文件中给出的标准化法律文书通常包括以下内容：投标文件格式；监理大纲的主要内容要求；投标单位对负责人的授权书格式；履约保函格式。

3．监理招标资格审查

监理招标资格审查主要是考察投标人的资格条件、经验条件、资源条件、公司信誉和承接新项目能力等几个方面是否能满足招标监理工程的要求。

监理招标资格审查包括以下内容。

（1）资格条件：包括资质等级、营业执照注册范围、隶属关系、公司组成形式及所在地、法人条件和公司章程。

（2）经验条件：包括已监理过的工程项目、已监理过的与招标工程类似的工程项目。

（3）现有资源条件：公司人员情况、开展正常监理工作可采用的检测方法和手段、使用计算机软件的管理能力。

（4）公司信誉：监理单位在专业方面的名望和地位、在以往服务过的工程项目中的信誉、是否能全心全意地与业主和承建人合作。

（5）承建新项目的监理能力：正在进行监理工作工程项目的数量和规模、正在进行监理工作各项目的开工和预计竣工时间。

选择投标人的合格条件可以从以上五个方面的内容来审核，资格审查合格的单位应均有能力和资格完成招标工程的监理工作。

4．监理评标原则和方法

监理评标的原则和方法应充分体现监理招标的特点，突出对投标人能力的评比。由于评标是对各投标人针对一个具体工程项目所作的实施方案进行审查比较，因此评标的原则主要是：① 技术能力是否达到工程监理要求；② 管理能力是否符合工程监理要求；③ 监理方法是否科学；④ 监理措施是否先进可靠；⑤ 监理取费是否合理。

监理评标通常采用综合评分法对各投标人的投标文件进行评比，根据具体项目的特点设置评分的内容和分值分配权重。

评分的内容一般为：

（1）监理大纲；

（2）监理单位综合实力；

（3）监理机构人员和检测设备；

（4）监理报价。

分值分配应该根据项目监理内容的特点划分评审比较的内容，然后再根据重要程度来规定各主要部分的分值权重，在这个基础上再细致地规定出各主要部分的评分标准。

3.3.4 工程设计招标文件的编制

1. 建筑工程设计招标条件

（1）按照国家有关规定需要履行项目审批手续的，已履行审批手续，取得批准；
（2）设计所需要资金已经落实；
（3）设计基础资料已经收集完成；
（4）符合相关法律、法规规定的其他条件。

2. 工程设计招标文件编制的内容

招标人应当根据建筑工程特点和需要编制招标文件。招标文件包括以下方面内容：
（1）投标须知。
（2）投标技术文件要求。

- 工程项目概要。项目名称、基本情况、使用性质、周边环境、交通情况、自然地理条件、气候及气象条件、抗震设防要求等。
- 设计目的和任务。
- 设计条件。主要经济技术指标要求（详见规划意见书）、用地及建设规模、建筑退红线、建筑高度、建筑密度、绿地率、交通规划条件、市政规划条件等要求。
- 项目功能要求。设计原则、指导思想、功能定位等。
- 各专业系统设计要求。根据招标类型及工程项目实际情况，对建筑、结构、采暖通风、给水排水、电气、人防、节能、环保、消防、安防等专业提出要求。
- 方案设计成果要求。文字说明、图纸、展板、电子文件、模型等。

（3）投标商务文件要求。
（4）评标、定标标准及方法说明。
（5）设计合同授予及投标补偿费用说明。

招标人应在招标文件中明确执行国家规定的设计收费标准或提供投标人设计收费的统一计算基价。

对政府或国有资金投资的大型公共建筑工程项目，招标人应当在招标文件中明确参与投标的设计方案必须包括有关使用功能、建筑节能、工程造价、运营成本等方面的专题报告。

3.3.5 工程总承包招标文件的编制

1. 工程总承包的概念

建设工程的总承包，一般又被称为“交钥匙承包”，是指建设工程任务的总承包，即发包人将建设工程的勘察、设计、施工等工程建设的全部任务一并发包给一个具备相应的总承包资质条件的承包人，由该承包人对工程建设的全过程向发包人负责，直至工程竣工，向发包人交付经验收合格符合发包人要求的建设工程的发承包方式。工程总承包是国内外建设活动中经常使用的发承包方式，它有利于充分发挥那些在工程建设方面具有较强的技术力量、丰富的经验和组织管理能力的大承包商的专业优势，综合协调工程建设中的各种关系，强化对工程建设的统一指挥和组织管理，保证工程质量和进度，提高投资效益。在建设工程的发承包中采用总承包方式，对那些缺乏工程建设方面的专门技术力量，难以对建设项目实施具体的组织管理的建设单位来说，更具有明显的优越性，也符合社会化大生产专业分工的要求。为此应当提倡对建设工程实行总承包，发包人可以将全部工程发包给一个总承包人完成。

工程总承包企业对承包工程的质量、安全、工期、造价全面负责。工程总承包企业必须取得国家住建部或省市级颁发的相应资质证书。

2．工程总承包招标文件的编制

建设项目工程总承包方作为项目建设的一个参与方，其项目管理主要服务于项目的利益和建设项目总承包方本身的利益。其项目管理的目标包括项目的总投资目标和总承包方的成本目标、项目的进度目标和项目的质量目标。

建设项目工程，总承包方项目管理工作涉及项目实施阶段的全过程，即设计前的准备阶段、设计阶段、施工阶段、动用前准备阶段和保修期。

在进行工程总承包招标文件的编制时，要明确总承包方的主要任务，包括：

（1）安全管理；

（2）投资控制和总承包方的成本控制；

（3）进度控制；

（4）质量控制；

（5）合同管理；

（6）信息管理；

（7）与建设项目总承包方有关的组织和协调。

3.4　工程招标标底与招标控制价的编制

3.4.1　工程施工招标标底的编制

1．标底的概念

标底是工程造价的表现形式之一，由招标人自行编制或委托经建设行政主管部门批准具有编制标底价格能力的中介机构代理编制。标底是招标工程的预期价格，是招标人对招标项目所需费用的自我测算和控制，也是判断投标报价合理性的依据。制定标底是工程招标的一项重要准备工作。

2．标底的作用

我国的《招标投标法》没有明确规定招标工程必须设置标底价格，招标人可根据工程的实际情况自己决定是否需要编制标底。标底的主要作用是：

（1）使建设单位预先明确自己在拟建工程上应承担的财务义务。

（2）给上级主管部门提供核实建设规模的依据。

（3）是衡量投标报价的准绳，评标的重要尺度。只有制定了正确的标底，才能正确判断投标人所投报价的合理性、可靠性。

因此，标底必须以严肃认真的态度和科学合理的方法进行编制，应当实事求是，综合考虑和体现发包方和承包方的利益，编制切实可行的标底。

3．标底的主要内容

标底一般包括以下内容：

（1）标底的综合编制说明。

（2）标底价格审定书、标底价格计算书、带有价格的工程量清单、现场因素、各种施工措施费的测算明细以及采用固定价格工程的风险系数测算明细等。

（3）主要人工、材料、机械设备用量表。

（4）标底附件，如各项交底纪要、各种材料及设备的价格来源、现场的地质、水文、地上情况的有关资料、编制标底价格所依据的施工方案或施工组织设计等。

（5）标底价格编制的有关表格。

4．标底的编制依据

标底的编制主要依据以下基本资料和文件。

（1）国家的有关法律、法规以及国务院和省、自治区、直辖市人民政府建设行政主管部门制定的有关工程造价的文件、规定。

（2）工程招标文件中确定的计价依据和计价办法，招标文件的商务条款，包括合同条件中规定由工程承包方应承担义务而可能发生的费用，以及招标文件的澄清、答疑等补充文件和资料。在标底价格计算时，计算口径和取费内容必须与招标文件中有关取费等的要求一致。

（3）工程设计文件、图纸、技术说明及招标时的设计交底，按设计图纸确定的或招标人提供的工程量清单等相关基础资料。

（4）国家、行业、地方的工程建设标准，包括建设工程施工必须执行的建设技术标准、规范和规程。

（5）施工组织设计、施工方案、施工技术措施等。

（6）工程施工现场地质、水文勘探资料，现场环境和条件及反映相应情况的有关资料。

（7）招标时的人工、材料、设备及施工机械台班等要素市场价格信息，以及国家或地方有关政策性调价文件的规定。

（8）现行工程预算定额、工期定额、工程项目计价类别及取费标准。

5. 标底的编制原则

（1）根据国家公布的统一工程项目划分、统一计量单位、统一计算规则以及施工图纸、招标文件，并参照国家制定的基础定额和国家、行业、地方规定的技术标准规范，以及生产要素市场的价格编制标底价格。

（2）标底的计价内容、计价依据应与招标文件的规定完全一致。

（3）标底价格作为招标单位的期望计划价，应力求与市场的实际变化吻合，要有利于竞争和保证工程质量。

（4）标底价格应由成本、利润、税金等组成，一般应控制在批准的总概算（或修正概算）及投资包干的限额内。

（5）一个工程只能编制一个标底。

6. 标底的编制程序

招标文件中的商务条款一经确定，即可进入标底编制阶段。工程标底的编制程序如下。

（1）确定标底的编制单位。标底由招标单位自行编制或委托经建设行政主管部门批准具有编制标底资格和能力的中介机构代为编制。

（2）收集编制资料。资料包括全套施工图纸及现场地质、水文、地上情况的有关资料、招标文件、领取标底价格计算书、报审的有关表格。

（3）参加交底会及现场勘察。标底编、审人员均应参加施工图交底以及现场勘察，以便于标底的编、审工作。

（4）编制标底。编制人员应严格按照国家的有关政策、规定，科学公正地编制标底价格。

（5）审核标底价格。

7. 标底的计价方法和需要考虑的因素

标底价格的计算方法包括工料单价法和综合单价法。采用这两种方法确定工程造价的步骤与施工图预算的编制相同。这两种方法都基于详细计算工程量的基础上，要求设计达到施工图设计阶段，如果是在初步设计阶段招标，可以设计概算为基础编制标底。

必须指出的是，招标工程的标底价格不能等同于工程概算或施工图预算。编制一个合理、可靠的标底还必须在此基础上考虑以下因素。

（1）标底必须适应目标工期的要求，对提前工期因素有所反映。实际上招标工程的目标工期往往不能等同于国家颁布的工期定额，而需要缩短工期。承包人此时要考虑相应的施工措施，增加人员和设备数量，加班加点，付出比正常工期更多的人力、物力、财力，这样就会提高工程成本。因此编制招标工程的标底时，必须考虑这一因素，把目标工期对照工期定额，按提前天数给出必要的赶工费和奖励，并列入标底。

（2）标底必须适应招标方的质量要求，对高于国家验收规范的质量因素有所反映。招标工程的质量应达到国家相关的施工验收规范的要求，即按国家规范来检查验收工程质量。但招标方往往还要提出要达到高于国家验收规范的质量要求，为此承包人要付出比合格水平更多的费用。例如，据某些地区测算，建筑产品从合格到优良，其人工和材料的消耗要使成本相应增加 3%～5%，因此，标底的计算应体现优质优价。

（3）标底必须适应建筑材料采购渠道和市场价格的变化，考虑材料差价因素。编制标底时，应考虑建筑材料的市场价格变化，须按市场价格，将差价列入标底。

（4）标底必须合理考虑本招标工程的自然地理条件和招标工程范围等因素。将地下工程及“三通一平”等招标工程范围内的费用正确地计入标底价格。由于自然条件导致的施工不利因素也应考虑，计入标底。

此外，编制一个比较合理的标底，还要把工程项目的施工组织设计作得深入、透彻，有一个比较先进、比较切合实际的施工规划，包括合理的施工方案、施工进度安排、施工总平面布置和施工资源估算。要认真分析已颁布的各种定额，认真分析国内的施工水平和可能前来投标的承包人的实际水平，从而采用比较合理的定额编制标底。还要分析建筑市场的动态，比较切实地把握招标投标的形势。要正确处理招标方与投标方的利益关系，坚持客观、公平、公正的原则。

3.4.2 工程施工招标控制价的编制

1. 招标控制价的含义

所谓招标控制价，是在工程采用招标发包的过程中，由招标人根据有关计价规定计算的工程造价，其作用是招标人用于对招标工程发包的最高限价，有的地方也称拦标价、预算控制价。它是《建设工程工程清单计价规范》（GB 50500—2008）新增内容之一。

2. 工程量清单招标控制价

工程量清单招标控制价也称拦标价，是指招标人根据国家或省级、行业建设主管部门颁发的有关计价依据和办法，按设计施工图纸计算，在招标过程中向投标人公示的工程项目总价格的最高限额，也是招标人期望价格的最高标准，要求投标人投标报价不得超过它，否则视为废标。在国有资金投资的工程进行招标时。根据《招标投标法》第 22 条第二款的规定：“招标人设有标底的，标底必须保密”。但实行工程量清单招标后，由于招标方式的改变，标底保密这一法律规定已不能起到有效遏制哄抬标价作用。因此，为有利于客观、合理地评审投标报价和避免哄抬标价，造成国有资产流失，招标人应编制招标控制价，作为招标人能够接受的最高交易价格。招标控制价体现了招标人的主观意愿，明确表达了招标人购买建筑产品的品质要求及其经济承受能力。

建设工程工程量清单计价规范中，提出了招标控制价的概念。招标控制价是事先设置的工程报价最高限价，招标人只有将招标控制价编制得高低合适才能体现优秀企业的竞争力，提高招标效率并降低工程造价，因此招标人如何在工程量清单计价模式下准确、快速地预测招标控制价，对招标工作有重要的意义。根据灰色系统理论，深入考虑了招标控制价各主要变量之间的相互影响，建立了灰色预测模型对招标控制价进行预测，并对模型的构造、计算、误差精度进行了详细说明，最后通过工程实例进行了验证。

3. 工程量清单招标控制价的作用和编制原则

（1）招标控制价的作用。在编制招标控制价前，首先应全面熟悉设计图纸，从总体布置图到细部构造图都应逐一认真阅读。由于目前工程招标都采用工程量清单计价，设计文件中有些工程量的表述与工程量清单中计量和支付所包含的内容不一致，因此，招标控制价编制人员应在阅图的同时，仔细阅读招标文件的技术规范。熟悉设计图纸、核对工程数量以及与设计人员的良好沟通是提高招标控制价编制质量的基础。编制人员应认真核对设计图纸及有关表格，做计价基础资料的各种工程量基本反映在图、表上，但有些又隐含于图纸中。对影响较大的关键部位或量大价高的工程量，必要时应在充分熟悉各种设计图集的基础上，重新进行复核计算。

招标人通过招标控制价，可以清除投标人间合谋超额利益的可能性，有效遏制围标串标行为；投标人通过招标控制价，可以避免投标决策的盲目性，增强投标活动的选择性和经济性。工程量清单招标实质上是市场确定价格的一个规则，招标控制价提前向所有投标人公布，使投标人间的竞争更加透明，向各投标人提供公平竞争的平台。招标控制价与经评审的合理最低价评标配合，能促使投标人加快技术革新和提高管理水平。经评审的合理最低价中标的评标办法是工程量清单计价规范的基本准则。经评审的最低投标价法，是在满足招标文件实质性要求，并且在投标价格高于成本价的前提下，经评审的投标价格最低的投标作为中标人。招标控制价能够有效割裂围标串标利益链条，提高招投标活动的透明度，避免招投标活动中的暗箱操作，改变投标人不惜一切代价围着标底转的怪圈，有效遏制摸标底、泄露标底等违法行为的发生，而依据市场合理低价中标，能够在有效控制国家投资、遏制工程“三超”现象、防止工程腐败等方面发挥积极作用。

（2）编制招标控制价的基本原则。为使招标控制价能够实现编制的根本目的，能够起到真实反映市场价格机制的作用，从根本上真正保护招标人的利益，在编制的过程中应遵循以下几个原则。

1）社会平均水平原则。目前招标控制价是招标人按照各省制定的消耗量定额，依据市场价格并参照造价主管部门发布的指导价格来确定的。消耗量定额是由建设行政主管部门根据合理的施工组织设计，按照正常施工条件下制定的，生产一个规定计量单位工程合格产品所需人工、材料、机械台班的社会平均消耗量，反映的是社会平均水平。在招标控制价编制的过程中，招标人希望通过招标选择到具有成熟的先进技术和先进经验的承包人，显然企业应该在技术和管理上具有一定的优势，在工程成本管理和控制方面也应具有更强的竞争性，反映社会平均先进水平。因此，作为投标报价的最高限制价，遵循社会平均水平原则，一方面可以对因围标和串标行为而哄抬标价起到良好的制约作用；另一方面可以使得投标人在能够看到获得合理利润的前提下积极参加竞投标，并在经评审的合理低价中标的评标方法下竞争胜出。

2）诚实信用原则。招标控制价是根据具体工程的内容、范围、技术特点、施工条件、工程质量和工期要求、社会常规施工管理和通用技术情况确定的价格，肩负着衡量和评审投标人报价是否满足造价控制计划的尺度的使命。招标控制价的编制必须遵循诚实信用的原则，严格执行工程量清单计价规范，合理反映拟建工程项目市场价格水平，才能从根本上保护招标人的长期利益。在编制招标控制价时，消耗量水平、人工工资单价、有关费用标准应按各省级建设主管部门颁发的计价表、定额和计价办法执行；材料价格应按工程所在地造价管理机构发布的市场指导价取定，市场指导价没有的应按市场信息价或市场询价；措施项目费用应考虑工程所在地常用的施工技术和施工方案计取。从整体上来说，应在拟定好招标文件的前提下，以工程量清单为基础，力求费用完整，符合施工条件情况与工程特点、质量和工期要求；充分利用市场价格信息，追求与市场实际价格变化相合，同时考虑风险因素，包干明确，牢记造价控制的目的，以不低于社会常规施工管理和通用技术水平，鼓励先进施工管理和技术发展为准则，达到增加投资效益的目标。

3）公平公正公开原则。招标控制价的作用和特点不同于标底，决定了招标控制价无需保密。为保证招标的公开、公平、公正性，防止招标人有意抬高或压低工程造价，给投标人以错误信息，因此规定招标人应在招标文件中如实公布招标控制价，不得对编制的招标控制价进行上浮或下调。招标人在招标文件中公布招标控制价时，应公布招标控制价各组成部分的详细内容，不得只公布招标控制价总价，并应将招标控制价报工程所在地工程造价管理机构备查。尽管招标控制价编制的主动权掌握在招标人一方，但招标控制价的设定有严格的计价规范，对国有资金投资的工程建设项目采用工程量清单计价，必须根据市场可控和不可控因素合理制定出招标控制价，在充分考虑到节约资金的同时，要给承包人留有一定的合理利润空间。

4）经评审的合理最低价中标法相结合原则。招标控制价是在发放招标文件时就公开的，这在一定程度上为投标人合谋进行围标和串标提供了便利，以最接近招标控制价的方式进行投标报价，在清单计价模式下，对投标报价设限；采取经评审的合理最低价中标法，可以在一定程度上加剧投标人之间的竞争性。经评审的最低价中标法只有一个符合这样条件的投标人，无充分理由否定的情况下，只能由这个单位中标。由于投标价格最低并不一定是最经济的投标，而选定中标人可达到招标的目的，即招标人可以获得最为经济的投标。采用经评审的最低价中标法后的价格也都下降，不仅大大节省了投资，也成功地克服了概算超估算、预算超概算、结算超预算的顽症。

3.5 工程招标资格审查

3.5.1 资格审查的含义与作用

1. 资格审查的含义

资格审查是为了在招标投标过程中剔除资格条件不适合承担或履行合同的潜在投标人或投标人。《招标投标法》第18条对此作了相关规定："招标人可以根据招标项目本身要求，在招标公告或投标邀请书中，要求潜在投标人提供有关资质证明文件和业绩情况，并对潜在投标人进行资格审查。招标人不得以不合理的条件限制或者排斥潜在投标人，不得对潜在投标人实行歧视待遇。"

所谓潜在投标人，是指知悉招标人招标项目的有关条件和要求，有可能愿意参加投标竞争的供应商或承包商。对潜在投标人的资格进行审查，既是招标人的一项权利，也是大多数招标活动中经常采取的一道程序。这个程序，对保障招标人的利益、促进招标投标活动顺利有效地进行具有重要意义。如果越过这道程序，而直接对投标人的投标文件进行审查，不仅费用要高得多，而且也更加耗费时间。采用资格审查程序，可以缩减招标人评审和比较投标文件的数量。

一般来说，资格审查可分为资格预审和资格后审。资格预审指招标人在招标开始之前或者开始初期，由招标人对申请参加投标的潜在投标人的资质条件、业绩、信誉、技术、资金等多方面的情况进行资格审查，经认定合格的潜在投标人，才可以参加投标。《世行采购指南》、《亚洲开发银行贷款采购准则》、FIDIC合同条件都有类似规定。资格后审是在投标后（一般是在开标后）对投标人进行的资格审查。无论是预审还是后审，都是主要审查潜在投标人或投标人是否符合下列条件。

（1）具有独立订立合同的权利；

（2）具备圆满履行合同的能力，包括专业、技术资格和能力，资金、设备和其他物质设施状况，管理能力，经验、信誉和相应的工作人员；

（3）以往承担类似项目的业绩情况；

（4）没有处于被责令停业、财产被接管、冻结、破产状态；

（5）在最近几年内（如最近两年内）没有与骗取合同有关的犯罪或严重违法行为。

此外，如果国家对投标人的资格条件另有规定的，招标人必须依照其规定，不得与这些规定相冲突或低于这些规定的要求。如国家重大建设项目的施工招标中，国家要求一级施工企业才能承包，招标人就不能让二级及以下的施工企业参加投标。在不损害商业秘密的前提下，潜在投标人或投标人应向招标人提交能证明上述有关资质和业绩情况的法定证明文件或其他资料。

2. 资格审查的作用

若采用资格预审，招标人应在招标公告中载明。这些要求和标准应平等地适用于所有的潜在投标人或投标人。招标人不得规定任何并非客观上合理的标准、要求或程序，限制或排斥潜在投标人或投标人。如故意提高技术资格要求，使只有某一特定的潜在投标人或投标人才能达到要求。招标人也不得规定歧视某一投标人或某些投标人的标准、要求或程序，因为前者会限制或排斥投标人，后者会给投标人以不公平的待遇，最终也会限制竞争。

资格预审有如下作用。

（1）使投标人了解投标人的资信情况、技术水平、财务能力、施工经验、业绩等，从而选择在技术、财务和管理各方面能满足招标工程需要的投标人参加投标。

（2）减少多余的投标，降低招标和投标的无效成本。实行公开招标时，投标者的数量将会很多，大量递交标书，然而可能只有一部分投标人能够参加投标，因而将产生大量多余的投标书。而实行资格预审，所以将那些审查不合格的投标者先行排除，减少多余的投标，减轻评标的工作量，缩短招标工作周期，同时那些可能不具备承担工程任务的投标人，也节省因投标而投入的人力、财力等投标费用。

（3）可以了解潜在投标人对项目投标的兴趣。

3.5.2 资格审查的方法与程序

1. 资格审查的方法

（1）按照时间先后可以分为资格预审和资格后审。

1）资格预审指发售招标文件前由招标人或招标代理机构组织的资格审查小组，对投标申请人进行资格审查，并将招标文件发售给资格审查合格的投标人。资格预审可以提前淘汰不合格或竞争能力较差的投标申请人，能有效保证所有投标人都具有承接招标项目的能力，减少评标工作量、缩短评标时间，能避免因评标办法不完善或人为因素让那些不具备资格条件的投标申请人中标；但缺点是招标成本高、花费时间长。

2）资格后审指投标申请人获悉招标信息后，直接报名购买招标文件，编制投标文件进行投标，在开标后由招标人依法组建的评标委员会对投标申请人资格进行审查。

采用资格后审这种方法，招标人不需花费人力、物力及时间组织资格审查小组进行资格审查，资格审查工作直接由招标人依法组建的评标委员会进行，能有效节约时间，让招标项目尽早实施，但缺点是评标的工作量较大，评标时间较长。预审和后审这两种审查方法各有利弊，招标人在招标时，可以根据招标项目的具体情况，选择合适的方法进行资格审查。

（2）按照审查内容可以分为资料审查和实地考察。

1）资料审查。招标单位资格审查小组对投标申请人的书面资料审查一般包括投标申请人的资质证书、营业执照、施工安全许可证、税务登记证、法人委托书，投标申请人近两年承接过的类似工程业绩及项目经理近两年的工作业绩，拟投入招标项目的施工主要技术人员情况和机械设备，投标申请人近两年的财务状况（财务审计报告）等。

2）实地考察。实地考察指招标单位资格审查小组到投标申请人所在地、在建项目现场和已完工程项目建设单位，考察投标申请人和项目经理的施工业绩及技术水平。

实地考察主要包括经济、技术及管理人员情况，施工机械配备情况，施工现场的文明情况，安全设施情况，项目经理在岗在位情况，施工现场管理情况。实地考察一般可以准确地掌握投标申请人的项目实施管理，了解投标申请人的技术力量和管理水平，能有效防止投标申请人弄虚作假，谎报虚假书面资料。

对已完项目的实施及使用情况进行考察走访，可以了解投标申请人的施工质量情况、合同履行情况、定期回访服务情况。对企业和项目经理近期奖惩情况的了解可以通过走访投标申请人的行业主管部门、质检、安监等部门进行。通过走访，可以有效防止一些受过有关部门处罚而被禁止投标和承接项目的投标申请人蒙混过关，通过资格审查。

2. 资格审查的程序

审查的程序主要包括必要合格条件审查和可选条件审查两种。

（1）必要合格条件审查。必要合格条件审查主要审查投标申请人是否具备承担招标项目的资质、是否具有法人资格、是否具有营业资格、异地投标的是否办理市场准入手续等。必要合格条件审查的主要依据是国家和地方有关法律、法规及规章，合格性审查是招标人对投标申请人的一般符合性审查，达不到规定要求的即为不合格。

（2）可选条件审查。可选条件审查是在必要合格审查基础上的特殊条件审查，且只对通过必要合格审查的投标申请人进行审查。招标人可以针对招标项目的特点和具体情况提出一些特殊要求。例如，投标申请人近两年有类似工程业绩、项目经理近两年施工过类似工程、省优、市优工程等。当然，可选条件不得为保护本地区、本系统或某一特定范围内的投标申请人而设置。

如果可选条件设置较高，一是法律法规不允许，二是报名的投标申请人较少，可能导致招标失败，即使招标成功也可能因投标人数较少、竞争不充分，而使价格较高。最终受到损害的仍然是招标人自己。因此招标人设置可选条件时应加以注意。

3.5.3 资格审查的步骤

1. 发布资格审核通告

实行资格审查的招标工程，招标人应当在招标公告或者投标邀请书中载明资格审查的条件和获取资格审查文件的方法。内容应当包括：资金的来源、资金用于投资项目的名称、合同名称；投标人所需完成的主要工作；获取进一步信息和资格审查文件的办公室名称地址、负责人姓名、购买时间和价格等；资格审查申请递交的截止日期、地址和负责人名称；向所有参加资格审查的投标人公布资格审查合格的投标人名单的时间等信息。

2. 发布资格审查文件

审查文件应载明需要投标申请人提供的申请书格式、企业资质、业绩、技术装备、财务状况和拟派出的项目经理与主要技术人员的简历、业绩等证明材料。

3. 资料分析和发出资格审查合格通知书

招标人通过对投标人递交的资格审查申请书的内容进行评审，确定符合资质条件、具有能力的投标申请人。经资格审查后，招标人应当向资格审查合格的投标申请人发出资格审查合格通知书，告知获取招标文件的时间、地点和方法，并同时向资格审查不合格的投标申请人告知资格审查结果。在资格审查合格的投标申请人过多时，招标人可以从中选择不少于 7 家资格审查合格的投标人参加投标。

本章小结

工程招标的实施条件有招标人已经依法成立；初步设计及概算应当履行审批手续的，已经批准；有相应资金或资金来源已经落实；有招标所需的设计图纸及技术资料。

招标程序一般划分为准备、实施和定标三个承前启后的阶段，每一阶段又可划分为时间上相互连接的若干工作环节或工作步骤。

招标文件是招标人为投标人参与投标工作提供所需信息的总称，旨在向其提供响应招标所需了解的招标项目的要求、规定等约定，同时招标文件还要向投标人明示、通报招标投标所依据的规则、程序等。招标文件应当包括招标项目的技术要求、对投标人资格审查的标准、投标报价要求和评标标准等所有实质性要求和条件以及拟签订合同的主要条款。

标底是招标工程的预期价格，是招标人对招标项目所需费用的自我测算和控制，也是判断投标报价合理性的依据。

招标控制价是在工程采用招标发包的过程中，由招标人根据有关计价规定计算的工程造价，其作用是招标人用于对招标工程发包的最高限价，有的地方也称拦标价、预算控制价。

资格审查是为了在招标投标过程中剔除资格条件不适合承担或履行合同的潜在投标人或投标人。一般来说，资格审查可分为资格预审和资格后审。

复习思考题

1. 问答题

（1）简述招标的程序。

（2）工程项目施工招标应具备的条件是什么？

（3）招标文件一般包括的内容有哪些？

（4）简述招标公告的内容。

2．判断题

（1）招标过程分为三个阶段：准备阶段、招标投标阶段、评标定标阶段。（　）

（2）工程招标必须采用公开招标方式。（　）

（3）中标通知书发出30天内，中标单位应与建设单位依据招标文件、投标书等签订工程承包合同。（　）

3．选择题

（1）下列不属于大型工业项目施工招标资格预审的主要内容的是（　）。

A．企业的法人资格和组织机构

B．企业的分包计划

C．施工方案是否技术先进又经济合理

D．近两年涉及的诉讼案件的调查

（2）《招标投标法》规定的招标方式有（　）。

A．公开招标　　B．公开招标、邀请招标

C．公开招标、邀请招标、议标　　D．邀请招标、议标

（3）招标人没有明确地将定标的权利授予评标委员会时，应由（　）决定中标人。

A．招标人　　B．评标委员会

C．招标代理机构　　D．建设行政主管部门

（4）公开招标与邀请招标在程序上的区别为（　）。

A．投标竞争激烈程度不同

B．公开招标中，可获得有竞争性的商业报价

C．承包商获得招标信息的方式不同

D．对投标人资格审查的方式不同

E．开标以及评标方式不同

（5）我国建设工程施工招标标底主要采用（　）来编制。

A．基本直接费单价法　　B．工料单价法

C．全费用单价法　　D．综合单价法

E．混合单价法

实训题

某招标代理机构在接受业主委托后根据工程项目的情况编写了招标文件，其中的招标

日程安排如表 3-3 所示。

表 3-3　招标日程安排

序　号	工作内容	日期及时间
1	发布公开招标信息	2014\4\30
2	提交资格预审文件	2014\5\4 上午 9:00-11:00
3	发放招标文件	2014\5\10 上午 9:00
4	答疑会	2014\5\10 上午 9:00-11:00
5	现场踏勘	2014\5\11 下午 13:00
6	投标截止	2014\5\16
7	开标	2014\5\17
8	评标	2014\5\18-21
9	决标	2014\5\24 下午 14:00
10	发中标通知书	2014\5\24 下午 14:00
11	签订施工合同	2014\5\25 下午 14:00
12	进场施工	2014\5\26 上午 8:00
13	领取标书编制补偿费、保证金	2014\6\8

【问题】请指出上述招标代理机构编制的招投标日程安排的不妥之处，并简述理由。

第 4 章 工程投标

本章学习目标

☑ 熟练掌握工程项目投标文件的编制方法。
☑ 掌握工程项目施工投标决策与报价技巧。
☑ 熟悉工程项目投标程序。
☑ 了解监理、设计、总承包工程投标文件的编制方法。

引导案例

某工程项目招标。一投标人在投标截止日期前一天递交了一份合乎要求的投标文件，其报价为 8 000 万元。在投标截止期前一小时，他又交了一封按投标文件要求的密封的信，在该补充信中声明：“出于友好目的，本投标人决定将计算总标价及所有单价都降低 4.934%。”但招标单位有关人员认为，根据国际上“一标一投”的惯例，一个投标人不得递交两份投标文件，因而拒收该投标人的补充材料。

【问题】

1. 招标单位有关工作人员的做法合适吗？
2. 如果投标人在其信中提出将其报价比评标价最低的投标人降低 4.934%，行不行？
3. 投标人采用了什么报价技巧？

4.1 工程投标程序

投标是一种法律行为，是投标人在市场经济条件下获取工程项目的主要手段，因此对于投标人来讲，投标的前期工作是十分重要的，它对于投标人能否顺利地获得工程项目有着直接的影响。投标工作需要耗费大量的资源，包括费用和时间，这些都是需要投标人来承担的，因此投标人必须认真做好投标的前期工作，使自身在投标竞争中处于有利地位。

4.1.1 投标前准备

1. 获取投标信息

在市场上，交易只有在交易双方间的信息充分沟通的基础上才能进行。同样道理，在招标投标中，只有在投标人充分掌握招标人与招标项目的信息的条件下，以及招标人充分掌握投标人参与项目建设的信息的条件下才能实现。

这类信息包括项目性质、项目招标人、项目合法性、项目资金来源、项目的概况、招标人资质要求等内容，一般通过招标投标程序中的招标公告或投标邀请书，以及招标人的资格预审文件体现。

2. 前期投标决策

在获取投标信息后，投标人应对这类信息作出真实性、可靠性的判断，若其真实、可靠，再结合自身的实际进行比照，得出投标的可行性结论之后，才可以作出参与投标的决策，才可以由潜在的投标人转化为现实的投标人进入购买招标文件与提交投标保证金的程序。针对上述信息的分析与研究一般有以下几方面。

（1）对招标人及招标项目的研究。对招标人的研究主要集中在招标人的诚信度与可靠度等方面；对招标项目的研究则主要集中在项目是否合法合规、施工条件、施工与技术要求、资金投入、市场供应等方面。

（2）对竞争对手的研究。投标人在确定参与投标后，对竞争对手的研究，并在此基础上作出投标策略，战略的决策就成为投标制胜的关键。在进行最有可能的投标竞争对手有哪些的分析后，应作出下述三种主要判断：① 竞争对手的实力，即对手的资金实力、技术实力、管理实力；② 判断竞争对手参与投标的决心；③ 判断竞争对手投标策略。

（3）对投标人自身的研究。投标人在投标决策的过程中，应清醒地认识自己，以此作出客观、科学的投标决策。投标人应作出的主要判断有：① 判断承担招标项目的能力；② 判断承担项目的机会成本；③ 判断承担项目的工程风险和财务风险；④ 判断与竞争对手相比自身的优势与劣势；⑤ 判断所承担的项目有无合作伙伴（如材料供应商、设备供应商、劳务供应商等）及合作伙伴支持力度；⑥ 判断自身的融资渠道是否畅通。

经过上述三方面的研究判断，投标人可以据此作出是否参与投标的决策。

3. 成立投标组织

工程招标与投标是激烈的市场竞争活动，招标人希望通过招标以较低的价格在较短的工期内获得技术先进、品质优良的工程产品。投标人希望以自己在技术、经验、实力和信誉等方面的优势在竞争中获胜，占据市场，求得发展。因此，当一个公司进行工程投标时，组织一个强有力的、内行的投标班子是十分重要的。

该投标班子能及时掌握市场动态，了解价格行情，能基本判断拟投标项目的竞争态势，注意收集和积累有关资料，熟悉工程招投标的基本程序，认真研究招标文件和图纸，进行现场勘察，能针对具体项目的各种特点制定出恰当的投标报价策略，确定投标报价、编制投标文件以至中标。中标后则负责合同谈判、合同条款的起草及签订等工作。一个投标班子应有经营管理类人才、专业技术人才、商务金融类人才以及合同管理类人才。

（1）经营管理类人才。该类人才指专门从事工程承包经营管理、制定和贯彻经营方针与规划、负责工作的全面筹划和安排、具有决策水平的人才。他们不仅熟悉本公司在各类分部分项工程中的工料消耗标准和水平，而且对本公司的技术特长与不足之处有客观的分析和认识，掌握生产要素的市场行情，了解竞争对手的情况，能运用科学的调查、分析、预测的方法，使投标报价工作建立在可靠的基础上。

（2）专业技术人才。所谓专业技术人才，主要是指工程设计及施工中的各类技术人员，诸如建筑师、土木工程师、电气工程师、机械工程师等专业技术人员。他们应拥有本学科最新的专业知识，具备熟练的实际操作能力，以便在投标时能从本公司的实际技术水平出发，考虑各项专业实施方案。

（3）商务金融类人才。该类人才指从事金融、贷款、保险、采购、保函等专业工作的人才。

（4）合同管理类人才。合同管理类人才指熟悉合同相关法律法规、熟悉合同条件并能进行深入分析、善于发现和处理索赔等方面问题的人才。

4.1.2 分析招标文件

1. 研究招标文件的具体规定

招标文件具体的规定往往集中在《投标人须知》与合同条件里。《投标人须知》是投标人进行工程项目投标的指南，此文件集中体现招标人对投标人投标的条件和基本要求。投标人必须掌握该文件中招标人关于工程说明的一般性情况的规定；关于投标、开标、评标、定标的时间，投标有效期，标书语言及格式要求等程序性的规定；尤其须把握关于工程内容、承包的范围、允许的偏离范围和条件、价格形式及价格调整条件、报价支付的货币规定、分包合同等实质性的规定，以指导投标人正确地投标。

合同条件是工程项目承发包合同的重要组成部分，是整个投标过程必须遵循的准则。合同条件中关于承发包双方权利、责任、义务的条款，以及建设期限的条款、人员派遣条款、价格条款、保值条款、支付（结算）条款、保险条款、验收条款、维修条款、赔偿条款、不可抗力条款、仲裁条款等，都直接关系着工程承发包双方利益分配比例，关系投标人报价中开办费、保险费、意外费、人工费等各项成本费用额数以及日后可以索赔的费用额，因此，合同条件是影响投标人的投标策略及报价高低的因素，必须反复推敲。

通过重点研究投标人须知、合同条件等文件，应透彻掌握招标人对如下事项的具体规定：投标、开标、评标、定标、工程性质、发包范围、各方的责任、工期、价款支付、违约、特殊风险、索赔、维修、竣工、保险、担保等。

2. 工程特点及工程量

分析技术规范、图纸、工程量清单等关键文件，准确地把握招标人对下列问题的要求：承包人的施工对象，材料、设备的性能，工艺特点，竣工后应达到的质量标准，工程各部分的施工程序，应采用的施工方法，施工中各种计量程序、计量规则、计量标准，现场工程实验室、办公室及其设备的标准，临时工程，现场清理，等等。

对于招标文件的工程量清单，投标人一定要进行校核。因为它直接影响投标报价。发现工程量有重大出入的，特别是漏项的，可以找招标人核对，要求招标人认可，并给予书面确认。对于固定总价合同来说，尤其重要。

核实工程量的主要作用有：

（1）全面掌握本项目需发生的各分项工程的数量，便于在投标中进行准确的报价；

（2）及时发现工程量清单中关于工程量的错误和漏洞，为制定投标策略提供依据（可以使用不平衡报价法，工程量偏高的项目报低价，工程量偏低的地方报高价）；

（3）有利于促使投标人对技术规范中的计量支付规定作进一步的研究，便于精确地编写各分项的单价。

3. 招标人修正与澄清的事项

这些事项主要是指招标文件的差错、含混不清处及未尽事宜等对投标报价产生影响的问题。

4.1.3 踏勘现场

投标人拿到了招标文件并作了初步研究之后，应按照招标文件中规定的时间和地点，进行现场踏勘。现场踏勘对投标估价的精确度、成本费用估算、了解投标人所面临的风险有很大的帮助，可为投标估价提供第一手可靠资料，因此投标人应充分重视现场的踏勘工作。

现场踏勘的目的有两个：一是让投标人了解项目的现场条件、自然环境等，以便进行投标估价；二是投标人通过对现场的踏勘，可以确定投标原则和选择正确的投标策略。按照国际惯例，投标者提出的报价单一般被认为是在现场勘察的基础上编制报价的。一旦开标后，投标者就无权因为现场勘察不周、情况了解不细或因素考虑不全面而提出修改投标、调整报价或提出补偿等要求。

投标人现场踏勘的费用由投标人自行负担，但是可以将其考虑到估价中，未中标的投标人此项费用只能由自己承担。投标人在现场踏勘之前，应先拟定好现场踏勘的提纲和疑点，做到有准备、有计划地进行现场踏勘。一般现场踏勘的主要内容如下。

（1）地理、地貌、气象方面。

- 项目所在地及附近地形地貌与设计图纸是否相符；
- 项目所在地的河流水深、地下水情况、水质等；

- 项目所在地近 20 年的气象，如最高最低气温、每月雨量、雨日、冰冻深度降雪量、冬季时间、风向、风速、台风等情况；
- 当地特大风、雨、雪、灾害情况；
- 地震灾害情况；
- 自然地理，修筑便道位置、高度、宽度标准运输条件及水、陆运输情况。

（2）工程施工条件。

- 工程所需当地建筑材料的料源及分布地；
- 场内外交通运输条件，现场周围道路桥梁通过能力，便道便桥修建位置、长度数量；
- 施工供电、供水条件、外电架设的可能性；
- 新盖生产生活房屋的场地及可能租赁民房情况、租地单价；
- 当地劳动力来源、技术水平及工资标准情况；
- 当地施工机械租赁、修理能力。

（3）经济方面。

- 工程所需各种材料及其价格情况；
- 当地买土地点、数量、单价、运距；
- 当地各种运输、装卸及汽柴油价格；
- 当地主副食供应情况和近几年物价上涨率。

（4）工程所在地有关健康、安全、环保和治安情况。如医疗设施、救护工作、环保要求、废料处理、保安措施等。

为了便于投标人提出的问题能够顺利地得到解答，现场踏勘一般安排在投标预备会的前几天，投标人在现场踏勘中存在疑难问题，应在投标预备会前以书面形式向招标人提出，但同时也要给招标人留出必要的解答时间。

4.1.4 参加投标预备会

投标人对现场踏勘完毕后，应按招标文件中规定的时间，参加招标人组织的投标预备会，也称标前会议。投标预备会的目的在于为投标人澄清招标文件中的一些疑义，同时由招标人对投标人解答招标文件和现场踏勘所提出的问题。投标预备会是招标人给所有投标人提供一次答疑的会议。投标人应将招标文件中的问题及经过现场踏勘后发现的问题及时地向招标人提出。招标人对投标人所提的问题，必须采用书面形式回答，并作为招标文件的组成部分，与招标文件具有同等的效力。

投标预备会由招标人主持召开，对招标文件和现场情况作出说明或者解释，并解答投标人所提出各项有关问题，包括书面形式和口头形式所提出的问题。招标人负责整理会议记录和解答内容，并以书面形式向所有投标人发出。

4.1.5 进行投标估价并编制投标文件

投标估价是整个投标工作的关键，是工程投标的一项核心工作，而且投标估价的高低直接关系到投标的成败，对工程中标后能否盈利以及盈利多少有着重要影响。因此作为投标人，必须重视投标估价工作。一般来说，投标估价是以准确的成本再加上适当的利润构成的。至于利润的多少，则取决于不同的项目和投标环境以及投标人的经营策略。投标估价工作完成后，投标人对其要进行详细的多方面分析，从而为投标报价作出正确决策提供依据。

投标文件是投标人向招标人发出的一项重要文件，是投标人正式参加投标竞争的标志。作为投标人，在进行上述各项前期工作后，应该认真地编制投标文件，并按照招标文件所规定的时间，向招标人递交投标文件。

4.1.6 投标文件的递交与接收

投标文件编制完成后，投标人应按照招标文件的规定，向招标人或者招标代理机构递交投标文件，招标人或招标代理机构收到投标文件后，应进行签收。一旦递交了投标文件，就表明投标人正式参加了项目的投标竞争。

1. 投标文件的密封符合要求

投标文件的密封递交是招投标的一个重要过程，作为投标人，必须严格执行招标文件中有关投标文件密封的规定，否则，投标文件将不会被招标人接收或按照废标来处理。投标文件编制完成后，必须按照招标文件规定的密封方式进行封装。

2. 投标文件中注明正本与副本

投标人应按照招标文件所要求的数量，来编制装订投标文件，并标明投标文件的正本与副本，当投标文件的正本与副本不一致时，以正本为准。

3. 投标文件的签字盖章手续完备

投标文件应当由投标人的法定代表人或其授权代理人签字，否则，投标文件将按照废标进行处理。

4. 投标文件的送达

投标人应当在招标文件所规定的提交投标文件的截止时间之前，将投标文件送达招标文件中所规定的投标地点。投标文件的送达可以采用专人送达或邮寄方式。在提交投标文件截止时间之后送达的投标文件，招标人应当拒收。

5. 投标文件的补充、修改或撤回

在投标截止时间前，投标人可以对提交的投标文件进行补充、修改或撤回。在投标截止日期之后，投标人不得对投标文件作出任何的补充、修改或撤回，否则，其投标保证全

就将被没收。投标人对投标文件所做的补充或修改内容作为投标文件的组成部分，具有同等效力。

补充是指对投标文件中遗漏和不足的部分进行增补。修改是指对投标文件中已有的内容进行修订。在招标投标过程中，由于投标人对招标文件的理解和认识水平不一，有些投标人对招标文件常常发生误解，或投标文件对一些重要的内容有遗漏，投标人需要补充、修改的，可以在提交投标文件截止日前，进行补充或者修改。补充或修改的内容为投标文件的组成部分。这些修改和补充的文件也应当以密封的方式在规定时间以前送达，并为投标文件的组成部分。招标人要严格履行签收登记手续，并存放在安全保密的地方，在开标时一并拆开。在投标文件审定过程中，招标人或评标委员会应当全面检查投标文件。

撤回是指收回全部投标文件，或者放弃投标，或者以新的投标文件重新投标。在投标截止日期之前投标人也有权撤回已经递交的投标文件。这反映了契约自由的原则，招标一般被看作要约邀请，而投标则作为一种要约，潜在投标人是否作出要约，完全取决于潜在投标人的意愿。所以在投标截止日期之前，允许投标人撤回投标文件，但撤回已经提交的投标文件必须以书面形式通知招标人，以备案待查。投标人既可以在规定时间内，重新编制投标文件，并在规定时间内送达指定地点，也可以撤回投标文件，放弃投标。如果在投标截止日期之前放弃投标，招标人不得没收其投标保证金。如果在投标截止日期之后，投标人撤回已经递交的投标文件，就要被没收投标保证金。

6. 投标担保的递交

招标文件中如果要求投标人递交投标担保的，投标人应将投标担保与投标文件一同递交给招标人，否则，其投标文件会被招标人拒收。

7. 投标文件的接收

对于采用专人送达的投标文件，招标人或者招标代理机构收到投标文件后，应当向投标人出具收条，对于采用邮寄方式送达的投标文件，招标人收到后应向投标人出具回执。如果以邮寄方式送达的，投标人必须留出邮寄的时间，保证投标文件能够在截止日之前送达招标人指定的地点，而不是以“邮戳为准”。在截止时间后送达的投标文件，招标文件应当原封退回，不得进入开标阶段。对于所接收的投标文件，在开标前应妥善保管，不得开启。

为了保证引起充分竞争，对于投标人少于三个的，一般应当重新招标。这种情况在国外称之为“流标”。按照国际惯例，至少有三家投标者才能带来有效竞争。因为两家参加投标，缺乏竞争，投标人可能提高采购价格，损害招标人利益。

4.2　工程投标文件编制

4.2.1　工程项目施工投标文件的编制要求

1．编制投标文件的两项基本要求

（1）按照招标文件的要求编制投标文件。投标文件是指具备承担招标项目的能力的投标人，按照招标文件的要求编制的文件。

（2）对招标文件的实质性要求和条件作出响应。这里所指的实质性要求和条件，主要是指投标文件的内容应当对招标文件规定的实质要求和条件一一作出相对应的回答，不能存在遗漏或重大的偏离，否则将被视为无效标，失去中标的可能。这就需要投标人认真研究、正确理解招标文件的全部内容，严格按照招标文件填报，不得对招标文件进行修改，不得遗漏或者回避招标文件中的问题，更不能随意提出任何附带条件。

要对招标文件的实质性要求的条件作出响应，就要遵循编制标书的四项原则，即全面反映招标需求的原则、科学合理的原则、公平竞争的原则和维护社会公共利益的原则。

- 全面反映招标需求的原则。投标文件必须统一到招标文件的条款上，对其约定作出明确的回答。
- 科学合理的原则。技术标、商务标必须依据充分并切合实际，最大限度地使用资源．使用能降低施工成本的技术、管理措施和设备，以最小的投入获得最大的产出。
- 公平竞争的原则。投标的竞争在公开、公平、公正原则下进行，因此投标文件的编制必须遵从这一原则。
- 维护社会公共利益的原则。投标文件必须充分考虑社会公共利益，如环境保护、地下管网、文物保护、安全文明施工等方面。

2．编制投标文件的特殊要求

建设施工项目的投标文件，除符合上述两项基本要求外，还应当包括如下内容。

（1）拟派出的项目负责人和主要技术人员简历。简历的内容包括项目负责人和主要技术人员的姓名、职务、职称、参加过的施工项目等情况。

（2）业绩。业绩一般是指投标人近三年承建的施工项目。通常应具体写明施工项目的建设单位、项目名称与建设地点、结构类型、建设规模、开竣工日期、合同价格和质量达标情况等。

（3）拟用于完成招标项目的机械设备。编制时通常应将投标人拟用于完成招标项目的机械设备以表格的形式列出，主要包括机械设备的名称、型号规格、数量、产地、制造年份、主要技术性能等内容。

（4）其他。如近两年的财务会计报表、下一年的财务预测报告等投标人的财务状况；全体员工人数特别是技术工人人数；现有的主要施工任务，包括在建或者尚未开工的工程；

工程进度等招标文件所要求在投标文件中载明的内容。

4.2.2 工程项目施工投标文件内容

工程项目施工投标文件一般主要包括两部分：一是商务标，二是技术标。

1. 商务标

商务标又分为商务文件和价格文件。商务文件是用以证明投标人是否履行合法手续及招标人了解投标人商业资信、合法性的文件；价格文件是与投标人的投标报价相关的文件。商务标主要包括以下内容。

（1）投标函：按照招标文件的要求，向招标人方或招标代理单位所致信函。此类信函一般按照招标文件中所给的标准格式填写，主要内容为对此次招标的理解和对有关条款的承诺。最后，在落款处加盖企业法人印鉴和法定代表人或其委托代理人印鉴。

（2）投标函附录：投标函中未体现的、招标文件中有要求的条款。如工程项目工期、质量等级、有关对违约的承诺等。

（3）法定代表人身份证明书：可采用营业执照或按招标文件要求的格式填写。

（4）投标文件授权委托书：法定代表人授权企业内部人员代表其参加有关此项目的招标活动，以书面形式下达，这样，代理人员就可以代表企业法定代表人签署有关文件，并具有法律效力。

（5）企业有关资质证明材料：企业的营业执照、资质证书、安全生产许可证、企业取费证、有关信用证明材料等。

（6）同类工程证明材料及合同复印件：向招标方证明企业有能力承担该项目施工的证据。

（7）企业获奖情况：展示企业的实力和社会信誉的相关材料。

（8）投标报价汇总表：对某项工程和总价、主要分部、分项的报价。如招标方件有特殊要求，按招标文件执行。

（9）详细的工程量清单报价表（或单位工程预算书）：按照招标文件的要求以工程量清单报价形式或工程预算书形式详细表述组成该工程项目的各项费用总和。

2. 技术标

在工程建设投标中，技术文件即指施工组织建议书。它包括全部施工组织设计内容。该文件对招标人而言，是用以评价投标人的技术实力和经验的标识；对投标人而言，则是投标人中标后的项目施工组织方案。技术复杂的项目对技术文件的编写内容及格式均有详细的要求，投标人应当认真按照要求编制。

技术标主要包括以下内容。

（1）施工组织设计。投标人编制施工组织设计时，应包括以下内容：

- 施工部署及平面布置；
- 施工方案及主要技术措施；
- 施工工期及施工进度计划；
- 施工进度计划保证措施；
- 质量目标保证措施；
- 项目班子组成情况；
- 主要机具装备计划；
- 劳动力安排计划；
- 安全生产及文明施工措施；
- 扬尘治理措施。

（2）项目管理机构配备情况。即要求投标企业把拟投标工程的管理机构以表格的形式表达出来。一般要编制项目管理机构配备情况表、项目经理简历表、项目技术负责人简历表、项目管理机构配备情况辅助说明资料。主要是为了考察投标单位的实力及拟担任管理人员的以往业绩。

（3）拟分包项目情况。工程中拟将哪些项目进行分包，要明确地告知招标人，并将分包人的情况（包括资质、业绩、社会信誉）以文件形式呈报给招标人，使招标人心中有数。

4.3 工程项目施工投标决策与报价技巧

4.3.1 工程投标决策

1. 投标决策的含义

承包商通过投标获得工程项目，是市场经济条件下的必然，但承包商并不是每标必投，应针对项目的实际情况进行投标决策。所谓投标决策，包括三方面内容：其一，根据项目的专业性等确定是否投标；其二，倘若投标，投什么性质的标；其三，投标中如何采用以长制短、以优胜劣的策略和技巧。

投标决策的正确与否，关系到能否中标和中标后的效益，关系到投标企业的发展前景和职工的经济利益。因此企业的决策班子必须充分认识到投标决策的重要意义，把决策工作摆到企业的重要议事日程上。对投标商来说，经济效益是第一位的，企业的主旋律就是形成利润。但盈利有多种方式，掌握项目前期的投标策略和报价技巧就非常重要。决策前要注意分析论证，避免决策的模糊性、随意性和盲目性。

2. 投标决策阶段的划分

根据工作特点，投标决策可以分两阶段进行，即投标决策的前期阶段和投标决策的后期阶段。

投标决策的前期阶段，主要研究是否投标问题，必须在购买招标人资格预审资料前（后）完成。这个阶段决策的主要依据是招标公告，以及单位对招标项目、业主情况的调研和了解的程度。通常情况下，下列招标项目应放弃投标：

（1）本施工企业主营和兼营能力之外的项目；

（2）工程规模、技术要求超过本施工企业技术等级的项目；

（3）本施工企业生产任务饱满，而招标工程的盈利水平较低或风险较大的项目；

（4）本施工企业技术等级、信誉、施工水平明显不如竞争对手的项目。

如果决定投标，即进入投标决策的后期阶段，它是指从申报资格预审至投标报价（封送投标书）前完成的决策研究阶段。这个阶段主要研究倘若投标，投什么性质的标，以及在投标中采取的策略问题。

3. 投标性质决策

投标按性质分，可分为风险标和保险标；按效益分，可分为盈利标、保本标和亏损标。

（1）当明知工程承包难度大、风险大，且技术、设备、资金上都有未解决的问题，但由于队伍窝工，或因为工程盈利丰厚，或为了开拓新技术领域而决定参加投标，同时设法解决存在的问题，可以投风险标。投标后，如果问题解决得好，那么可以取得好的经济效益，并且可以锻炼出一支好的队伍；如果解决得不好，会使企业信誉受损，严重的可能导致企业亏损甚至破产。因此，投风险标必须慎重。

（2）在可以预见的，对技术、设备、资金等重大问题都有了解决的对策的情况下，可投保险标。当企业经济实力较弱，经不起失误的打击的时候，则往往投保险标。

（3）如果招标项目既是本企业的强项，又是竞争对手的弱项，或建设单位意向明确，或本企业任务饱满，利润丰厚，在这种情况下，可以考虑投盈利标。

（4）当企业无后继工程，或已经出现部分窝工，又没有优势可言的情况下，企业应该采取投保本标决策。

（5）在企业出现大量窝工、严重亏损，或为了打入新市场，或为了在对手林立的竞争中争得头标等非常情况下时，企业可能采取亏本标方案。

4.3.2 投标报价的编制

投标报价的编制方法有两种：第一种是工料单价法，该方法是以各专业预算定额为计算基础的计价，即施工图预算计价模式，报价的编制过程如施工图预算的编制过程。第二种是综合单价法，该方法依据《建设工程工程量清单计价规范》（GB 50500—2013）规定的计价规则计价，即工程量清单计价模式。

工程量清单计价模式在清单规范标准的指导下，留给企业自主报价、参与市场竞争的空间，同时有利于企业精心控制成本，从而不断地促进企业自身的发展和进步，并带动整个社会生产力水平的提高。对于业主们来说，工程量清单计价模式能够使业主得到更低的报价，从而降低招标成本，已经越来越受到业主们的青睐。

1. 工程量清单计价模式下的报价编制

工程量清单计价的投标报价应包括按招标文件规定完成工程量清单所列项目的全部费用，包括分部分项工程费、措施项目费、其他项目费、规费和税金。

工程报价 = 分部分项工程费+措施项目费+其他项目费+规费+税金

工程量清单应采用综合单价计价。综合单价指完成一个规定计量单位的工程所需的人工费、材料费、机械使用费、管理费和利润，并考虑风险因素。

（1）分部分项工程费，是指完成“分部分项工程量清单”项目所需的工程费用。投标人根据企业自身的技术水平、管理水平和市场情况填报分部分项工程量清单计价表中每个分项的综合单价，每个分项的工程数量与综合单价的乘积即为合价，再将合价汇总就是分部分项工程费。计算过程如下所示。

某分部分项清单分项计价费用=某项清单分项综合单价×某项清单分项工程数量

分部分项工程量清单合计费用=∑分部分项工程量清单各分项计价费用

（2）措施项目费，是指为完成工程项目施工，发生于该工程施工前和施工过程中技术、生活、安全等方面的非工程实体项目所需的费用。其金额应根据拟建工程的施工方案或施工组织设计及其综合单价确定。

（3）其他项目费，是指分部分项工程费和措施项目费以外的在工程项目施工过程中可能发生的其他费用。其他项目清单包括招标人部分和投标人部分。

- 招标人部分：预留金、材料购置费等。这是招标人按照估算金额确定的。预留金指招标人为可能发生的工程量变更而预留的金额。
- 投标人部分：总承包服务费、零星工作项目费等。总承包服务费是指为配合协调招标人进行的工程分包和材料采购所需的费用。其应根据招标人提出的要求所发生的费用确定。零星工作项目费是指完成招标人提出的，不能以实物量计量的零星工作项目所需的费用。其金额应根据“零星工作项目计价表”确定。

（4）规费和税金。规费是指政府和有关部门规定必须缴纳的费用，包括工程排污费、工程定额测定费、养老保险费、失业保险费、医疗保险费、住房公积金等。在投标报价时一般按国家及有关部门规定的计算公式及费率计算。

税金是国家税法规定计入建筑安装工程造价的营业税、城乡建设维护税、教育费附加等。

2. 定额计价方式下投标报价的编制

一般是采用预算定额来编制，即按照定额规定的分部分项工程子目逐项计算工程量，套用预算定额基价或当时当地的市场价格确定直接费，然后再套用费用定额计取各项费用，最后汇总形成初步的标价。

建设工程定额，是指按照国家有关的产品标准、设计规划和施工验收规范、质量评定标准，并参考行业、地方标准以及有代表性的工程设计、施工资料确定的工程建设过程中完成规定计量单位产品所消耗的人工、材料、机械等消耗量的标准。反映在一定的社会生产力发展水平下，完成某项建设工程的各种生产消耗量之间特定的数量关系，考虑的是正常的施工条件、大多数施工企业的技术装备程度、合理的施工工期、施工工艺和劳动组织下的社会平均消耗水平。

在我国，工程造价在工程招投标价格形成中采用定额计价模式：按预算定额规定的分部分项子目，逐项计算工程量，套用预算定额单价（或单位估价表）确定直接费，然后按规定的取费标准确定其他直接费、现场经费、间接费、计划利润和税金，加上材料调差系数和适当的不可预见费，汇总后即为工程预算或标底。而标底则作为评标定标的主要依据。

定额单价法确定工程造价，是我国采用的一种与计划经济相适应的工程造价管理制度。国家以假定的建筑安装产品为对象，制定统一的预算和概算定额，计算出每一单元子项的费用后，再综合形成整个工程的价格。

编制建设工程造价最基本的过程有两个：工程量计算和工程计价。为统一口径，工程量的计算均按照统一的项目划分和工程量计算规则计算工程量。工程量确定后，就可以按照一定的方法确定出工程的成本及盈利，最终就可以确定出工程预算造价（或投标报价）。

多年来，在建设工程造价行业，我国一直使用传统的定额计价模式，即由国家或行业提供统一的社会平均的人工、材料、机械标准和价格，供用户确定工程造价的模式。定额是计划经济的产物，在计划经济时期，定额作为建设工程计价的主要依据发挥了重要的作用。但是，随着经济体制由计划经济向市场经济的转变，定额的局限性日渐突出，主要表现在：定额的指令性限制了定额应用的灵活性；定额的社会平均消耗量及建设行政主管部门定期发布的材料预算价格不利于市场竞争。针对定额编制与应用中存在的问题，提出了量价分离、企业自主报价、市场形成价格的工程造价改革措施，工程造价管理由静态管理模式逐步转变为动态管理模式。

新定额施行后，定额使用的灵活性增强，便于同国家颁布施行的工程量清单计价相结合，同时，企业可根据省颁定额结合企业技术装备水平、管理水平及劳动生产率编制自己的企业定额，这样企业在投标报价时，可根据工程实际自主选择使用省颁定额或企业定额；新定额价格与费率的参考性，更有利于企业结合自身技术管理水平、市场情况及工程实际自主报价，提高竞争力，实现政府定价到市场定价的转变。

在定额计价模式下，政府是制定工程造价的主体。它限定不同级别的施工企业在计取造价时必须执行同一种标准的“定额直接费”或“定额人工费”，业主只能处于从属地位，不能自主定价，只能按照政府的“取费标准”计算。其所产生的弊端有：

（1）反映不出建设先后顺序、主从关系和资金使用的时间、空间的秩序，只是单纯从会计的角度规定我国工程造价的构成，体现不出工程造价管理的清晰思路，实施起来容易混淆。

（2）不能体现出建筑产品优质优价的原则。业主总是希望工程质量好、价格低，然而建造高质量的工程比建造普通合格的工程投入要大。虽然政府最近作了调整，允许双方在自愿的原则下收取优良工程补偿费，但是如果一方不同意，所投入的费用就不能收回。

（3）不利于招标工作的展开。现行的工程造价计算复杂，耗时费工，不但要套用“定额直接费”，还要计算材料价差及套用定额收取管理费等。同时，从理论上讲，一样的图纸套用一样的定额，按一样的信息价计算，所得的结果应该是一样的。但是由于操作人员理解不同，水平有差异，往往得出的结果有很大差异，使得招标工作考察的并不是企业的综合能力，而是考核预算员的理解能力和运气，谁做的工程预算跟标底碰上了，谁中标的可能性就大，明显的不公平、不合理。

（4）不利于工程的结算。在建筑工程完工后进行结算时，一般都会根据实际完成的工程量按合同约定的办法进行调整。在确定调整工程量的单价方面，工程量清单计价法比定额计价法更具有优势。因为定额计价法编制施工图预算，主要是采用了各地区、各部门统一编制的综合单价，便于造价管理部门进行统一管理，适应了集中的计划经济体制。但在市场人工、材料、机械台班价格变化波动较大的情况下，采用定额计价法计算的结果往往会偏离实际水平较大，这往往成为以定额计价法结算工程款争议的一个焦点。而工程量清单计价法因其调整的工程量单价是按以下三个原则确定的，故可避免此争议。其确定单价的原则为：当投标报价中有类似于调整工程量的价格时，可参照报价中已有的价格确定；当投标报价中没有适用或类似于调整工程量的价格时，由发包人与承包人协商确定价格，若协商不成，可报工程所在地的省级或国务院有关总部门工程造价管理机构审核确定。

3. 工程量清单计价模式与定额计价模式的比较

表4-1对工程量清单计价模式和定额计价模式进行了比较。

表4-1 工程量清单计价模式与定额计价模式的比较

对比内容	定额计价	工程量清单计价
计价组成的费用	由直接工程费、间接费、利润、税金构成。计价时先计算直接费，再以直接费（或其中的人工费）为基数计算各项费用、利润、税金，汇总为单位工程造价	由工程量清单费用[=Σ（清单工程量×项目综合单价）]、措施项目清单费用、其他项目清单费用、规费、税金五部分构成单位工程造价。实体与非实体费用分开列项
分项工程单价构成	分项工程的单价是工料单价，即只包括人工、材料、机械费	分项工程单价一般为综合单价，除了人工、材料、机械费，还要包括管理费（现场管理费和企业管理费）、利润和必要的风险费
计价依据	定额计价的唯一依据就是定额	工程量清单计价的主要依据是企业定额，包括企业生产要素消耗量标准、材料价格、施工机械配备及管理状况、各项管理费支出标准等。只是现阶段有企业定额的施工企业屈指可数，基本上要参照计价定额调整成适合企业自身需要报价

续表

对比内容	定额计价	工程量清单计价
工程施工造价风险	全部由发包人承担	分别承担各自风险，发包人承担招标的工程量风险和部分市场风险；承包人承担自身技术和管理风险，以及有限地承担市场风险
运用范围	各种投资均可使用，现阶段国有投资或以国有投资为主的项目不能使用	国有投资或以国有投资为主的项目必须使用，其他投资的项目可以使用，一旦使用就必须执行《建设工程工程量清单计价规范》的有关规定
竞争方面	执行定额和相关配套文件，价格都是一个标准，不存在竞争问题	在项目编码、项目名称、项目特征、计量单位、工程量计算规则统一的前提下，进行价格竞争、施工方案竞争
通用性方面	各个省市定额不一致，其适用范围只能在本地区	全国都按照《建设工程工程量清单计价规范》执行计价，同时与国际惯例接轨
计价方式	量价合一（计划经济的投资主体基本上是国家，而且施工单位大都也是国家的，量价合一可以更好地控制和计算投资的费用。合一的好处就是反映成本，以便更好地控制成本）	量价分离（量是指预算定额中的实物消耗量标准，这个标准是相对稳定的。价是指人工、材料和机械的预算价格，这个是随市场而变化的），以及根据预算价格和实物消耗量标准计算得出的定额直接费单价，其单价也随市场变化而变动
采用的计价模式	采用工料单价法，工料单价是指分部分项工程量的单价为直接费，直接费以人工、材料、机械的消耗量及其相应的价格确定；间接费、利润和税金按照有关规定另行计算	采用综合单价法，综合单价是指完成规定计量单位项目所需的人工费、材料费、机械使用费、管理费、利润，并考虑风险因素，是除措施费、其他费用清单、规费和税金的全费用单价
反映的成本价	反映的是社会平均成本	反映的是个别成本，结算时按合同中事先约定的综合单价的规定执行，综合单价基本上是包死的
计价项目的划分	项目划分按施工工序列项、实体和措施相结合，施工方法、手段单独列项，人工、材料、机械消耗量已在定额中规定	项目划分以实体列项，实体和措施项目相分离，施工方法、手段不列项，不设人工、材料、机械消耗量
工程量计算规则	工程量是按实物加上人为规定的预留量或操作难度等因素。计量单位可以不采用基本单位	清单项目的工程量是按实体的净值计算，这是当前国际上比较通行的做法。清单项目按基本单位计量

4.3.3 投标策略与技巧

为了在竞争中取胜，决策者应当对报价计算的准确度、期望利润是否合适、报价风险、本公司的承受能力、当地的报价水平以及对竞争对手优势的分析评估等方面进行综合考虑，才能决定最后的报价金额。在投标报价中常用的投标策略与技巧有以下几种。

（1）不平衡报价。不平衡报价是指在总价基本确定的前提下，如何调整内部各个子项的报价，以期既不影响总报价，又在中标后投标人可尽早收回垫支于工程中的资金并获取较好的经济效益。但要注意避免畸高畸低现象，避免失去中标机会。通常采用的不平衡报价有下列几种情况。

- 对能早期结账收回工程款的项目（如土方、基础等）的单价可报以较高价，以利于资金周转；对后期项目（如装饰、电气设备安装等）单价可适当降低。
- 估计今后工程量可能增加的项目，其单价可提高，而工程量可能减少的项目，其单价可降低。

但上述两点要统筹考虑。对于工程量数量有错误的早期工程，如不可能完成工程量表中的数量，则不能盲目抬高单价，需要具体分析后再确定。

- 图纸内容不明确或有错误，估计修改后工程量要增加的，其单价可提高；而工程内容不明确的，其单价可降低。
- 没有工程量只填报单价的项目（如疏浚工程中的开挖淤泥工作等），其单价宜高。这样，既不影响总的投标报价，又可多获利。
- 对于暂定项目，其实施的可能性大的项目，价格可定高价；估计该项目不一定实施的可定低价。

（2）零星用工。零星用工（计日工）一般可稍高于工程单价表中的工资单价，之所以这样做，是因为零星用工不属于承包有效合同总价的范围，发生时实报实销，也可多获利。

（3）多方案报价法。多方案报价法是利用工程说明书或合同条款不够明确之处，以争取达到修改工程说明书和合同为目的的一种报价方法。当工程说明书或合同条款有些不够明确之处时，往往使投标人承担较大风险。为了减少风险就必须扩大工程单价，增加“不可预见费”，但这样做又会因报价过高而增加被淘汰的可能性。多方案报价法就是为对付这种两难局面而出现的。

其具体做法是在标书上报两个价目单价，一是按原工程说明书合同条款报一个价，二是加以注解，“如工程说明书或合同条款可作某些改变时”，则可降低多少的费用，使报价成为最低，以吸引招标人修改说明书和合同条款。

（4）增加建议方案。有时招标文件中规定，可以提一个建议方案，即可以修改原设计方案，提出投标者的方案。

投标人这时应抓住机会，组织一批有经验的设计和施工工程师，对原招标文件的设计和施工方案仔细研究，提出更合理的方案以吸引招标人，促成自己的方案中标。这种新的建议方案可以降低总造价，或提前竣工，或使工程运用更合理，但要注意的是对原招标方案一定也要报价，以供招标人比较。

增加建议方案时，不要将方案写得太具体，保留方案的技术关键，防止招标人将此方案交给其他承包商。

（5）突然降价法。报价是一件保密的工作，但是对手往往会通过各种渠道、手段来刺探情况，在报价时可以采取迷惑对方的手法。即先按一般情况报价或表现出自己对该工程兴趣不大，到投标快截止时，再突然降价。如鲁布革水电站引水系统工程招标时，日本大成公司知道他的主要竞争对手是前田公司，因而在临近开标前把总报价突然降低 8.04%，取得最低标，为以后中标打下基础。

采用这种方法时，一定要在准备投标报价的过程中考虑好降价的幅度，在临近投标截止日期前，根据情报信息与分析判断，再作最后决策。

（6）先亏后盈法。有的承包商，为了打进某一地区，依靠国家、某财团或自身的雄厚资本实力，而采取一种不惜代价、只求中标的低价投标方案。应用这种手法的承包商必须有较好的资信条件，并且提出的施工方案也是先进可行的，同时要加强对公司情况的宣传，否则即使低标价，也不一定被招标人选中。

（7）无利润算标。缺乏竞争优势的承包商，在不得已的情况下，只好在报价中根本不考虑利润去夺标。这种办法一般处于以下条件时采用。

- 有可能在得标后，将大部分工程分包给索价较低的一些分包商。
- 对于分期建设的项目，先以低价获得首期工程，而后赢得机会创造第二期工程中的竞争优势，并在以后的实施中赚得利润。
- 较长时间内，承包商没有在建的工程项目，如果再不得标，就难以维持生存。因此，虽然本工程无利可图，只要能有一定的管理费维持公司的日常运转，就可设法度过暂时困难。

4.4 工程监理投标

4.4.1 工程监理投标概述

1. 建设工程监理的基本概念

建设工程监理是指具有相应资质的工程监理企业，接受建设单位（业主）的委托和授权，依据国家批准的工程建设文件、有关工程建设的法律、法规和建设监理合同及其他工程建设合同，承担其项目管理工作，并代表业主对承建单位的建设行为进行监控的专业化服务活动。

监理企业是指取得企业法人营业执照，具有监理资质证书的，依法从事建设工程监理业务活动的经济组织。实行监理的建设工程，由业主委托具有相应资质条件的监理企业实施监理。只有监理企业才能按照独立自主的原则，以“公正的第三方”的身份开展监理业务。

2．建设工程监理的对象

建设工程监理对象指与工程建设项目业主签订了工程建设合同的设计、施工、设备材料供应单位等。

3．建设工程监理实施的前提

建设单位监理的实施需要建设单位委托和授权，工程监理企业根据委托监理合同和有关建设工程合同的规定实施监理。

4．建设工程监理的依据

（1）工程建设文件。包括国家批准的工程建设项目可行性研究报告、建设项目选址意见书、建设用地规划许可证、建设工程规划许可证、批准的设计文件、施工许可证等。

（2）有关法律、法规、规章、标准和规范。法律是由全国人大及常委会制定的。行政法规是由国务院制定的，如《建筑工程质量管理条例》。部门规章是由建设部会同有关部门制定的，如《工程监理企业资质管理规定》、《建设工程监理规范》（GBT 50319—2013）。

（3）建设工程委托监理合同和有关的建设合同。

- 业主与工程承包单位依法订立的工程承包合同；
- 业主与材料、设备供货单位签订的有关购货合同；
- 业主与其他单位签订的工程建设合同。

5．建设工程监理的投标

投标人应按照招标文件的要求编制投标文件，并对招标文件的实质性要求和条件作出响应。投标人对招标文件有疑问的，应当在答疑阶段以书面形式向招标人提出。属合理的，招标人应当采纳，并书面答复给所有投标人。

4.4.2　工程监理投标文件编制

1．工程监理投标文件的主要内容

施工监理投标文件的编制必须根据施工监理招标文件的要求进行，在一般情况下，施工监理投标文件应包括以下内容。

（1）招标文件中所列的必备文件：如投标书、投标汇总表、投标保证金、法定代表资格证明委托书。

（2）监理公司简介：包括投标人的资质、业绩等。

（3）投标承诺书。

（4）技术标（监理大纲）。

（5）商务标（监理费报价和费用组成等）。

（6）拟派项目的主要监理人员（重点是总监理工程师和安全等专业监理工程师、人员派驻计划和监理人员的素质（通过人员的学历证书、职称证书和上岗证书反映）。

（7）招标文件要求的其他情况。

2．监理大纲的主要内容

施工监理大纲的编制，首先必须满足招标文件规定的要求，在编制过程中还应注重评标细则中的内容，应详细了解评标细则的意图和侧重点，其次必须在充分阅读、理解招标文件的内容的基础上进行。

（1）工程概况；

（2）招标文件中确定的监理范围、内容和目标；

（3）监理依据；

（4）监理组织机构；

（5）监理工作程序、方法及措施；

（6）监理工作制度；

（7）监理记录；

（8）拟承接施工监理项目的关键工序分析及主要监控措施；

（9）监理现场检测用仪器设备一览表。

以上内容中第（1）、（2）项可根据招标文件介绍编制。监理依据应包括现行的法规、政策及工程合同、设计文件和相关规范等。但应按照工程实际进行选择，不可照抄。

监理组织机构。应包括总监理工程师及主要监理工程师配置情况、简历、有关证书复印件，以及现场监理组织机构图、监理人员进场计划表及监理人员岗位职责。在介绍总监理工程师及主要监理工程师的配置及简历时，必须注意结合各专业人员对于类似工程的施工监理经验。监理人员进场计划表应根据专业或工程建设阶段进行配置，可以横道图形式表示。若招标文件有规定，则应按招标文件要求执行。

监理工作程序、方法和措施。监理工作程序可参考公司范本文件，也可在此基础上，根据拟监理工程项目特点增加或节选。一般应包括：施工监理工作总程序；施工准备阶段监理工作程序图；施工阶段监理工作程序图；施工组织设计监理审查程序图；检验批、分项（隐蔽）工程施工质量控制程序图；施工阶段工程进度监理控制程序图；施工阶段工程投资（造价）监理控制程序图；工程材料、构配件、设备质量监理审批程序图；工程变更控制程序图；工程质量事故处理程序图；安全、文明施工监理程序图；单位工程竣工验收备案程序图；监理信息管理程序图。

拟承接施工监理项目的关键工序分析及主要监控措施。该项内容是施工监理投标文件技术标中的重点内容。应在充分理解招标文件及招标用施工图纸的基础上，根据该工程规模、特点，对关键工序、部位施工监理要点进行详细分析，并提出监理主要监控措施。

监理现场检测用仪器设备一览表。该项应根据拟监理工程项目实际配备充足的现场检测仪器设备，所列设备可分为常驻现场和需要时到现场两类。

4.5　工程设计投标

4.5.1　工程设计投标概述

投标设计文件的编制，必须贯彻执行国家及地方有关工程建设的政策和法规，应符合国家现行的建筑工程建设标准、设计规范和制图标准以及确定投资的有关指标、定额和费用标准的规定。

在投标设计文件编制前，应进行必要的调查研究，弄清与工程设计有关的基本条件，收集必要的设计基本资料，进行认真分析。

4.5.2　工程设计投标文件编制

1. 投标文件编制内容

（1）投标设计文件应根据招标书进行编制， 由设计说明书、设计图纸、投资估算、透视图四部分组成，除透视图单列外，其他文件的编排顺序如下。

- 封面：要求写明项目名称，编制单位，编制时间。
- 扉页：设计文件编制单位行政及技术负责人，具体编制总负责人和相应注册建筑师及注册结构工程师签字盖章。
- 设计文件目录。
- 设计说明书。
- 设计图纸。
- 投资估算。

（2）如无特殊约定，投标文件一般为 A3 缩印本，效果图一般为 1 号彩图。

（3）一些大型或重要的城市建筑根据工程需要加做建筑模型。

2. 投标文件编制的深度

（1）总平面。

1）总平面专业设计文件：① 设计说明书；② 设计图纸；③ 必要时还应附有总平面鸟瞰图或总体模型。

2）设计说明书。应对总体设计构思意图作详尽的文字阐述，并应列出技术经济指标表（包括总用地面积，总建筑面积，建筑占地面积，各主要建筑物的名称、层数、高度，建筑容积，覆盖率，道路广场铺砌面积，绿化面积，绿地率，必要时及有条件情况下计算场地初平土方工程量等）。

3）设计图纸。包括：① 用地范围的区域位置；② 用地红线范围（各角点测量座标值、场地现状标高、地形地貌及其他现状情况反映）；③ 用地与周围环境情况反映（如用地外围城市道路；市政工程管道设计；原有建筑物、构筑物；四邻拟建建筑及原有古树名木、历史文化遗址保护等）。④ 总平面布局，其功能分区、总体布置及空间组合的考虑；道路广场布置；场地主要出入口车流、人流的交通组织分析（并应说明按规定计算的和实际布置的停车泊位数量）；其他反映方案特性的有关分析；消防、人防、绿化等。

（2）建筑。

1）建筑专业设计文件：① 设计说明书；② 设计图纸；③ 透视图或鸟瞰图，必要时还应有建筑模型。

2）设计说明书设计依据及设计要求。

① 设计依据。

- 计划任务书或上级主管部门下达的立项批文、项目可行性研究报告批文、合资协议书批文等；
- 红线图或土地使用批准文件；
- 城市规划、人防等部门对建筑提供的设计要求；
- 建设单位签发的设计委托书及使用要求；
- 可作为设计依据的其他有关文件。

② 设计要求。

- 建筑设计的内容和范围。简述建筑地点及其周围环境、交通条件以及建筑用地的有关情况，如用地大小、形状及地形地貌，水文地质，供水、供电、供气、绿化、朝向等情况。
- 设计所依据的技术准则，如建筑类别、防火等级、抗震烈度、人防等级的确定和建筑及装修标准等。
- 设计构思和方案特点。包括功能分区、交通组织、防火设计和安全疏散、自然环境条件和周围环境的利用、日照、自然通风、采光、建筑空间的处理、立面造型、结构选型和柱网选择等。
- 垂直交通设施。包括自动扶梯和电梯的选型、数量及功能划分。
- 关于节能措施方面的必要说明。特殊情况下还要对音响及温、湿度等作专门说明。
- 有关技术经济指标及参数，如建筑总面积和各功能分区的面积、层高和建筑总高度。其他如住宅中的户型、户室比、每户建筑面积和使用面积，旅馆建筑中不同标准的客房间数、床位数等。

3）设计图纸。

① 平面图（主要使用层平面）。

- 底层平面及其他主要使用层平面的总尺寸、柱网尺寸或开间、进深尺寸（可用比例尺表示）；
- 功能分区和主要房间的名称（少数房间，如卫生间、厨房等可以用室内布置代替房间名称）。必要时要画标准间或功能特殊建筑中的主要功能用房的放大平面和室内布置；

- 要反映各种出入口及水平和垂直交通的关系，室内车库还要画出停车位和行车路线；
- 要反映结构受力体系中承重墙、柱网、剪力墙等位置关系；
- 注明主要楼层、地面、屋面的标高关系；
- 剖面位置及编号。

② 立面图。根据立面造型特点，选绘有代表性的和主要的立面，并表明立面的方位、主要标高以及与之有直接关系的其他（原有）建筑和部分立面。

③ 剖面图。应剖在高度和层数不同、空间关系比较复杂的主体建筑的纵向及横向相应部位。一般应剖到楼梯，并注明各层的标高。建筑层数多、功能关系复杂时，还要注明层次及各层的主要功能关系。

④ 透视图或鸟瞰图。视需要而定。设计文件一般应有一个外立面透视图或鸟瞰图。

⑤ 建筑模型。可根据建筑单位的要求或设计部门认为有必要时制作。一般用于大型或复杂工程的设计。

（3）结构。结构专业设计文件主要为设计说明书，包含以下内容。

- 设计依据。主要阐述建筑物所在地与结构专业设计有关的自然条件，包括风荷载、雪荷载、地震基本烈度及有条件时概述工程地质简况等。
- 结构设计：结构抗震设防内容；上部结构选型概述；新结构采用情况；条件许可下阐述基本选型；人防地下室的结构做法。
- 需要说明的其他问题。简要说明相邻建筑物的影响关系、深基坑的围护措施及其他事项。

（4）给水排水。给水排水专业设计文件主要为设计说明书，包含以下内容。

- 设计依据。简述本工程所列批准文件和依据性资料中与本专业有关的内容及其他专业提供的有关资料。
- 给水设计。设计范围；水源情况简述；用水量统计；给水系统；消防系统；热水系统；重复用水、循环冷却水、中水系统及采取节水节能措施。
- 排水设计。污、废水及雨水的排放出路；排水系统说明；污、废水的处理设施；中水系统的处理设施；卫生洁具等涉及建筑标准的设备器材的选用；需要说明的其他问题。

（5）电气。电气专业设计文件主要为设计说明书，包含：① 负荷估算；② 电源；③ 高压配电系统；④ 变电气；⑤ 应急电源；⑥ 低压配电干线；⑦ 主要自动控制系统简介；⑧ 主要用房照度标准、光源类型、照明器型式；⑨ 防雷等级、接地方式；⑩ 需要说明的其他问题。

（6）弱电。弱电专业设计文件主要为设计说明书，包含以下内容：① 电话、宽带网等通信、通信设备预留预设；② 电缆电视系统规模，接收天线和卫星信号、前端及网络模式；③ 闭路应用电视功能及系统组成；④ 有线广播及扩声的功能及系统组成；⑤ 呼叫信号及公共显示装置的功能及组成；⑥ 专业性电脑经营管理功能及软硬件系统；⑦ 楼宇自动化管理的服务功能及网络结构；⑧ 火灾自动报警、消防联动功能及系统；⑨ 安全保卫设施及功能要求。

（7）采暖通风空气调节。采暖通风空气调节专业设计文件主要为设计说明书，包含以下内容：

- 采暖通风空气调节的设计范围。
- 采暖通风空气调节的室内设计参数及标准：冷、热负荷的估算数据；采暖热源的选择及其参数；空气调节冷热源的选择及其参数；采暖、空气调节的系统形式及其措施；通风系统简述；防烟、排烟系统简述；需要说明的其他问题。

（8）动力。动力专业设计文件主要为设计说明书，包括以下内容：

- 供热：热源及燃料；供热范围；耗热量估算；锅炉房、热交换站面积、位置及层高要求；环保、消防安全措施。
- 供煤气：煤气气源；煤气供应范围；煤气计算流量；消防安全措施。

（9）投资估算。投资估算文件包括投资估算编制说明及投资估算表。

- 投资估算编制说明：① 编制依据；② 不包括的工程项目和费用；③ 其他必要说明的问题。
- 投资估算表。投资估算表是反映一个建设项目所需全部建筑安装工程投资的总文件。它是由各单位工程为基本组成基数的投资估算（如土建、水卫、暖通、空调、电气等）综合成单项工程的投资估算和室外工程（如土方、道路、围墙大门、室外管线等）投资估算，并考虑预备费后，汇总成建设项目的总投资。

编制内容参照建筑工程概、预算文件，但不包括其他费用。

4.6 工程总承包投标

4.6.1 工程总承包概述

1. 工程总承包的概念

工程总承包是指从事工程总承包的企业受业主委托，按照合同约定对工程项目的可行性研究、勘察、设计、采购、施工、试运行（竣工验收）等实行全过程或若干阶段的承包。工程总承包企业对承包工程的质量、安全、工期、造价全面负责。工程总承包企业必须取得国家住建部或省市级颁发的相应资质证书。

2. 工程总承包的优势

（1）有利于理清工程建设中业主与承包商、勘察设计与业主、总包与分包、执法机构与市场主体之间的各种复杂关系。比如，在工程总承包条件下，业主选定总承包商后，勘察、设计、采购、工程分包等环节直接由总承包商确定分包，从而业主不必再实行平行发包，避免了发包主体主次不分的混乱状态，也避免了执法机构过去在一个工程中要对多个市场主体实施监管的复杂关系。

（2）有利于优化资源配置。国外经验证明，实行工程总承包减少了资源占用与管理成本。在我国，则可以从三个层面体现：业主方摆脱了工程建设过程中的杂乱事务，避免了人员与资金的浪费；主包方减少了变更、争议、纠纷和索赔的耗费，使资金、技术、管理各个环节衔接更加紧密；分包方的社会分工专业化程度由此得以提高。

（3）有利于优化组织结构并形成规模经济。一是能够重构工程总承包、施工承包、分包三大梯度塔式结构形态；二是可以在组织形式上实现从单一型向综合型、现代开放型的转变，最终整合成资金、技术、管理密集型的大型企业集团；三是便于扩大市场份额；四是增强了参与 BOT 的能力。

（4）有利于政府部门打破行业垄断，并集中力量解决建筑市场最突出的问题，也有利于实行风险保障制度。因为唯有综合实力强的大公司方易获得保证担保。

（5）有利于控制工程造价，提升招标层次。在强化设计责任的前提下，通过概念设计与价格的双重竞标，把“投资无底洞”消灭在工程发包之中。并且，由于实行整体性发包，招标成本可以大幅度降低。

（6）有利于提高全面履约能力，并确保质量和工期。实践证明，工程总承包最便于充分发挥大承包商所具有的较强技术力量、管理能力和丰富经验的优势。同时，由于各建设环节均置于总承包商的指挥下，因此各环节的综合协调余地大大增强，这对于确保质量和进度是十分有利的。

（7）有利于推动管理现代化。工程总承包模式作为协调中枢必须建立起计算机系统，使各项工作实现了电子化、信息化、自动化和规范化，提高了管理水平和效率，大大增强我国企业的国际承包竞争力。

4.6.2　工程总承包投标文件编制

1. 对工程总承包企业的投标资格要求

承揽工程总承包业务的企业必须依法设立；具有工程勘察、设计或施工总承包资质的勘察、设计和施工企业，可以在其勘察、设计或施工总承包资质等级许可的工程项目范围内进行工程总承包投标。具有工程勘察、设计、施工总承包资质的企业可以相互组成联合体，也可以与不具有工程勘察、设计或施工总承包资质的其他企业组成联合体进行工程总承包投标。

2. 对总承包联合体投标的规定

实行工程总承包联合体投标的，应当在提交资格审查文件或者投标文件时，同时提交联合体协议并且明确一个具有勘察、设计或施工总承包资质的企业为主体投标人。投标人应提交资格预审文件供招标人进行资格审查。投标人申请参加投标时，应当按照资格预审文件的规定和要求向招标人提交资格预审文件资料，招标人应当按规定对其进行资格审查。

3．通过资格预审的投标人的投标流程及规定

投标人通过资格预审并且收到邀请投标通知书后，应当及时向招标人领取或购买招标文件，并按照招标文件的要求编制投标文件，在规定的时间内密封送达（邮寄、电子邮件）招标人。投标人需要更正、补充已提交投标文件的，应当在招标文件要求提交投标文件的截止时间前向招标人提交正式的更正、补充文件。

4．投标人需将工程分包的，应在投标文件中注明

投标人需要将工程项目中的勘察、设计、采购、施工、试运行（开车）工程分包给其他具有相应资质的单位，应当在投标文件中注明需要分包的工作和分包单位的确定方式等有关内容。投标人不得将工程总承包的勘察、设计、采购、施工某一专项全部或者部分分包给予工程总承包企业相同类型资质的单位承包。

5．不得非法干预经中标通知书确定的分包方式

分包由工程总承包企业自行决定采用招标方式或者直接发包方式进行。投标人在投标文件中承诺的分包方式一经中标通知书确定，招标人和投标人以外的其他任何人不得非法进行干预，不得再向投标人指定分包人或者指定分包方式。

6．分包单位再分包的规定

投标人将工程项目中的勘察、设计、采购、施工、试运行（开车）工程分包给具有相应资质的单位后，根据工程特点分包单位需要再分包的，应当报经总承包人。

7．投标保证金的规定

投标人送达（邮寄、电子邮件）投标文件时，应当向招标人提交投标保证金或者投标担保、保函。投标保证金或者投标担保、保函额不得超过工程发包内容造价的2%，并且最高不得超过80万元。投标人未中标的，其交纳的投标保证金由招标人在确定中标人后五日内退还；已中标的，其交纳的投标保证金由招标人在签订工程总承包合同后五日内退还。

本章小结

投标是一种法律行为，是投标人在市场经济条件下获取工程项目的主要手段，因此对于投标人来讲，投标的前期工作是十分重要的，它对于投标人能否顺利地获得工程项目有着直接的影响。

工程投标程序有投标前准备、分析招标文件、踏勘现场、参加投标预备会、进行投标估价并编制投标文件、投标文件的递交与接收。

工程项目施工投标文件一般主要包括两部分：一是商务标，二是技术标。

投标决策主要包括三方面内容：其一，根据项目的专业性等确定是否投标；其二，倘

若投标，投什么性质的标；其三，投标中如何采用以长制短、以优胜劣的策略和技巧。

投标报价中常用的投标策略与技巧有不平衡报价、零星用工、多方案报价法、增加建议方案、突然降价法、先亏后盈法、无利润算标。

复习思考题

1. 问答题

（1）投标前的准备有哪些工作？

（2）投标文件商务标包括哪些内容？

（3）投标文件技术标包括哪些内容？

2. 判断题

（1）投标文件中的大小写金额不一致的，以小写金额为准。（ ）

（2）投标是承包单位以提报标价的形式争取承包建设工程项目的经济活动，是目前承包商取得工程项目的一种最常见的行之有效的活动。（ ）

（3）在考虑投标报价时应遵循“既能够中标，又有利可图”的原则。（ ）

3. 选择题

（1）投标工作的核心是（ ）。

A．编制施工组织设计　　B．校核工程量

C．投标报价　　D．编制施工方案

（2）不属于施工投标文件的内容有（ ）。

A．投标函　　B．投标报价

C．拟签订合同的主要条款　　D．施工方案

（3）下列关于联合体共同投标的说法正确的是（ ）。

A．两个以上法人或其他组织可以组成一个联合体，以一个投标人的身份共同投标

B．联合体各方只要其中任意一方具备承担招标项目的能力即可

C．由同一专业的单位组成的联合体，投标时按照资质等级较高的单位确定资质等级

D．联合体中标后，应选择其中一方代表与招标人签订合同

（4）投标文件的技术性评审包括（ ）。

A．实质上响应程度　　B．质量控制措施

C．方案可行性评估和关键工序评估　　D．环境污染的保护措施评估

E．现场平面布置和进度计划

（5）投标单位在下列（ ）情况，将被没收投标保证金。

A．投标有效期内撤回其投标文件

B．中标单位未在规定期限内提交履约保证金

C．中标单位签订了合同后

D．领取招标文件，但未参加投标的

E．中标单位未在规定期限内签订合同的

实训题

某监理公司通过公平投标的方式承担了某项一般房屋工程施工阶段的全方位监理工作，现已办理了中标手续，并签订了委托监理合同，任命了总监理工程师，并按照以下监理实施程序开展了工作：

1．建立项目监理机构

（1）确定了本工程的质量控制目标为监理机构工作的目标。

（2）确定监理工作范围和内容，包括设计阶段和施工阶段。

（3）进行项目监理机构的组织结构设计。

（4）由总监代表组织专业监理工程师编制了建设工程监理规划。

2．制定各专业监理实施细则

（1）各专业监理工程师仅以监理规划为依据编制了监理实施细则。

（2）总监代表批准了各专业的监理实施细则。

（3）各监理实施细则仅包括了监理工作的流程、监理工作的方法和措施。

3．规范化地开展监理工作

4．参与验收、签署建设工程监理意见

5．向建设单位提交建设工程档案资料

6．进行监理工作总结

【问题】

1．请指出在建立项目监理机构的过程中，“确定工作目标、工作内容和制定监理规划”三项工作中的不妥之处，并写出正确做法。

2．请指出在制定各专业监理实施细则的三项工作中是否存在不妥之处，并写出正确做法。

第 5 章　工程开标、评标和定标

本章学习目标

☑ 掌握工程开标程序及要求。
☑ 掌握工程评标程序及要求。
☑ 掌握工程评标办法。
☑ 掌握工程定标时中标条件。
☑ 熟悉工程废标和无效标的条件及区别。
☑ 了解工程评审因素的相关内容。

引导案例

某办公楼的招标人于 2014 年 10 月 11 日向具备承担该项目能力的 A、B、C、D、E 五家投标单位发出投标邀请书。

其中说明：10 月 17～18 日 9～16 时在该招标人总工程师室领取招标文件，11 月 8 日 14 时为投标截止时间。该五家投标单位均接受邀请，并按规定时间提交了投标文件。

但投标单位 A 在送出投标文件后发现报价估算有较严重的失误，遂赶在投标截止时间前 10 分钟递交了一份书面申明，撤回已提交的投标文件。

开标时，由招标人委托的市公证处人员检查投标文件的密封情况，确认无误后由工作人员当众拆封。由于投标单位 A 已撤回投标文件，故招标人宣布有 B、C、D、E 四家投标单位投标，并宣读该四家投标单位的投标价格、工期和其他主要内容。

评标委员会委员由招标人直接确定，共由七人组成，其中招标人代表两人、本系统技术专家两人、经济专家一人、外系统技术专家一人、经济专家一人。

在评标过程中，评标委员会要求 B、D 两投标人分别对其施工方案作详细说明，并对若干技术要点和难点提出问题，要求其提出具体、可靠的实施措施。作为评标委员会的招标人代表希望投标单位 B 再适当考虑一下降低报价的可能性。

按照招标文件中确定的综合评标标准，四个投标人综合得分从高到低的依次顺序为 B、

D、C、E，故评标委员会确定投标单位B为中标人。由于投标单位B为外地企业，因此招标人于11月10日将中标通知书以挂号信方式寄出，投标单位B于11月14日收到中标通知书。

由于从报价情况来看，四个投标人的报价从低到高的依次顺序为D、C、B、E，因此，从11月16日至12月11日，招标人又与投标单位B就合同价格进行了多次谈判，结果投标单位B将价格降到略低于投标单位C的报价水平，最终双方于12月12日签订了书面合同。

【问题】从所介绍的背景资料来看，在该项目的招标投标程序中，存在哪些不当之处？

5.1 工程开标

5.1.1 开标的含义

开标是指招标人依据在招标文件中所规定的投标人提交投标文件的截止时间、地点，当众对投标文件正式启封和宣读的活动。这一活动是招标投标程序中的一个法定环节，它对保证投标过程中贯彻执行"公开、公平、公正与诚实信用原则"有着重要意义。

5.1.2 开标的组织

1．开标时间和地点

《招标投标法》第34条规定："开标应当在招标文件确定的提交投标文件截止时间的同一时间公开进行；开标地点应当为招标文件中预先确定的地点。"

投标文件截止之时（如某年某月某日几时几分）即是开标之时（也是某年某月几时几分），之所以这样规定，是为了防止投标截止时间之后与开标之前仍有一段时间间隔。如有间隔，也许会给作弊行为造成可乘之机。

开标地点应与招标文件中规定的地点相一致，是为了防止投标人因不知地点变更而不能按要求准时提交投标文件，这也是为维护投标人的利益而作出的规定。

2．参与者

（1）开标主持者。开标由招标人主持，招标代理机构也可以代理招标人主持。只有招标人主持开标，对所有投标人才是公正的。

（2）开标会参加人。所有投标人和其他有关单位（招标投标监督机构、公证机构、监审机构等）的代表均为参加人。要指出的是，投标人或者他们的代表出席开标会是他们的法定权利。

5.1.3 开标的程序及要求

开标、评标、定标活动应在政府主管机构的有效管理下进行，一般应按照下列程序进行。

（1）主持人宣布开标会议开始。介绍参加开标会议的单位、人员名单及工程项目的有关情况。

（2）投标人向主持人及公证人员送验法人代表证明或授权委托书。

（3）请投标人确认投标文件的密封性，也可由招标人委托的公证机构检查并公证。投标人数较少时，可由投标人自行检查；投标人数较多时，也可以由投标人推举代表进行检查。招标人也可以根据情况委托公证机构进行检查并公证。在具体操作过程中，是否需要委托公证机关到场检查并公证，完全由招标人视具体情况而定。投标人或者其推选的代表或者公证机构经检查发现密封被破坏的投标文件，应作为废标处理。

（4）当众拆封投标文件，宣读投标人名称、投标价格和投标文件的其他主要内容，并作当场记录。其他主要内容，主要是指投标报价有无折扣或者价格修改等。如果要求或者允许报替代方案的话，还应包括替代方案投标的总金额。其他主要内容还应包括工期、质量、投标保证金等。这样做的目的在于使投标者了解各投标者的报价和自己在其中的顺序，了解其他投标的基本情况，保证招标投标的顺利进行和开标的透明度。

（5）与会的投标人在记录上签字，确认开标结果。

（6）主持人宣布开标会议结束，进入评标阶段。有下列情况之一的，投标文件可判为无效，将不能进入评标阶段。

- 投标文件未按照招标文件的要求予以密封的；
- 投标文件中的投标函未加盖投标人的企业及企业法定代表人印章的，或者企业法定代表人委托代理人没有合法、有效的委托书及委托代理人盖章的；
- 投标文件的关键内容字迹模糊、无法辨认的；
- 投标人未按照招标文件的要求提供投标保函或者投标保证金的；
- 投标文件未按规定的时间、地点送达的；
- 组成联合体投标的，投标文件未附联合体各方共同投标协议的。联合体各方必须指定牵头人，授权其代表所有联合体成员负责投标和合同实施阶段的主办、协调工作，并应当向招标人提交由所有联合体成员法定代表人签署的授权书。此外，联合体投标的，应当以联合体各方或者联合体中牵头人的名义提交投标保证金。以联合体中牵头人名义提交的投标保证金，对联合体各成员具有约束力。

5.2　工程评标

5.2.1　评标的含义

评标是指根据招标文件确定的标准和方法，对每个投标人的投标文件进行评价比较，以选出最优投标人的过程。在招标投标过程中，评标是确定中标人必经的关键性程序，直接关系到招标人能否确定最有利的投标，也直接关系到投标人能否受到公平、公正的待遇。

评标工作一般由开标前确定的评标委员会负责，视招标内容的繁简，可在开标后立即进行，也可在随后进行。评标工作的中心是对各投标文件的商务部分和技术部分进行综合评价，为择优确定中标人提供依据。公开原则是招标投标的原则之一，但评审投标文件，投标人择优排序、决定授标等评标阶段的工作，则不仅不公开，而且必须在保密状态中进行。在评标期间，评标委员会可以要求投标人回答或澄清其投标文件中某些含糊不清的问题，但无权要求或接受投标人调整投标文件中的实质性内容。

5.2.2 评标的重要原则

（1）评标委员会根据投标文件所提供的充分有效的证明材料，遵循公平、公正的原则，对投标文件提出的投标报价、交货期、性能、售后服务、企业综合业绩等方面共同计算其总分。

（2）评标委员会对各投标单位的评审结果按得分高低进行排序，如果出现两个以上（含两个）投标单位得分相同的情况，由评委再次投票重新排序，并出具由各评委签字的书面报告。

5.2.3 评标的程序与内容

1. 评标的程序

评标工作应严格地按照其程序进行。具体包括以下内容。

（1）招标人宣布评标委员会成员名单并确定主任委员。

（2）招标人宣布有关评标纪律。

（3）在主任委员主持下，根据需要讨论通过成立有关专业组和工作组。

（4）听取招标人介绍招标文件。

（5）组织评标人员学习评标标准和方法。

（6）提出需澄清的问题。提出需澄清的问题需经评标委员会讨论，并经二分之一以上委员会同意，方可提出需投标人澄清的问题，需澄清的问题应以书面形式送达投标人。

（7）澄清或说明。对需要文字澄清或说明的问题，投标人应当以书面形式送达评标委员会。

（8）评审、确定中标候选人。评标委员会按招标文件确定的评标标准和方法，对投标文件进行评审，确定中标候选人推荐顺序。

（9）提出评标工作报告。在评标委员会三分之二以上委员同意并签字的情况下，通过评标委员会工作报告，并报招标人。

2. 评标的内容

评标委员会评议的内容通常分为两段三审。两段指初审和终审。初审即对投标文件进行符合性评审、技术评审和商务评审，筛选出若干具备授标资格的投标文件。终审是对初审择选出的若干具备投标资格的投标文件进行综合评价与比较分析，最终确定出中标候选人。三审就是指对投标文件进行的符合性评审、技术评审和商务评审，一般发生在初审阶段。

（1）投标文件的符合性评审。所谓符合性评审，是检查投标文件是否实质上响应招标文件的要求。实质上响应的含义是投标文件与招标文件的所有条件、规定相符，无显著差异或保留。显著的差异或保留是对工程的范围、质量及使用性能产生实质性影响；偏离了招标文件的要求，对合同中规定的业主的权利或者投标人的义务造成实质性的变动。

符合性评审一般包括下列内容。

1）投标文件的有效性：① 未经资格预审的项目，在评标前应进行资格审查。若已经进行资格预审，则要审查投标人是否与资格预审名单一致；递交的投标保函或投标保证金是否符合招标文件的规定。如果以标底衡量有效性，审查投标报价是否在规定的范围内。② 投标文件是否包括了投标人的法人资格证书及投标负责人的投标授权委托书。如果是联合体，是否提交了合格的联合体协议书以及投标负责人的授权委托书。

2）投标文件的完整性。投标文件是否包括了招标文件规定的应该递交的全部文件。如果缺少其中某一项内容，则无法进行客观、公正地评价，只能按废标处理。若招标文件要求投标人提交施工进度计划外，还要编制分月的劳动力安排计划和施工机具配置，如果缺少任何一项，则在后续阶段的评审中无法对该投标文件进行合理的比较。

3）投标文件与招标文件的一致性。一致性指投标文件在实质上应响应招标文件的要求，即无实质性背离。所谓实质上响应招标文件的要求，是指其投标文件应该与招标文件的所有条款、条件和规定相符，无显著差异或保留。

投标文件对招标文件实质性要求和条件响应的偏差分为重大偏差与细微偏差两类。

重大偏差表现在：① 没有按照招标文件要求提供投标担保或者所提供的投标担保与招标文件中的规定存差异；② 没有按照招标文件要求由投标人授权代表签字并加盖公章；③ 投标文件记载的招标项目完成期限超过招标文件所规定的完成期限；④ 明显不符合技术规格、技术标准的要求；⑤ 投标文件记载的货物包装方式、检验标准和方法等不符合招标文件的要求；⑥ 投标附有与招标人提出的条件有本质区别，招标人不能接受的条件；⑦ 不符合招标文件中规定的其他实质性要求。应该注意，凡存在重大偏差的投标文件都属于初评阶段应该淘汰的投标文件。

细微偏差指投标文件基本上符合招标文件要求，但在个别地方存在漏项或者提供了不完整的技术信息和数据等情况，并且补正这些遗漏或者不完整不会对其他投标人造成不公平的结果。对招标文件的响应存在细微偏差的投标文件仍属于有效投标文件。

细微偏差的处理方式包括：① 书面要求存在细微偏差的投标人在评标结束前予以补正。澄清、说明或者补正应以书面方式进行并不得超出投标文件的范围或者改变投标文件的实质性内容。② 报价错误的修正。商务标中出现算术性错误时，由评标委员会对投标书中的错误加以修正后，请该投标文件的投标人签字确认。如果投标人拒绝签字，则按投标人违约对待，不仅投标无效，而且没收其投标保证金。

修正错误的原则是：投标文件中的大写金额和小写金额不一致的，以大写金额为准；总价金额与单价金额不一致的，以单价金额为准，但单价金额小数点有明显错误的除外；正本与副本不一致时，以正本为准。

（2）投标文件的技术评审。技术评审的目的是确认和比较投标人完成招标项目的技术能力以及他们的施工方案的可靠性。技术评审的主要内容如下。

1）技术方案的可行性。对各类分部分项工程的施工方法、施工人员和施工机械设备的配备、施工现场的布置和临时设施的安排、施工顺序及其相互衔接等方面的评审，特别是对该项目的关键工序的施工方法进行可行性论证。

2）施工进度计划的可靠性。审查施工进度计划是否满足竣工时间的要求，是否科学合理、切实可行，还要审查保证施工进度计划的措施，如施工机具、劳务的安排是否合理和可能等。

3）施工质量保证。审查投标文件中提出的质量控制和管理措施，包括质量管理人员的配备、质量检测仪器的配置和质量管理制度。

4）工程材料和机器设备供应的技术性能。审查主要材料和设备的样本、型号、规格和制造厂家名称、地址等，判断其技术性能是否达到设计标准。

5）分包商的技术能力和施工经验。如果投标人拟在中标后将中标项目的部分工作分包给他人完成，应当在投标文件中载明。应审查拟分包的工作是否非主体、非关键性工作；审查分包人是否具备应当具备的资格条件以及完成相应工作的能力和经验。

6）建议方案的可行性。如果招标文件中规定可以提交建议方案，应对投标文件中的建议方案的技术可靠性与优缺点进行评估，并与原招标方案进行对比分析。

（3）投标文件的商务评审。商务评审的目的是从成本、财务和经济分析等方面评审投标报价的准确性、合理性及可靠性等，同时估量出授标给各投标人后的不同经济效果。商务评审在整个评标工作中通常占有非常重要的地位。商务评审的主要内容如下。

1）报价构成分析。用标底价与标书中各单项合计价、各分项工作内容的单价及总价进行比照分析，对差异比较大的地方找出其产生的原因，从而评定报价是否合理。

2）分析不平衡报价的变化幅度。虽然允许投标人为了解决前期施工中资金流通的困难而采用不平衡的报价法投标，但不允许有严重的不平衡报价，否则会过大地提高前期工程的付款要求。

3）资金流量的比价和分析。审查其所列数据的依据，进一步复核投标人的财务实力和资信可靠程度；审查支付计划中预付款和滞留金的安排与招标文件是否一致；分析投标人资金流量和其施工进度之间的相互关系；分析投标人资金流量的合理性。

4）分析投标人提出的财务或付款方面的建议和优惠条件，并估计接受其建议的利弊，特别是接受财务方面的建议后可能导致的风险。

3．投标文件的综合评价与比较分析

对初步评审合格的投标文件，评标委员会应当根据招标文件确定的评标原则、标准和方法进行综合评价和比较分析，从而评定出优劣次序，选定中标候选人。常采用的方法有评标价法和综合评分法。

评标委员会完成评标后，应当向招标人提出书面评标报告，并推荐合格的按名称排序的中标候选人 1～3 人，也可以按照招标人的委托，直接确定中标人。

5.2.4 评标组织的设立

1．评标组织的人员组成

评标委员会成员名单一般应于开标前确定，而且该名单在中标结果确定前应当保密。评标委员会在评标过程中是独立的，任何单位和个人都不得非法干预、影响评标过程和结果。

2．评标委员会的组建

除《招标投标法》第 37 条第 3 款规定的特殊招标项目外，依法必须进行招标的项目，其评标委员会的专家成员应当从评标专家库内相关专业的专家名单中以随机抽取方式确定。任何单位和个人不得以明示、暗示等任何方式指定或者变相指定参加评标委员会的专家成员。依法必须进行招标的项目的招标人非因《招标投标法》和《招标投标法实施条例》规定的事由，不得更换依法确定的评标委员会成员。更换评标委员会的专家成员应当依照相关规定进行。评标委员会成员与投标人有利害关系的，应当主动回避。

有关行政监督部门应当按照规定的职责分工，对评标委员会成员的确定方式、评标专家的抽取和评标活动进行监督。行政监督部门的工作人员不得担任本部门负责监督项目的评标委员会成员。技术特别复杂、专业性要求特别高或者国家有特殊要求的招标项目，采取随机抽取方式确定的专家难以胜任的，可以由招标人直接确定。

3．对评标委员会成员的要求

评标委员会成员应当依照《招标投标法》和《招标投标法实施条例》的规定，按照招标文件规定的评标标准和方法，客观、公正地对投标文件提出评审意见。招标文件没有规定的评标标准和方法不得作为评标的依据。

评标委员会成员不得私下接触投标人，不得收受投标人给予的财物或者其他好处，不得向招标人征询确定中标人的意向，不得接受任何单位或者个人明示或者暗示提出的倾向或者排斥特定投标人的要求，不得有其他不客观、不公正履行职务的行为。

4．评标的准备与初步评审

（1）评标的准备。评标委员会成员应当编制供评标使用的相应表格，认真研究招标文件，至少应了解和熟悉以下内容：

1）招标的目标；

2）招标项目的范围和性质；

3）招标文件中规定的主要技术要求、标准和商务条款；

4）招标文件规定的评标标准、评标方法和在评标过程中考虑的相关因素。

招标人或者其委托的招标代理机构应当向评标委员会提供评标所需的重要信息和数据。招标人设有标底的，标底应当保密，并在评标时作为参考，但不得作为评标的唯一依据。

评标委员会应当根据招标文件规定的评标标准和方法，对投标文件进行系统的评审和比较。招标文件中没有规定的标准和方法不得作为评标的依据。

（2）初步评审。根据《评标委员会和评标方法暂行规定》和《标准施工招标文件的规定》，我国目前评标中主要采用的方法包括经评审的最低中标价法和综合评分法，两种评标方法在初步评审的内容和标准上基本是一致的。

5.2.5 评审因素

评审因素是指中华人民共和国标准招标文件中评标办法前附表中对应评审标准的评审内容。包括形式评审标准因素、资格评审标准因素、响应性评审标准因素，施工组织设计及项目管理机构评审标准因素等。

1．形式评审标准因素

形式评审标准因素指投标文件从形式上满足招标文件的要求。包括以下内容。

（1）投标人名称：与营业执照、资质证书、安全生产许可证一致。

（2）投标函签字、盖章：有法定代表人或其委托代理人签字并加盖单位公章。

（3）投标文件格式：符合《中华人民共和国标准施工招标文件》第八章“投标文件格式”的要求。

（4）联合体投标人（如有）：提交联合体协议书，并明确联合体牵头人。

（5）报价唯一：只能有一个有效报价。

2．资格评审标准因素

资格评审标准因素指证明投标人资格满足招标文件要求的资料。

（1）投标人的营业执照：具备有效的营业执照。

（2）资质等级：符合《中华人民共和国标准施工招标文件》第二章“投标人须知”第1.4.1项规定。

（3）安全生产许可证：具备有效的安全生产许可证。

（4）财务状况；符合《中华人民共和国标准施工招标文件》第二章“投标人须知”第1.4.1项规定。

（5）类似工程业绩：符合《中华人民共和国标准施工招标文件》第二章“投标人须知”

第 1.4.1 项规定。

（6）信誉：符合《中华人民共和国标准施工招标文件》第二章“投标人须知”第 1.4.1 项规定。

（7）其他要求：符合《中华人民共和国标准施工招标文件》第二章“投标人须知”第 1.4.1 项规定。

（8）联合体投标人（如有）：符合《中华人民共和国标准施工招标文件》第二章“投标人须知”第 1.4.2 项规定。

3．响应性评审标准因素

响应性评审标准因素指对招标文件具体项目要约条款的响应。

（1）投标内容：符合《中华人民共和国标准施工招标文件》第二章“投标人须知”第 1.3.1 项规定。

（2）工期：符合《中华人民共和国标准施工招标文件》第二章“投标人须知”第 1.3.2 项规定。

（3）工程质量：符合《中华人民共和国标准施工招标文件》第二章“投标人须知”第 1.3.3 项规定。

（4）投标有效期：符合《中华人民共和国标准施工招标文件》第二章“投标人须知”第 3.3.1 项规定。

（5）投标保证金：符合《中华人民共和国标准施工招标文件》第二章“投标人须知”第 3.4.1 项规定。

（6）权利义务：符合《中华人民共和国标准施工招标文件》第四章“合同条款及格式”规定。

（7）已标价工程量清单：符合《中华人民共和国标准施工招标文件》第五章“工程量清单”给出的子目编码、子目名称、子目特征、计量单位和工程量。

（8）技术标准和要求：符合《中华人民共和国标准施工招标文件》第七章“技术标准和要求”规定。

（9）投标价格：有两种情况，当设置拦标价时，应低于（含等于）拦标价；当设置招标控制价时，应低于（含等于）《中华人民共和国标准施工招标文件》第二章“投标人须知”前附表第 10.2 款载明的招标控制价。

（10）分包计划：符合《中华人民共和国标准施工招标文件》第二章“投标人须知”第 1.11 款规定。

4．施工组织设计及项目管理机构评审标准因素

施工组织设计及项目管理机构评审标准因素指施工组织设计的内容及项目管理机构设置是否满足项目的具体要求。

（1）施工方案和技术措施：方案内容全面、合理，技术措施先进，有针对性。

（2）质量管理体系与措施：质量体系健全，措施先进。

（3）安全管理体系与措施：安全体系健全，措施安全可靠。

（4）环境保护体系与措施：环境保护体系健全，措施到位。

（5）工程进度计划与措施：工程进度计划安全合理，与施工季节相适应，保证措施可靠。

（6）资源配备计划：资源配备计划能满足工程项目施工需要。

（7）技术负责人：技术负责人职称满足项目技术要求的需要。

（8）其他主要人员：配备项目管理人员岗位齐全，人员精良，技术水平到位，有当地政府认可的上岗证。

（9）施工设备：施工设备设备先进，运转正常，配备合理。

（10）试验、检测仪器设备：过程试验、检测仪器设备齐合，先进。

总之，评标时按照评标办法中评审标准选定的评审因素不是一成不变的，它会根据项目的具体情况和招标文件的条款约定而有所变动，目的是满足评标评分的需要。

5.2.6 评标方法

评标的标准，一般包括价格标准和价格标准以外的其他有关标准（又称“非价格标准”），评标方法即如何运用这些标准来确定中选的投标。非价格标准应尽可能客观和定量化。在工程评标时，非价格标准主要有工期、质量、施工人员和管理人员的素质、以往的经验等。

评标可以用评标价法和综合评分法。具体评标方法由招标人决定，并在招标文件中载明。

1．评标价法

评标价法是指在评审过程中以该投标文件的报价为基数，将预定的报价之外需要评定的要素按预先规定的折算办法换算为货币价值，按照投标书对招标人有利或不利的原则，在其报价上增加或扣减一定金额，最终构成评标价格。评审价格最低的投标文件为最优投标文件。

由于评审内容中有些项目是直接用价格（元）表示的，但也有某些要素的基本单位不是价格，如工期的单位是月（或日），因此，需要用一定的方法将其折算为价格，以便在投标价上予以增减。可以折算成价格的评审要素一般包括下述五项。

（1）扣减超前收益。投标文件承诺的工期提前给项目可能带来的超前收益，以月为单位按预定计算规则折算为相应的货币值，从该投标人的报价内扣减此值。

（2）增加漏项报价。实施过程中必然发生而投标文件又明显漏项的部分，给予相应的补项，增加到报价上去。如施工现场所在地必须交纳的某些地方税在报价中未包括，而在工程施工过程中一定会发生且将作为施工成本出现，则应把此笔费用加到评标价中，以评定投标人漏报这笔费用在实施过程中可能给发包人带来的风险。

（3）扣减技术建议带来的增加值。技术建议可能带来的实际经济效益按预定的比例折算后减去该值。

（4）增加预付款资金少付的利息。投标书内提出的优惠条件可能给招标人带来的好处，以开标日为准，按一定的方法折算后，作为评审价格因素之一。如招标文件中说明工程预付款为合同价的 20%，投标人在标书内承诺只要求发包方支付 15%的预付款，则少要的 5%预付款是发包人资金晚到位向银行少付的利息，也可以按一定的方法或比例折算成若干费用计加到评标价内。

（5）其他增加。对其他可以折算为价格的要素，按照对招标人有利或不利的原则增加或减少到投标报价上去。

2. 综合评分法

综合评分法即对价格、施工方案（或施工组织设计）、项目经理的资历与业绩、质量、工期、企业信誉和业绩等因素进行综合评价以确定中标人的评标定标方法。它是目前国内应用最广泛的评标方法。采用此方法时，需要先确定评审因素。根据国内实践，一般采用标价、施工方案或施工组织设计、工程质量、工期、信誉和业绩等作为评审因素。评标专家依据评分标准对各评审因素进行相应的打分，最后计算的累计分值反映投标人综合水平，以得分最高的投标文件为最优。这种方法由于需要涉及评分的项目较多，且每一项都要经过评委打分，因此，可以全面地衡量投标人实施招标工程的综合能力。

（1）技术标和商务标标准分值或权重的设定。较为简单的工程项目由于评比要素相对较少，通常采用百分制法评标，但应预先设定技术标和商务标的满分值；大型复杂工程的评审要素较多，简单的百分制法不能满足要求，需将评审要素划分成几大类并分别给予不同的权重，每一类再采用百分制记分。技术部分与商务部分分值的分配比例，应按照工程项目的特点和招标人对投标人要求来具体设定。如较为普通的工程项目，一般的承包商采用常规方法即可完成，商务部分的分值的比例较高（如 70%～90%）；而大型复杂工程则应更强调技术标的质量，降低商务标分值的比例。投标竞争不是简单的投标报价高低的竞争。

（2）商务标的评分方法。报价部分的比较按照评分基准不同，可以划分为用标底作为衡量基准、用修正标底值作为衡量基准和不用标底而考虑投标人报价水平计算衡量基准三大类。

1）以标底作为标准值计算报价得分的综合评分法。评标委员会首先用标底作为衡量标准，以预先确定的允许报价浮动范围（如偏离标底上 5%下 7%）筛选入围的有效投标，然后按照评标规则计算各项得分，最后以累计得分比较投标书的优劣。应注意。若某投标书的总分不低，但其中某一项得分低于该项及格分时，也应充分考虑授标给此投标人在实施过程中可能发生的风险。

2）以修正标底值作为报价评分衡量标准的综合评分法。以标底作为报价评定标准时，有可能因编制的标底没有反映出较为先进的施工技术水平和管理水平，导致报价分的评定不合理。为了弥补这一缺陷，采用标底的修正值作为衡量标准。此方法在工程项目管理的有关著作中也称 A+B 法，A 值为反映投标人报价的平均水平，可以是简单算术平均值，也可以是加权平均值；B 值为标底。

3）不用标底衡量的综合评分法。前两种方法在商务评标过程中对报价部分的评审都以预先设定的标底作为衡量条件，如果标底编制得不够合理，有可能对某些投标书的报价评分不公平。为了鼓励投标人的报价竞争，可以不预先制定标底，用反映投标人报价的平均值，或最低报价作为衡量基准，评定各投标书的报价得分。

若以报价最低者为标准（该项满分），则其他投标人的报价按预先确定的偏离百分比计算相应得分。但应注意，最低的投标报价比次低投标人的报价如果相差悬殊（例如 20%以上），则应首先考察最低报价者是否有低于其企业成本的竞标，如报价的费用组成合理，才可以作为标准值。

若以平均报价为标准值，则开标后首先计算各主要报价项的标准值。可以采用简单的算术平均值或平均值下浮以预先规定的百分比作为标准值。标准值确定后，再按预先确定的规则，视各投标书的报价与标准值的偏离程度，计算各投标书的该项得分。

5.3 工程定标

5.3.1 定标

招标人根据评标委员会提出的书面评标报告和推荐的中标候选人确定中标人的过程为定标（也可以由评标委员会按照招标人的委托，直接确定中标人）。

1. 中标条件

中标人的投标文件应符合以下条件之一。

（1）综合评价最佳。综合评价最佳者能够在投标过程中中标。综合评价最佳者又可称为能够最大限度地满足招标文件中所规定的各项综合评价标准者。它是指按照价格标准和非价格标准对投标文件进行总体评估和比较，能够最大限度地满足招标文件所规定的各项要求的投标，这就能中标。这侧重于对投标文件的技术部分和商务部分的综合考量。

（2）经评审的投标价格最低。经评审的投标价格最低不是指以投标人的名义报价中的最低者，而是符合招标文件中规定的各项综合评价标准后报价的最低者；这个最低投标价格，不得低于投标人自身的成本价格，但可低于社会平均成本。

2. 确定中标人

（1）中标候选人与中标人。强制招标项目中标人的顺序确定。使用国有资金投资或者国家融资的项目，招标人应当确定排名第一的中标候选人为中标人。排名第一的中标候选人放弃中标、因不可抗力提出不能履行合同，或者招标文件规定应当提交履约保证金而在规定的期限内未能提交的，招标人可以确定排名第二的中标候选人为中标人。排名第二的中标候选人因前述同样原因不能签订合同的，招标人可以确定排名第三的中标候选人为中标人。招标人还可以授权评标委员会直接确定中标人。强制招标项目若国务院对中标人的确定另有规定的，从其规定。

对依法必须强制招标项目以外的其他项目，招标人可以不受评标委员会排定的中标候选人顺序的限制。

此外，我国有关法律法规对强制招标项目确定中标人的时限作了明确而具体的规定，这包括：《评标委员会和评标方法暂行规定》第 40 条规定："评标和定标应当在投标有效期结束日 30 个工作日前完成。不能在投标有效期结束日 30 个工作日前完成评标和定标的，招标人应当通知所有投标人延长投标有效期。"投标有效期是指投标人的投标活动保持效力的期限，它从提交投标文件截止日起计算，截止时间由招标人在招标文件中明确规定。

（2）核发中标通知书。中标人确定后，招标人应向中标人发出中标通知书。中标通知书的实质内容应当与中标人投标文件的内容相一致。

招标人有义务将中标结果通知所有未中标人。中标人确定后，招标人将于 15 日内向工程所在地的县级以上地方人民政府建设行政主管部门提交施工招标情况的书面报告。建设行政主管部门自收到书面报告之日起 5 日内，未通知招标人在招投标活动中有违法行为的，招标人将向中标人发出《中标通知书》，同时将中标结果通知所有未中标的投标人。

《招标投标法》第 24 条规定："中标通知书对招标人和中标人具有法律效力。中标通知书发出后，招标人改变中标结果的，或者中标人放弃中标项目的，应当依法承担法律责任，给招标人造成的损失超过投标保证金数额的，应当对超过部分予以赔偿。招标人无正当理由不与中标人签订合同，给中标人造成损失的，招标人应当给予赔偿。"

《合同法》第 26 条规定："承诺通知到达要约人时生效，不需要通知的，根据交易习惯或者要约的要求作出承诺的行为时有效。"这是承诺生效的"到达主义"。然而，中标通知书作为《招标投标法》规定的承诺行为，与《合向法》规定的一般性承诺不同，它的生效不能采取"到达主义"，而应采取"发信主义"，即：中标通知书发出时生效，对招标人和中标人产生约束力。理由是，按照"到达主义"的要求，即使中标通知书及时发出，也有可能在传送过程中并非因招标人的过错而出现延误、丢失或错投，致使中标人未能在投标有效期内收到该通知，招标人则丧失了对中标人的约束权。而按照"发信主义"的要求，招标人的上述权利可以得到保护。

中标通知书

（中标人名称）：________

<u>（招标人名称）</u>的<u>（工程项目名称）</u>工程，于_____年_____月_____日公开开标后，已完成评标工作和向建设行政主管部门提交该施工招标投标情况的书面报告工作，现确定你单位为中标人。中标标价为<u>（币种，金额，单位）</u>，中标工期自_____年_____月_____日开工，_____年_____月_____日竣工，总工期为_____日历天，工程质量要求符合<u>（工程施工质量验收规范）</u>。项目经理为__________。

你单位收到中标通知书后，须在_____年_____月_____日_____时_____分前到<u>（地点）</u>与招标人签订合同。

招标人：＿＿＿＿＿＿＿＿＿＿＿＿＿（盖章）

法定代表人或其委托代理人：＿＿＿＿＿（签字、盖章）

招标代理机构：＿＿＿＿＿＿＿＿＿＿（盖章）

法定代表人或其委托代理人：＿＿＿＿＿（签字、盖章）

日期：＿＿＿年＿＿月＿＿＿日

3．签订合同

中标人接到中标通知书后，即成为该招标工程的施工承包商，应在中标通知书发出之日起30日内与招标人签订施工合同，合同自双方签字盖章之日起成立。

在规定的期限内签订合同，可以弥补中标通知书过于简单的缺陷，另一方面可以将招标文件和投标文件中规定的有关实质性内容（包括对招标文件和投标文件所作的澄清、修改等内容）进一步明晰化和条理化，并以合同形式统一固定下来，有利于明确双方的权利义务关系，保证合同的履行。所谓在30日内签订合同，既可在中标通知书发出当日签订，也可在中标通知书发出后第30天签订，应完全由双方当事人协商确定，法律不作强求。

签约前业主与中标人还要进行决标后的谈判，但不得再订立违背合同实质性内容的其他协议。在决标后的谈判中，如果中标人拒签合同，业主有权没收他的投标保证金，再与其他人签订合同。招标人与中标人双方签订的书面合同，仅仅是将招标文件和投标文件的规定、条件和条款以书面合同的形式固定下来，招标文件和投标文件是该合同的依据。因此，订立书面合同，不得要求投标人承担招标文件以外的任务或修改投标文件的实质性内容，更不能背离合同实质性内容另外签订协议；否则因该合同（协议）违背了招标投标的原旨，合同（协议）应为无效。

招标人与中标人签署施工合同后，对未中标的投标人也应当发出落标通知书，退还他们的投标保证金，至此，投标工作结束。

5.3.2 联合体定标

《招标投标法》第31条第2款规定："联合体各方当签订共同投标协议，明确约定各方拟承担的工作和责任，并将共同投标协议和共同投标文件一并提交招标人。联合体中标的，联合体各方应当共同与招标人签订合同，就中标项目向招标人承担连带责任。"根据该规定，联合体各方的权利和义务分为内部和外部两种。

1．联合体各方内部的权利和义务

共同投标协议属于合同关系，即平等主体的自然人、法人、其他组织之间通过设立、变更、终止民事权利义务关系的协议而形成的关系。联合体内部各方通过协议明确约定各方在中标后要承担的工作和责任，该约定必须详细、明确，以免日后发生争议。同时，该共同协议应当同投标文件一并提交招标人，使招标人了解有关情况，并在评标时予以考虑。

2. 联合体各方外部的权利和义务

联合体各方就中标项目对外向招标人承担连带责任。

所谓连带责任，是指在同一债权债务关系中两个以上的债务人中，任何一个债务人都负有向债权人履行债务的义务。债权人可以向其中任何一个或者多个债务人请求履行债务，可以请求部分履行，也可以请求全部履行。负有连带责任的债务人不得以债务人之间对债务分担比例有约定来拒绝部分或全部履行债务。连带债务人中一个或者多人履行了全部债务后，其他连带债务人对债权人的履行义务即行解除。但是，对连带债务人内部关系而言，根据其同倍约定，债务人清偿债务超过其应承担份额的，有权向其他连带债务人追偿。联合体各方在中标后承担的连带责任包括以下两种情况：

联合体在接到中标通知书未与招标人签订合同前，除不可抗力外，联合体放弃中标项目的，其已提交的投标保证金不予退还，给招标人造成的损失超过投标保证金数额的，还应当对超过部分承担连带赔偿责任；

中标的联合体除不可抗力外，不履行与招标签订的合同时，履约保证金不予退还，给招标造成的损失超过履约保证金数额的，还应当对超过部分承担连带赔偿责任。

5.3.3 废标与无效标

1. 工程废标的条件

（1）有效投标人不足三家。有效投标人是指符合本法规定条件的投标人或者符合投标文件规定并作出实质性响应的投标人。有效投标人不足三家，就没有达到采用招标方式的基本要求，表明竞争性不强，难以实现招标目标。

（2）投标的公正性受到影响。在投标活动中，有可能发生下列情形：投标人为排挤其他投标人而串通；投标人之间相互串通，哄抬价格或者排挤其他投标人；招标文件明显有歧视性条款；招标活动受到了外界强烈干扰等。上述这些情形破坏了招标要求的公正、公平的环境，如果继续下去，将严重损害有关当事人的利益。

（3）投标报价均超过了标底价。招标人应当严格按照预算的标底，其中就包括不得突破招标标底。换句话说，就是经招标人核准的投标标底是投标报价的最高限额。一旦各投标人的报价都超过了标底价，表明投标人的要价超过了招标人的支付能力，招标人不能签订执行合同，为避免不必要的经济纠纷，应停止招标活动。

（4）招标任务取消。招标项目一经确立，原则上必须开展，不能取消。但在特定情况下，已经确立的招标项目或者已经开始招标项目必须取消。

招标项目废标后，招标人应当将废标原因及时通知所有的投标人。

2. 工程无效标的条件

不响应招标文件约定的条款，不符合招标文件相关条件，即为无效标。工程无效标的条件有以下几点。

（1）投标文件未经投标单位盖章和单位负责人签字；

（2）投标联合体没有提交共同投标协议；

（3）投标人不符合国家或者招标文件规定的资格条件；

（4）同一投标人提交两个以上不同的投标文件或者投标报价，但招标文件要求提交备选投标的除外；

（5）投标报价低于成本或者高于招标文件设定的最高投标限价；

（6）投标文件没有对招标文件的实质性要求和条件作出响应；

（7）投标人有串通投标、弄虚作假、行贿等违法行为。

3. 废标与无效投标的区别

废标是指整个招标活动无效，当时的招标、开标、评标工作不得再继续，应予废标，即便确定了中标人，中标也无效；而无效投标则是指某一投标人的投标文件经评委初审认定为无效，将失去参加被评审的资格，在该次投标活动中，该投标人失去中标的可能。因此，无效投标针对的是某一投标人，涉及的对象是投标个体并非整个投标活动。

5.4 综合案例分析

某建设工程项目采用公开招标方式，有A、B、C、D、E、F共六家承包商参加投标，经资格预审该六家承包商均满足业主要求。该工程采用两阶段评标法评标，评标委员会由七名委员组成，评标的具体规定如下。

1. 第一阶段评技术标

技术标共计40分，其中施工方案15分，总工期8分，工程质量6分，项目班子6分，企业信誉5分。

技术标各项内容的得分，为各评委评分去除一个最高分和一个最低分后的算术平均值。

技术标合计得分不满28分者，不再评其商务标。

各评委对6家承包商施工方案评分的汇总表如表5-1所示。

表5-1 各施工方案评分汇总表

评委 投标单位	一	二	三	四	五	六	七
A	13.0	11.5	12.0	11.0	11.0	12.5	12.5
B	14.5	13.5	14.5	13.0	13.5	14.5	14.5
C	12.0	10.0	11.5	11.0	10.5	11.5	11.5
D	14.0	13.5	13.5	13.0	13.5	14.0	14.5
E	12.5	11.5	12.0	11.0	11.5	12.5	12.5
F	10.5	10.5	10.5	10.0	9.5	11.0	10.5

各承包商总工期、工程质量、项目班子、企业信誉得分汇总表如表 5-2 所示。

表 5-2　各项技术标评分汇总表

投标单位	总工期	工程质量	项目班子	企业信誉
A	6.5	5.5	4.5	4.5
B	6.0	5.0	5.0	4.5
C	5.0	4.5	3.5	3.0
D	7.0	5.5	5.0	4.5
E	7.5	5.5	4.0	4.0
F	8.0	4.5	4.0	3.5

2．第二阶段评商务标

商务标共计 60 分。以标底的 50%与承包商报价算术平均数的 50%之和为评标价，但最高（最低）报价高于（低于）次高（次低）报价的 15%者，在计算承包商报价算术平均数时不予考虑，且商务标得分为 15 分。

以评标价为满分（60 分），报价比评标价每下降 1%，扣 1 分，最多扣 10 分；报价比评标价每增加 1%，扣 2 分，扣分不保底。

本例中标底和各承包商的报价如表 5-3 所示。

表 5-3　标底和各承包商的报价汇总表　　单位：万元

投标单位	A	B	C	D	E	F	标　底
报　　价	13 656	11 108	14 303	13 098	13 241	14 125	13 790

3．评分的最小单位为 0.5，计算结果保留两位小数

【问题】

（1）该工程评标委员会人数是否合法？评标委员会 2 名委员由招标办专业干部组成，是否可行？

（2）请按综合得分最高者中标的原则确定中标单位。

（3）若该工程未编制标底，以各承包商报价的算术平均数作为基准价，其余评标规定不变，试按原定标原则确定中标单位。

【答案】

问题（1）：合法。不可行。

问题（2）：

计算各投标单位施工方案的得分如表 5-4 所示。

表 5-4　各投标单位施工方案得分

投标单位	一	二	三	四	五	六	七	平均值
A	13.0	11.5	12.0	11.0	11.0	12.5	12.5	11.9
B	14.5	13.5	14.5	13.0	13.5	14.5	14.5	14.1
C	12.0	10.0	11.5	11.0	10.5	11.5	11.5	11.2
D	14.0	13.5	13.5	13.0	13.5	14.0	14.5	13.7
E	12.5	11.5	12.0	11.0	11.5	12.5	12.5	12.0
F	10.5	10.5	10.5	10.0	9.5	11.0	10.5	10.4

计算各投标单位技术标得分如表 5-5 所示。

表 5-5　各投标单位技术得分

投标单位	总工期	工程质量	项目班子	企业信誉	施工方案	合　计
A	6. 5	5. 5	4. 5	4. 5	11. 9	32. 9
B	6.0	5.0	5.0	4.5	14.1	34.6
C	5.0	4.5	3.5	3.0	11.2	27.2
D	7.0	5.5	5.0	4.5	13.7	35.7
E	7.5	5.5	4.0	4.0	12.0	33.0
F	8.0	4.5	4.0	3.5	10.4	30.4

由于承包商 C 的技术标仅得 27.2 分，小于 28 分的最低限，按规定不得再参与商务标的评审，作为无效标处理。

计算最高（最低）报价高于（低于）次高（次低）报价的百分比是否超过 15%。

因为：（13 098 − 11 108）/ 13 098=15.19% > 15%

（14 125 − 13 656）/ 13 656 = 3.43% <15%

所以，承包商 B 的报价（11 108 万元）在计算评标价时不予考虑。

则，评标价 = 13 790×50%+（13 656+13 098+13 241+14 125）/ 4×50%=13 660（万元）。

计算各投标单位商务标得分如表 5-6 所示。

表 5-6　各投标单位商务标得分

投标单位	报　　价	报价与基准价的比例	扣　　分	得　　分
A	13 656	13 656 / 13 660×100%=99.97	（100-99.97）×1=0.03	59.97
B	11 108			15.00
D	13 098	13 098/13 660×100%=95.89	（100-95.89）×1=4.11	55.89
E	13 241	13 241/13 660×100%=96.93	（100-96.93）×1=3.07	56.93
F	14 125	14 125/13 660×100%=103.4	（103.4-100）×2=6.8	53.20

计算各投标单位的综合得分如表 5-7 所示。

表 5-7　各投标单位综合得分

投标单位	技术标得分	商务标得分	总得分
A	32.9	59.97	92.87
B	34.6	15.00	49.6
D	35.7	55.89	91.59
E	33.0	56.93	89.93
F	30.4	53.20	83.60

因此，中标单位为 A。

问题（3）：未设置标底时，评标价为（13 656+13 098+13 241+14 125）/4×100%=13 530（万元）。

计算各投标单位商务标得分如表 5-8 所示。

表 5-8　各投标单位商务标得分（无标底时）

投标单位	报　价	报价与基准价的比例	扣　分	得　分
A	13 656	13 656/13 530×100%=100.93	（100.93-100）×2=1.86	58.14
B	11 108			15.00
D	13 098	13 098/13 530×100%=96.81	（100-96.81）×1=3.19	56.81
E	13 241	13 241/13 530×100%=97.86	（100-97.86）×1=2.14	57.86
F	14 125	14 125/13 530×100%=104.4	（104.4-100）×2=8.8	51.20

计算各投标单位的综合得分如表 5-9 所示。

表 5-9　各投标单位综合得分（无标底时）

投标单位	技术标得分	商务标得分	总得分
A	32.9	58.14	91.04
B	34.6	15.00	49.6
D	35.7	56.81	92.51
E	33.0	57.86	90.86
F	30.4	51.20	81.60

因此，中标单位为 D。

本章小结

开标是指招标人依据在招标文件中所规定的投标人提交投标文件的截止时间、地点，当众对投标文件正式启封和宣读的活动。

评标是指根据招标文件确定的标准和方法，对每个投标人的投标文件进行评价比较，以选出最优投标人的过程。

招标人根据评标委员会提出的书面评标报告和推荐的中标候选人确定中标人的过程为定标（也可以由评标委员会按照招标人的委托，直接确定中标人）。

开标、评标、定标活动应在政府主管机构的有效管理下进行。

废标是指整个招标活动无效，当时的招标、开标、评标工作不得再继续，应予废标，即便确定了中标人，中标也无效。无效投标则是指某一投标人的投标文件经评委初审认定为无效，将失去参加被评审的资格，在该次投标活动中，该投标人失去中标的可能。

复习思考题

1．问答题

（1）简述评标的内容。

（2）简述废标与无效投标的区别。

（3）简述评标的方法。

（4）中标人应符合哪些条件？

2．判断题

（1）开标应当在招标文件确定的提交投标文件截止时间的同一时间公开进行；开标地点应当为招标文件中预先确定的地点。（　）

（2）评标和定标应当在投标有效期结束日30个工作日前完成。不能在投标有效期结束日30个工作日前完成评标和定标的，招标人应当通知所有投标人延长投标有效期。（　）

（3）废标是指整个招标活动无效，当时的招标、开标、评标工作不得再继续，应予废标，但是如果确定了中标人，该招标活动就有效。（　）

3．选择题

（1）开标是指（　）。

A．给所有投标者打分　　B．当众宣布中标者名单

C．把投标文件当众正式启封和宣读　　D．打开投标文件

（2）由评标小组或评标委员会拟订评标的内容，例如工程报价、工期、主要材料消耗、施工组织设计、工程质量保证和安全措施，分项进行分析比较或调查，进行综合评议，选择其中各项条件都较优良者为中标单位，此种评标方法称为（　）。

A．专家评议法　　B．计分法　　C．协商议标法　　D．低标价法

（3）通知所有的投标者参加揭标仪式，其他愿意参加者也不限制，当众开标，称为（　）。

A．公开开标　　B．秘密开标　　C．其他开标　　D．有限开标

（4）评标过程中应当作为废标处理的情况包括（　　）。

A．投标文件未按对投标文件的要求予以密封

B．拒不按要求对投标文件进行澄清、说明或补正

C．投标文件未能对招标文件提出的所有实质性要求和条件作出响应

D．经评标委员会确认投标人报价低于其成本价

E．组成联合体投标，投标文件未附联合体各方投标协议

（5）我国招投标法规定，开标时由（　　）检查投标文件密封情况，确认无误后当众开封。

A．招标人　　B．评标委员会

C．投标人或投标人推选的代表　　D．地方政府相关行政主管部门

E．公证机构

实训题

在施工公开招标中，有A、B、C、D、E、F、G、H八家施工单位报名投标。经资格预审均符合要求，但建设单位以A施工单位是外地企业为由不同意其参加投标。

评标委员会由五人组成，其中当地建设行政管理部门的招标投标管理办公室主任一人，建设单位代表一人，政府提供的专家库中抽取的技术经济专家三人。

评标时发现，B施工单位投标报价明显低于其他投标单位报价且未能合理说明理由；D施工单位投标报价大写金额小于小写金额；F施工单位投标文件提供的检验标准和方法不符合招标文件的要求；H施工单位投标文件中某分项工程的报价有个别漏项；其他施工单位的投标文件均符合招标文件要求。

【问题】

（1）在施工招标资格预审中，建设单位认为A施工单位没有资格参加投标是否正确，并说明理由。

（2）指出施工招标评标委员会组成的不妥之处，说明理由，并写出正确做法。

（3）判别B、D、F、H四家施工单位的投标是否为有效标，并说明理由。

第 6 章 国际工程招投标

本章学习目标

☑ 了解国际工程的特点。
☑ 掌握国际招投标与国内招投标的区别。
☑ 熟悉国际招标文件的程序与内容。
☑ 熟悉国际投标文件的编制与报送。

引导案例

某国际公司参加世行贷款城市污水项目的竞标，在招标文件中明确规定，投标商必须在其完成的投标文件上逐页小签。该公司在完成投标文件后，只在投标报价信上由该司法人代表人签署，其他投标文件重要组成部分，如工程量表分项报价表、技术参数表等均未小签。评标结果，该公司标书未被通过商务审查，原因之一就是投标文件无逐页小签。

6.1 国际工程招投标概述

6.1.1 国际工程

国际工程指咨询、融资、采购、承包、管理以及运行等各个阶段的参与者来自不止一个国家，并且按照国际惯例进行管理的工程。国际工程包含国内和国外两个市场，既包括我国公司去海外参与投资和实施的各项工程，又包括国际组织和国外的公司到中国来投资和实施的工程。

国际工程包括咨询和承包两大行业。国际工程咨询包括对工程项目前期的投资机会研究、预可行性研究、可行性研究、项目评估、勘测、设计、招标文件编制、监理、管理、后评价等。它是以高水平的智力劳动为主的行业，一般都是为业主一方服务的，也为承包商提供施工管理、成本管理等咨询服务。国际工程承包包括对工程项目进行投标、施工、设备采购及安装调试、分包、提供劳务等。按照业主的要求，承包商有时也承担施工详图设计和部分永久工程的设计。

经济一体化的深入发展和国际建筑市场的巨大前景，吸引了众多国际工程企业参与到海外经营的行列中。国际工程承包作为一种对技术、资金、劳务和物资的综合性输出活动，是国际经济合作的重要组成内容，是各国政府进行对外投资合作业务的重要形式。随着各国经济的发展，各国工程市场的建设需求旺盛，出现了国内工程企业无法满足这一需求的情形。于是，工程所在国政府不得不开放本国工程市场，允许国外工程企业进入并直接参与项目建设。同时，对于各国规模庞大、实力雄厚的大型国际工程企业而言，国内市场往往无法满足其快速扩张、占领市场的发展要求，因此越来越多的国际工程企业纷纷踏出国门，在海外工程市场上参与项目投标，寻求在国际市场的发展。因此，在复杂多变的国际市场环境下，选择恰当的海外市场进入模式对国际工程企业显得尤为重要。

国际工程是一项跨国性的经济活动，涉及不止一个国家和参与单位的经济利益，因而合同中各方不容易互相理解，容易产生矛盾与纠纷。由于不是一个国家参与，就难以完全依靠行政管理，而主要依据国际上已形成多年的、被各个国家认可的合同管理惯例进行管理。

国际工程也是一个充满风险的事业，因此一个公司要在这个市场中竞争与生存，就需要提高公司本身的素质。国际工程市场是从发达国家到国外去投资、咨询、承包开始的，他们凭借着雄厚的资本、先进的技术与管理水平以及多年的经验，占有绝大部分国际工程市场，因而发展中国家要打入这个市场就更需要提高自身实力水平。

6.1.2　国际工程招投标的概念及特点

1. 国际工程招投标的概念

国际工程招投标是指发包方通过国内和国际的媒体发布招标信息，所有有兴趣的投标人均可参与投标竞争，通过评标比较优选确定中标人的活动。

2. 国际工程招投标的特点

（1）国际工程招投标的交易行为具有组织性。

（2）国际工程招投标的竞争过程具有公开、公平、公正和择优的特征。

（3）国际工程招投标具有一次性报价的特征。

（4）国际工程招投标是诸多投标人在同一时间一次性报价，其投标文件递交后，一般不得撤回或修改。

（5）国际工程招标的目标是追求多目标条件下的系统最优化。国际工程招标的根本目的不仅仅是简单地追求最低价，招标的工程往往具有资本、技术、劳务和成套设备相结合的综合属性。

6.1.3 国内与国际工程招标投标的区别和联系

（1）招标方式。国际工程的实施普遍采用承包发包方式，即通过招标的办法挑选中标企业。国际招标方式归纳起来有四种类型：① 国际竞争性招标；② 国际有限招标；③ 议标，又称为谈判招标；④ 其他招标方式还包括两阶段招标、保留性招标、多层次招标等。

（2）资格预审。资格预审是业主对投标人的资信事先进行的一次审查，以确保参加投标的单位均为有承包能力的承包商。这样有助于确保招标工作的顺利进行和工程的质量，同时也避免了投标费用的浪费。不论是国内工程项目还是国际工程，资格预审都是必不可少的环节之一。我国自20世纪80年代开始实行招投标制度。然而，在执行的过程中，很多业主对资格预审只是走形式，从而导致无力承担项目的承包商也参与竞标并以最低价夺标，最终损害了业主的利益。与之相反，国际工程承包市场，尤其是由世界银行、亚洲开发银行等国际性金融组织拨款的项目，均建立了一套极其严格的资格预审程序，只有通过资格预审的承包商才有投标资格。

国际工程承包的资格预审有的采取招标前预审，有的采取招标后开标前预审，还有的国家在确定最低标价后，还对未参加资格预审但报价比较低的投标人进行资格后审。同时，在资格预审的内容方面，不同的国家也有不同的要求，即使是同一个国家，对于不同的发包项目所要求的基本条件也有差别。

（3）项目环境。国际工程承包因项目环境的复杂性而比国内工程承包具有更大的风险。国际工程项目的实施，涉及不同的经济发展水平、不同的法律规范和政府规定、不同的社会文化环境和地理气候条件、不同国家的技术标准以及各种客户的不同要求等，这些因素远比国内项目复杂得多。在自然条件方面，有些项目所在国自然条件和气候极其恶劣，会导致外国员工水土不服从而影响工作的进程；在经营管理方面，国外工程的合同条件、合同管理制度均不同于本国，如果不能适应所在国的工程制度环境，将严重影响工作效率。另外，我国工人初到国外时，对国外的技术标准、材料性能和施工要求还不熟悉，一时难以适应，这些都可能影响到工作效率的提高。而在国内开展的工程承包，由于对自然环境、地理位置的适应，对政治形势、经济状况的熟悉，一般较少出现上述问题。

（4）合同条件。合同条件一般分为通用条件和专用条件。通用条件是对一类工程都通用的条款；专用条件则是针对一个具体的工程项目，根据项目所在国家和地区的法律规范及工程项目特点的不同，对通用条件进行的具体化修改和补充。招标文件中所包含的合同条件，因业主所处国家的不同而有各自的特点，但随着国际工程承包事业的不断发展，已逐步形成了一些标准的合同条件。目前国际上通用的施工合同条款主要是国际咨询工程师联合会（FIDIC）编制的各类合同条件。

（5）报价方式。国际工程承包的合同支付方式一般分为总价合同和单价合同两大类。总价合同也称总价固定合同。这种合同要求投标者报出完成招标文件中所规定的全部项目的总价格。业主采用这种合同，便于在评标时确定最低价承包商，并且在施工过程中可集中精力控制工程质量和进度。但总价合同对承包商来说具有一定的风险，如物价波动、气候条件恶劣以及其他意外的困难等。单价合同要求承包商按照招标文件工程量清单填入各项工程的单价，据之计算出合同总价进行投标。这种报价方式不同于我国的工程量清单和投标报价编制方法中将直接费、间接费、各类措施费、利润分别计算的方法，而是按单位工程报价。

（6）评标标准。在评标标准方面，我国现行应用的标准与国际评标标准有一定的差异。我国现行的评标标准有两种：综合评估法和经评审的最低投标价法。在国际工程招标中，政府工程和民间工程选择中标人的标准不同。政府工程一般都选择报价最低的投标人中标，前提是这个投标人实质响应了招标文件的要求。这与我国的经评审的最低投标价法相似。而民间工程有很多种选择中标人的标准：最低标、次低标、综合评分最高等，由业主自由决定采用哪一种标准。

我国对于经评审的最低投标价中标这一原则，在实施过程中容易演变为单纯地注重最低价夺标。在中标后，又更改设计方案或增加工程量，导致结算价大幅提高的现象。而国际上的政府工程，尤其是世行或亚行贷款的项目，之所以不会出现上述情况，最主要的原因是建立了严格的资格预审程序，保证所有参与竞标的承包商都有能力承担项目。

（7）行政管理模式。我国规定必须进行招标的项目有：大型基础设施、公用事业等关系社会公共利益、公众安全的项目；全部或者部分使用国有资金投资或者国家融资的项目；使用国际组织或者外国政府贷款、援助资金的项目。国外一般都根据投资来源和使用功能的不同把工程分为政府工程和民间工程。政府工程和民间工程的招投标模式不同，采用的合同文本也可以不同。政府工程的招标必须采取公开招标的形式，对投标人的资格审查非常严格。而民间工程的招标，业主可以自由选择招标方式，可以从政府或行业协会推荐使用的格式文本中自由选择合同文本。

6.2　国际工程招标

6.2.1　国际工程的招标方式

1．招标方式

（1）国际竞争性招标。国际竞争性招标是目前世界上最普遍采用的国际工程成交方式，是指在国际范围内，采用公平竞争方式，决标时按事先规定的原则，对所有具备要求资格的投标商一视同仁，根据其投标报价、工期要求、可兑换外汇比例、投标人的人力、财力和物力及其拟用于工程的设备等因素进行判标、决标。

（2）国际有限招标。国际有限招标是一种有限竞争招标。较之国际竞争性招标，它有其局限性，即投标人选有一定的限制，不是任何对发包项目有兴趣的承包商都有资格参加投标。国际有限招标包括两种方式：一般限制性招标；特邀招标。

（3）两阶段招标。两阶段招标实质上是一种无限竞争与有限竞争相结合，即国际竞争性招标与国际有限招标相结合的招标方式，这种方式也称为两阶段竞争性招标。第一阶段按公开招标方式进行，经过开标、评标之后，再邀请其中报价较低的或最有资格的 3～4 家进行第二次报价。在第一阶段报价、开标、评标之后，如最后报价超过标底的 20%，且经过减价之后仍然不能低于标底时，则可邀请其中数家商谈，再做第二阶段报价；如果最低标价在标底范围以内，即可进行定标。

（4）议标。议标也称邀请协商，是一种非竞争性招标。议标的习惯做法是由发包人与一家或数家承包商直接进行合同谈判，最后无任何约束地将合同授予其中的一家，无须优先将合同授予报价最优惠者。在国际上大型承包公司中，议标常常是获取巨额合同的主要手段。

除上述主要四种招标方式外，还有保留性招标、地区性公开招标、排他性招标、平行招标、多层次招标等招标方式。

保留性招标指发包国为了保护本国承包商的利益，将原来适于 国际竞争性招标方式招标的工程留下一部分专门给本国承包商。这种方式适用于资金来源是多渠道的（如世界银行贷款加国内配套投资的）项目招标。地区性公开招标指由于资金来源属于某一地区组织，例如阿拉伯基金会、地区性开发银行贷款等，限制属于该组织的成员国才能参加投标。排他性招标指在出口信贷或双边贷款条件下，贷款国要求借款国在其贷款工程发包时排除第三国的承包商，甚至借款国的承包商与第三国承包商合作投标也在排除之列。平行招标指业主根据项目的具体情况把一个较大的工程分成若干个互相联系的子项工程，分别而又同时进行单独招标，适用于技术层次多，设备供应范围大的大型项目的招标。多层次招标指大型项目在招标结束后，中标人即总包商，在征得业主同意的情况下，以招标人的身份将工程的一部分转包给其他专业承包商即二包商，从而形成多层次的招标。在这种情况下，总包商对转包出去的工程仍然承担责任。

2．世界各地发包

从总体上讲，世界各地发包工程的主要方式可以归纳为：世界银行与亚洲银行推行的做法；英联邦地区的做法；法语地区的做法。

（1）世界银行与亚洲银行。世界银行作为一个权威性的国际多边援助机构，具有雄厚的资金和丰富的组织工程承发包的经验，世界银行以其处理事务公平合理和组织实施项目强调经济实效而享有良好的信誉和绝对的权威。世界银行已积累了几十年的投资与工程招投标经验，制定了一套完整而系统的有关工程承发包的规定，且被众多国际多边援助机构尤其，是国际工业发展组织和某些金融机构以及一些国家的政府援助机构视为标准模式。

世界银行推行的招标方式主要突出三个基本观点：项目实施必须强调经济性和效益；对所有会员国以及瑞士和中国台湾的所有合格企业给予同等的竞争机会；通过在招标和签署合同时采取优惠措施鼓励借款国发展本国制造商和承包商。

世界银行参与投资或提供优惠贷款的项目，通常采用以下方式发包：

- 国际竞争性招标；
- 国际有限招标（包括特邀招标）；

- 国内竞争性招标；
- 国际或国内选购；
- 直接购买；
- 政府承包或自营工程。

世界银行一般推行国际竞争性招标，对于工程额不大、投标商数量有限的工程，世界银行也允许采取国际有限招标的方式。凡按世界银行规定的方式进行国际竞争性招标的工程，必须以国际咨询工程师联合会（FIDIC）制定的条款为指导原则，同时承包双方还要执行世界银行颁布的三个文件：《世界银行采购指南》、《国际土木工程建筑合同条款》和《世界银行监理指南》。世界银行招标采购文件是国际上最通用的、传统管理模式的文件，是高水平的国际工程合同管理文件，也是典型的、权威性的文件，被众多国际多边援助机构尤其是国际工业发展组织和许多金融机构以及一些国家的政府援助机构视为标准模式。

亚洲银行招标基本参照世界银行的招标方式，但亚洲银行对总承包工程项目的招标程序也有许多具体要求。

（2）英联邦地区。英联邦地区由于长期受英国殖民主义影响，虽然早已取得独立，但英国的影响仍然根深蒂固。在许多涉外工程项目的承发包方面，基本上照搬英国的做法。从经济发展角度看，大部分英联邦成员国属于发展中国家。这些国家的大型工程通常受援于世界银行或国际多边援助机构。因此，他们在承发包工程时首先必须遵循援助机构的要求，也就是说要按世界银行的例行做法发包工程，但是他们始终保留英联邦地区的传统特点，即以改良的方式实行国际竞争性招标。

英联邦成员国认为传统的国际竞争性招标浪费钱财和人力，因而推行国际有限招标。英联邦地区国际有限招标通常采取以下步骤：① 对承包商进行资格预审，以编制一份有资格接受投标邀请书的公司名单；② 招标部门保留一份常备的经批准的承包商名单；③ 规定预选投标者的数目，一般情况下，被邀请的投标者数目为 4～8 家，项目的规模越大，邀请的投标者越少；④ 初步调查，在发出标书之前，先对其保留的名单上拟邀请的承包商进行调查，一旦发现某家承包商无意投标，立即换上名单中的另一家代替，以保证所要求的投标者的数目。英国土木工程师协会认为承包商谢绝邀请是负责任的表现。

（3）法语地区。法语地区的招标方式同世界上大部分地区的招标做法有所不同，主要有拍卖式和询价式两种。拍卖式招标的最大特点是以报价作为判标的唯一标准，其基本原则是自动判标，即在投标人的报价低于招标人规定的标底价的条件下，报价最低者得标。询价式招标是法语地区的工程承发包的主要方式，法语地区的询价式招标与世界银行所推行的竞争性招标要求做法大体相似。拍卖式招标一般适用于简单工程或者工程内容已完全确定、不会发生变化、技术的高低不会影响对承包商的选择等情况下的项目。如果工程性质复杂，选择承包商除根据价格标准外，还必须参照其他标准，如技术、投资、工期、外汇支付比例等条件，否则工程不宜采取这种方法。

拍卖式招标必须公开宣布各家投标商的报价，如果至少有一家报价低于标底，必须宣布受标；若报价全部超过受标极限或超过标底 20%，招标单位有权宣布废标。在废标情况下，招标单位可对原招标条件做某些修改，再重新招标。

询价式招标比拍卖式招标要灵活得多。按照询价式招标，投标人可以根据通知要求提出方案，从而使招标人有充分的选择余地。询价式招标的项目工程一般比较复杂，规模较大，涉及面广，不仅要求承包商报价优惠，而且在其他诸如技术、工期及外汇支付比例等方面也有较严格的要求。询价式招标可以是公开询价式招标，也可以在有限范围内进行，即有限询价式招标；可以采取竞赛形式，即带设计竞赛形式，也可以采取非竞赛形式。

6.2.2 国际工程招投标的一般程序

国际招投标的一般程序如图 6-1 所示。

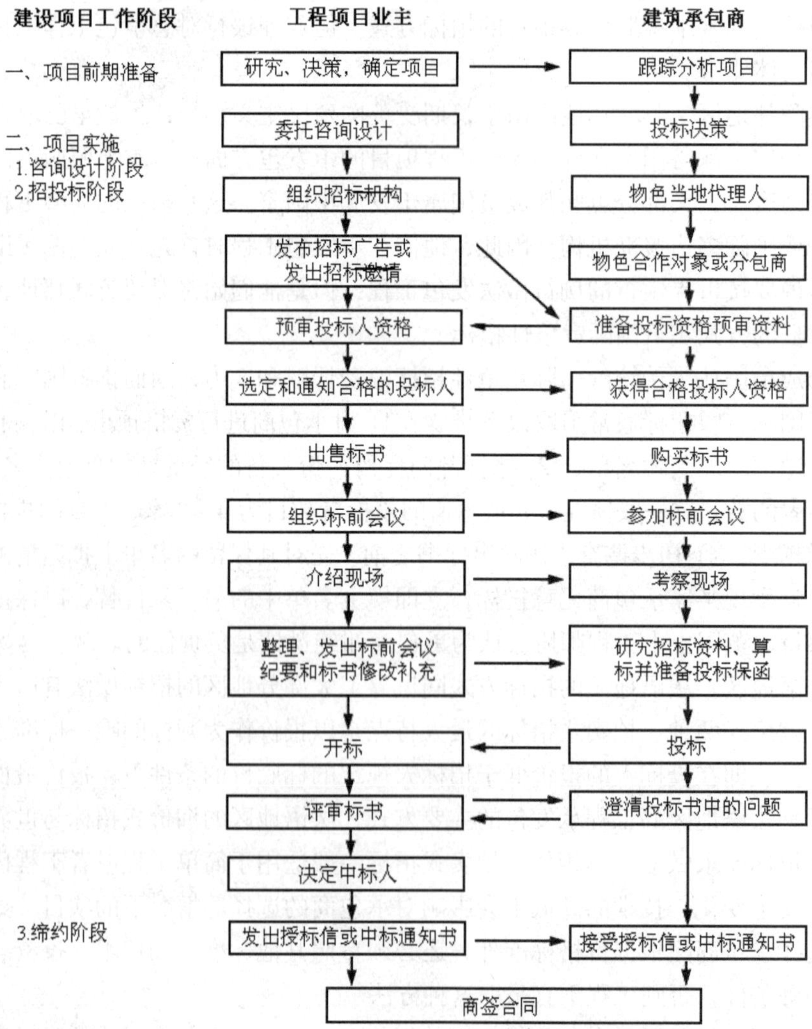

图 6-1 国际招投标的一般程序

国际上已基本形成了相对固定的招标程序，按以下步骤进行：发布招标公告或招标邀请书；对投标者的资格预审；投标者得到招标文件；现场踏勘和参加标前会议；递交投标文件；开标、评标、授标；合同谈判和签订合同。各步骤依次连接就是整个投标的全过程。

在工程投标人方面则一般按以下步骤进行：确定开展业务的策略；跟踪项目，确定对招标项目是否投标；参加并争取通过资格预审；购取标书及招标文件；准备投标的有关文件；研究招标文件并赴现场勘察，参加标前会议；复核工程量和编制施工计划；落实项目成本编制投标书；拟定投标策略；投递标书及全部投标文件；参加开标；与业主商谈并签订合同。

1. 设置招标机构

国际间的招标工作涉及各国有关外汇管理、利用外资、贸易、财政金融等方面的方针、政策、法规等问题，为使招标工作得以顺利进行，达到预期的目的，很多国家往往成立政府级的招标委员会作为组织机构，例如科威特有中央招标委员会、菲律宾有项目采购委员会等。招标机构的另一种形式是成立临时招标委员会。一般是按项目的隶属部门，由政府批准临时组织起来的招标委员会，招标任务结束后即予撤销。这个委员会可以由发包项目的主管部门组织，也可以由政府指定公共工程部门接受主管部门来组织或由多个部门联合组织。该委员会根据项目主管部门的决定发布招标通知，进行对投标人的资格预审、组织技术、财务专家评审投标书，提供评审报告和推荐意见，由项目主管部门负责人或董事会、常务执行委员会等作最后裁决和授标。

招标机构还有一种形式是委托咨询公司招标。有些国家把招标工作全部或部分委托给有资历且公正的咨询公司进行，主管部门仅监督和最后审定招标结果，作最后授权决定。上述三种招标机构是指政府工程的招标组织机构，私营项目多采用由董事会出面组织招标小组或专门委员会，或委托相关咨询公司进行招标。如果是国际金融组织的贷款项目（如世界银行或地区性开发银行），通常除了要求借贷国组织招标委员会进行公开招标外，该组织还要对其招标工作进行监督，并常常直接参与招标文件的编审、投标人的资格预审、投标书的评审等工作。

2. 招标公告

凡采用公开招标方式的单位，在进行国际招标前应在国内外发布招标公告，以保证有承包能力的单位都能广泛地获得平等的投标竞争机会。招标公告包括招标广告和招标通知两种。一般采用国际竞争性招标时采用招标广告；采用有限性招标（即国际有限招标）或议标时采用招标通知。

招标广告的目的是广泛地招揽国际上有名望、信誉好且竞争能力强的承包商参加投标，以加强投标的竞争性，从而使招标人有充分的挑选余地。

对于邀请性招标，通常只向被邀请的承包商或有关单位发出邀请书，不要求在报刊上刊登招标通告。邀请书的内容除了有礼貌地表达邀请的意向外，还要说明工程简况、工期等主要情况，欢迎被邀请人何时在何地可以获得招标文件及相关资料。

国际竞争性招标广告的发布方式有以下几种。

（1）在官方报纸的广告栏或在有权威的报纸或杂志、刊物上登载。如国际上著名的《华尔街日报》、《承包商》（美国承包商联合会出版）、《建筑导报》及《工程新闻》等。如果是世界银行贷款的项目，一般要求在联合国《发展论坛》（Development Herald）的商业版上刊登。中东地区的一些国家还常常在国外如伦敦、巴黎、瑞士的主要报刊上刊登。中国则在《人民日报》海外版及《中国日报》上刊登。

（2）由招标机构向驻当地的外国使馆发出通知，再由他们向其国内报告。

（3）由招标机构向该国驻外使领馆发出通知，再由其公布或在报刊上发表消息。

（4）由招标机构在其办公处布告栏张贴。

通常情况下，招标广告对工程仅作简要介绍，要求投标人参照广告上的规定介绍技术要求的辅助文件（技术说明书及图纸等），但广告上必须写明以下内容：

- 业主名称；
- 得标人应承担的工程范围的简要说明；
- 标的工程的现场位置；
- 项目的主要部分预定进展日期；
- 购取招标细则和投标格式书的地点和时间；
- 招标文件的价格；
- 投标书寄送地点和截止日期；
- 开标地点和时间（公开开标情况下）；
- 投标保证金的金额；
- 项目的资金来源；
- 要求承包商提交有关其资格和能力的证明材料等。

3. 资格预审

资格预审是业主对投标人的财务状况、技术能力、工程经验、人员的经营作风和信誉等方面事先进行的一次审查，以确保参加投标的单位均为有承包能力的承包商。一项大型的国际工程，报名申请投标的承包公司常常有数十家，多的可达一百多家，在众多的承包商中，难免鱼龙混杂，混杂进一些不具备承包能力的皮包商，业主通过资格预审先筛掉一批不合格者，有助于保证招标工作的顺利进行和工程的质量。有些国家将资格预审和预选结合进行，筛选的比例更大，这也为正式选标工作创造了方便条件。

资格预审的基本目的是为业主提供必要的情报资料，以便其对承包商进行合理的有针对性的挑选。资格预审从法律、技术、资金等方面对承包商的资格进行审查。具体地讲，就是审查承包商的财务能力、机械设备条件、技术水平、施工经验、工程信誉及法律资格等方面的有关情况。

按照国际惯例，资格预审应在投标开始日前至少45天（大型项目至少90天）发布通知。

资格预审文件内容至少包括以下几方面。

（1）公司概况（如是联合投标，则应提供各个参与公司的概况）。

（2）经过验证无误的有关公司的章程和细则文件的副本，连同有权代表公司行事的人员姓名。

（3）财务状况的证明：包括经证明属实的最近三年的资产负债表。如属联合经营情况，必须提交参与该项联合经营的各公司的资产负债表。

（4）技术资格证件：包括能说明承包人曾圆满完成过具有可供判断其施工能力的文件。在文件中应特别提到在业主国家或临近地区所进行的任何工程。提供上述材料应把承包商曾经承包过或参加过的每一项目单独列表。

（5）在建工程的一览表，指明在建工程的规模、承包人参与的范围以及工程的大致竣工日期。

（6）提供文件须知：注明提供文件的地点、时间（截止日期和时间）；所用的语言文字及份数。

（7）人员能力和劳务：除介绍承包商的总部主要领导成员和技术负责人的姓名、年龄、文化程度和经验简历外，还要介绍该公司的各类技术人员的数量和劳动素质。有的招标项目还要求承包商填报拟在本项目中负责的总部负责人和现场主要人员的姓名、年龄、学历和经验简历。有些项目甚至要求列出拟定的现场管理机构及其与总部有关的授权范围等。

（8）工程的转包和分包计划：对专业门类较复杂的综合性工程，招标单位要求承包商填报拟定的分包和转包计划，即投标公司拟承担实施哪些工程部分，其余的专业工程打算委托哪些专业公司分包，并简要介绍这些专业公司的名称、国别和联络地址等。

（9）有关法律方面的文件，包括：投标意向声明；商务注册和营业执照；许可证明复印件；协议信和认可申请。

评审工作通常由业主组织的资格预审委员会单方面不公开进行，该委员会有全权淘汰其认为不合格的承包商，无须告知淘汰理由。

在国际工程承包实践中比较广泛地采用两步评审法。

第一步，先审查参审投标人的法律资格，研究其提交的法律方面的文件是否合乎要求，向有关部门了解该承包商是否履行了纳税、守法、缴纳强制性保险费等义务，了解其是否属于被禁止投标公司之列。

第二步，从投标公司的财务能力、技术资格和施工经验等方面对其进行资格评审。第二步的评审工作的比较复杂、细致、要结合发包工程项目的具体特点，因此通常采用评分法，即对投标商报送的资格预审内容按一定的标准判分（多采取百分制），凡达到或超过最低分数线的承包商即算预审合格。

资格预审委员会结束评审后，即向所有申请投标并报送资格预审资料的承包商发出合格或不合格通知。通知书必须以挂号信方式发出。不合格通知仅仅向投标申请人告知其资格预审不合格，并不详细说明为什么不合格，这是业主的权利，被淘汰的投标申请人无权查询被淘汰的原因。

批准通知书即资格预审合格的通知书，除告知投标申请人预审合格外，还必须告知：发包项目的招标细则、图纸、工程量清单和投标格式书等招标文件的购取地点和购取文件的截止日期；接收或寄送投标报价材料的截止日期；判标的地点、日期和时刻（招标情况）等。

如果资格预审合格者不足 3 家，资格预审委员会应另外邀请若干家承包公司在 3 天内报送资格预审材料。资格预审委员会在 8 天内给予答复（如遇节假日顺延）。得到肯定答复的承包公司将被视为资格预审合格，其做标报价期限从预审答复期逾期之日起顺延至少 20 天。

4. 招标文件

招标文件一般应由招标单位编制。大型复杂的项目招标文件编制的工作量很大，招标单位可以委托有权威的技术咨询公司或工程设计公司承担，特别是招标文件中的技术部分，包括工程图纸和技术说明等。至于商务部分，可以由业主、招标机构和咨询公司共同商讨拟定。

招标文件是招标单位向承包人提出任务、条件、要求的综合性文件，它应该是系统、完整、明了、准确的，它包括了投标人编制报价单所需要的全部资料和要求。

在招标文件的编制过程中，业主（招标单位）应及时提供工程的范围、特征及各种有关的技术经济资料，招标文件的繁简是根据工程项目的规模、复杂程度等来确定的。招标文件通常包括投标人须知、投标书及附件、投标保证书、合同条件（一般的和特定的）、规范和规定、图纸及设计资料附件、工程量表、协议书、项目执行程序等内容。

5. 发售招标文件

招标文件的发送和出售应尽量做到公平对待每一个投标人。在招标公告中规定标书发送和出售的日期、地点，由招标单位将标书发给带有委托书或证明书的投标人的代表。这样每个投标人从接到标书直至投标截止日这一段投标准备时间都是相等的。一般小的工程项目的招标书可以邮寄，若有的招标书要花钱购买，则要在招标公告中开列每份标书的售价，并收取现金。有的招标单位还规定中标人的标书必须在工程项目结束时回收，未中标的单位也应及时退还标书。

6. 标前会议

对于较大的工程项目招标，通常在报送投标报价前由招标机构召开一次标前会议，以便向所有有资格的投标人澄清他们提出的各种问题。一般来说，投标人应当在规定的标前会议日期之前将问题用书面形式寄给招标机构，然后招标机构将其汇集起来研究，给出统一的解答。公开招标的规则通常规定，招标机构不向任何投标人单独回答其提出的问题，只能统一解答，而且要将对所有问题的解答发给每一个购买了招标文件的投标人，以显示其公平对待。

7．开标

公开招标项目，通常由招标机构主持公开的开标会议，除招标机构的委员会成员和投标人参加外，还可邀请当地有声望的工程界人士和公众代表参加。

在开标会议上当众开启投标箱，检查密封情况。通常是按投标书投递时间顺序拆开投标书的密封袋，并检查投标书的完整情况。

当众宣读投标人在其投标致函中的投标总报价，如在该致函中已说明了自动降低的价格者，应宣布以其降低了的价格为准；如要降价是附带条件的，则不宣布这种附带条件的降价，以便在同等条件下进行对比。同时，还要当众宣布其投标保证书（银行出具的保函）的金额和开具保函银行的名称，检查该项金额和银行是否符合招标文件的规定。如果该投标保证书不合格，则宣布该投标书被拒绝接受，作为废标退还其保函，取消其参加竞争的资格。

所有投标人的报标总价及保证书的金额均列表当场登记，由招标机构的招标委员和公众监督人士共同签字，表示不得再修改报价。有的甚至要求他们在各投标人的附有总报价的投标致函上签字，以表示任何人无法作弊进行修改。

8．评标、合同授予

包括对投标文件的比较和评价、编制合同协议书、签署合同等工作。

6.2.3　编写招标文件

尽管招标文件的细节和复杂程度会随着拟议中的整套招标项目及合同的规模和性质而不同，但一般均应包括：投标人须知；投标书及附件；协议书；投标保证书；合同条件（一般的和特定的）；附件格式；工程量清单；技术文件（包括规定和规范、图纸及设计资料附件等）。

1．投标人须知

投标人须知是指导投标单位如何进行投标的文件，具体包括收标、合同条件、向投标者解释招标文件、投标书签署、业主拒绝投标书的权利、投标保证书、施工现场的勘察、投标的充分条件、更改和备选方案、投标日期和开标日期的推迟、保密与机密处理等内容。

2．投标书及附件

投标书通常是对承发包双方均有约束力的合同的一个组成部分。此部分约定投标人递交的投标书及附件包含的主要内容。

3．协议书

协议书是契约的一种形式，是工程承包合同的组成文件，是确定双方对承包工程各自应承担的义务和拥有的权利的文件。由于合同的各种条件（技术的和商务的）都已分散写在招标的各种文件中（如合同的一般条款和特殊的条款、施工说明书、施工规范、图纸及各种表单，有时还包括发包人的招标广告、投标须知以及开标前的各种书面解释、备忘录等），所以协议书就很简单。协议书的正文中只写明上述的各种文件为本协议的组成部分，承包人愿意遵照执行即可。

4. 亲署声明

在法语地区，工程发包人除要求承包商填写投标书外，还要求承包商亲自签署一份声明。这种声明通常称为亲署声明。它是一种书面承诺，供发包人对承包人的情况作进一步了解，也是承包商向业主作出的书面保证。亲署声明除具有约束承包商的作用外，还可以使业主避免接纳未履行法定税收义务或不具备承包资格（如处于破产或清算阶段）的承包商。

亲署声明应根据按各国合同法条款制定的招标细则中规定的格式填写。一般情况下，招标材料中均附有格式样本，投标人只须按照要求填写即可。缔约承包商必须在亲署声明中声明其公司的财政状况、经济实力及技术水平等，以使业主相信其能够圆满地完成委托任务；声明其公司不会因工程发包国的有关禁令而倒闭或破产；声明其已向该国税收及社会保险部门履行了缴纳税金和保险费的义务。亲署声明中必须写上声明人的投标诺言，有时还必须写进法律规定条款。

若有分包情况，分包人同样必须向总承包商提交同样性质的亲署声明。

5. 合同条件

合同条件是国际工程招标文件的重要组成部分，其目的在于使投标单位预先明确其在中标后的权利、义务和责任，以便在报价时充分考虑这些因素。合同条件通常由业主委托咨询机构起草，一般应说明合同所依据的法律及合同文件所用的语言，然后列出合同主要条款。合同条件分通用条件和专用条件两种。

6. 工程量表

工程量表是计算投标报价的基础，直接关系到工程成本，因此必须由有经验的预算工程师予以审定。国际上大部分招标文件中都附有此表作为招标文件的重要组成部分，但也有不附工程量表而只列分部分项工程项目，须由投标人逐项填列单价的。国际上的工程量项目划分，计算方法大多是以英国《建筑工程量标准计算方法》为依据。工程量一般都较准确，即使发现错误，也不允许随便改变。有些招标文件中，对于工程量及项目附有增加或调整用的表格，以便对工程量有出入或漏项时，可以在该表格上补充或调整。此外在工程量中还列有“暂定数额”，其中有的列有工程量，有的没有工程量而只需填一个金额总数。也有的工程量表中的项目没有工程量，但注明只填单价的，这是供按实际结算时的备用单价。实际上，工程量表及单价表是一份只有工程数量而没有单价的预算表，投标人的主要工作就是在上面逐项填写单价，求得与工程量的乘积，再计算出投标价格来。

招标文件中的工程量表随工程设计深度不同也有差别。当项目处于概念设计阶段（初步设计阶段）时，工程量表只是一个概数；当设计达到施工图设计时，这部分则应列出分部分项工程数量。工程量表也要根据合同的形式而设置，如在交钥匙合同中或成本价费用合同中就没有工程量表。工程量表主要适用于总价合同、单价合同的工程招标中。

7. 技术文件

招标文件的另一个组成部分是技术文件，通常包括技术规范、图纸及设计资料。招标单位应明文规定在工程实施过程中必须遵循的具体规范和不同工程的做法要求。有些国家根据规范和习惯做法制定出一套施工说明书以代替规范文件。规范文件因工程内容而异，但不管哪类工程，其规范的总则内容基本是一样的。

6.3 国际工程投标

6.3.1 国际工程投标的前期工作

1. 投标决策

对于新了解的招标工程是否要参与投标，需要作慎重和全面的调研和分析工作。分以下两种情况。

（1）新市场开发的决策。对大量招标信息进行筛选、分析，决定参与哪个国家、哪些项目的竞标。

市场开发的调研内容包括以下几方面。

- 工程所在国的政治形势：政局是否稳定，与周边及本国的关系、政策开放性等。
- 工程所在国的经济状况调查：发展情况、金融环境、外汇管理、银行服务、保险、税收及物价等。
- 当地的法律法规：主要是与工程承包业务有关的法规必须了解，加招投标法、经济合同法、公司法、劳工法、税法等，可通过当地建筑业同行或律师了解。
- 工程所在国的工程市场情况：市场容量与发展趋势、国际投资、近远期工程建设量等。
- 工程所在国的基础设施状况：对项目实施有较大影响。海运、码头、公路、铁路、电力、制造业、建筑材料生产能力、设备维修、产品质量和价格等。
- 大宗建筑材料的市场供应情况：钢材、木材、水泥、沥青、沙石等质量和价格。
- 自然环境和条件：气候条件、温度、温差、湿度、降雨量、风力、晴天数等。自然灾害：地震、洪水、台风、沙暴等。
- 当地人力资源情况：有无工程技术人员、设备操作员、项目管理及技术工人、劳务人员，及其工资水平等。

（2）具体项目的投标决策。对企业的参与项目竞争所面对的外部机遇和风险、内部具备的优势和劣势进行综合分析，一般要考虑以下几方面的因素。

- 本公司方面的因素。施工能力和特点，有多少在建项目；设备和机械状况，能否调用；有无类似工程的经验；有无资金垫付能力，项目对公司今后发展的影响。
- 工程项目方面的因素。工程性质、规模及复杂程度、自然条件、现场工作条件，包括道路交通、水电供应、材料供应条件、工期要求等。
- 业主方面的因素。业主的信誉，项目资金来源是否可靠，工程款支付能力。是否要求承包商垫资、带资、延期支付等。业主经济状况、企业管理模式等。业主所在国政治、经济形势、货币稳定性、税收政策、海关税率、汇率等。机械、设备、人员进出该国有无困难，该国法律对外商的限制程度等。实际投标决策过程中，影响因素很多，投标人应从战略角度全面分析权衡各种利弊因素，最大限度地规避风险，然后决定是否投标。

2．参加招标项目的资格预审

资格预审是招标投标的第一轮竞争，要赢得投标资格，需要以审慎的态度填报和递送资格预审所需要的一切资料。

（1）填报资格预审表格。申请购买资格预审文件，一般包括资格预审须知、项目介绍、一套资格预审表格。概括为以下几方面。

- 公司的一般性资料：名称、国别、性质、通信地址、法人、营业执照复印件、注册资本等。多数投标需要国家对外商会或协会证明和公证。
- 财务状况：主要是近3年的财务状况，需经过审计的资产负债表、损益表、历年营业额统计表等，与本公司往来的银行名称、地址及银行的资信证明、完税证明等。
- 工程经验记录：近5年或3年类似工程经历表。工程项目的名称、性质、规模、价格，施工起止日期、业主名称、监理单位等。有时需提供业主验收证明和竣工证书及工程施工照片等，提供业主的联系方式；有时要应要求进行公证或提供相关证明。
- 施工机械和设备：将目前拥有的各类施工机械设备和运输车辆的名称、规格和数量、使用年限等填表。
- 管理人员和技术人员的能力：详细说明公司本身的人力资源情况、主要负责人和各专业技术负责人的简历、数量，拟派往本项目的经理、总工及主要技术人员的业务简历、拟定的组织机构等。
- 工程的分包计划：针对复杂综合工程，要求拟定分包计划，简要介绍分包商的名称、国别、业绩等。有时要求对专业公司另行招标或业主推荐。
- 施工方案和施工组织设计：对一些大型工程项目，业主要求提供简明施工方案和施工组织设计，其目的是了解投标方的实际经验，为资格评审提供依据。
- 其他证明文件：要求承包商签署誓言，保证填写的真实性，多数要求公证部门的公证书、审计部门的证明或商会的证明等。有的项目采用资格后审，资格和投标文件一起审查，可先开资格标，而后再开资格通过的投标人的价格标，即商务标。

（2）资格预审。业主可根据工程项目的特点来确定资格预审的方法；投标方可自我估评，目前较普遍采用定项评分法，用简单的分项权重和百分数。

一般把影响投标资格的因素分成若干组，根据重要性计算比例，各项再分细目评分。常见的方法是：将财务能力、技术资格、施工经验三大项分比例为 3:3:4 或 4:3:3，各项再分明细具体评分，限定各项的最低分。

（3）综合评审原则。一般采取淘汰法，先将报送资料不完整的公司淘汰，再将确定的合格线下的公司淘汰。

6.3.2　国际工程投标报价

1. 国际工程投标报价程序

（1）熟悉和研究招标文件。投标人重点应研究如下问题。

- 核准有关日期：投标截止日期和时间、报价有效期、由合同签订到开工允许时间、工期（总工期和部分工程的关键工期）、保修期等。
- 关于保函要求：应清楚投标保函、履约保函、预付款保函、临时进口施工机具税收保函、缺陷责任期保函，以及保函的数值要求和有效期的规定、允许开保函的银行限制。事关保函费用和需占用的抵押金。
- 工期延误损害赔偿费与提前完工规定：延误工期的每日赔偿金额、有无最高限额、是否有提前完工奖励。
- 保险要求：要求保险的种类，例如工程一切险、第三方险、现场人员的人身事故和医疗保险和社会险等，以及最低保险金额、保期和免赔额、对保险公司要求等。
- 付款条件：是否有预付款，如何扣还，材料设备预支款规定。付款方法、比例、保留金比例及最高限额、业主付款时间限制等。
- 关于物价调整条款：是否允许价格调整，可对哪些内容进行调整。
- 关于货币：报价货币和支付货币的规定，如货币种类比例、外汇兑换规定、汇款规定、是否固定汇率。
- 关于税收：是否免税或部分免税，可否临时进口施工设备而不收海关税，可否用银行保函形式办理临时免税进口。
- 关于外籍劳务的规定：是否有比例。
- 关于不可抗力：战争、灾害规定，以及中途停工办法和补救方式的规定等。
- 争议的解决办法：仲裁或诉讼程序等。
- 施工技术规范：要特别注意招标书中所附的技术规范是参照或采用英国规范、美国规范或其他国际规范，应尽快熟悉规范要求。
- 注意工程范围和报价要求：注意合同的种类，是总价合同或其他；需要报价的详细范围，认真研究工程量表等。
- 承包商可能获得补偿的权利：搞清楚招标文件关于补偿的规定，合理预测风险程度。

按一般国际承包惯例，施工中出现有经验的承包商不可预见的事件，可要求延长工期或得到补偿，但也有承担全部风险的。

（2）现场考察。在熟悉和研究招标文件的基础上，事先制定有针对性的提纲，逐项进行。以下为必需的考察内容。

- 一般自然条件：工程场地的地理位置，可到城市、港口及交通条件；地形状况，气象水文、工程地质。
- 施工条件：有无布置施工临时设施和生活营地的位置；进场道路、电、水和通信；当地材料质量及人力资源、工资水平。
- 施工材料：价格和供应渠道，当地采购或第三国采购代理情况等。
- 施工机具：该国的施工设备和机具的生产、购置、租赁、维修及配件供应；转口机具供应和价格。
- 交通运输：运输工具购置和租赁价格；空运、海运和陆地运输条件和费用。
- 商务问题：税收、货币稳定性、银行保函手续费、贷款利率、保险费率；人工工效与工资及附加费、物价稳定性、临建工程的标准和收费等。
- 办公、生活条件：当地生活条件，邮电通信、银行服务及社会服务、医疗等。

（3）标前会议。业主给所有投标人提供一次质疑的机会。一般应认真准备和积极参加标前会议。将各类问题整理为书面文件，提请招标单位给予澄清。同时了解其他投标人提出的问题，以免遗漏重要问题。

（4）核算工程量。应根据图纸仔细核算工程量，招标书中的量是估算的，有的没有工程量，特别是总价合同核算就十分重要。但有一定难度，细目划分和工程量计算方法世界各国目前还没有统一的规定。有参考计算。

（5）制定施工规划。有的国际工程要求专门的技术标，施工规划内容一般包括：施工技术方案、施工进度计划、施工机械设备、劳动力计划安排及临建设施规划。综合多因素确定最佳方案。

1）工程进度计划。不是作业计划，可简略一些，采用网络图或横道图作计划即可。考虑以下要求：

- 总工期符合招标文件要求，分期分批竣工项目要标明；
- 表明各项主要工程的开始和结束时间；
- 合理安排各主要工序，体现相互衔接；
- 有利于合理均衡安排劳动力，尽可能避免现场劳动力数量起落过大；
- 有利于充分有效地利用机械设备，减少设备占用周期；
- 便于编制资金流动计划，降低流动资金占用量，节省资金贷款利息。

2）选定施工方案。根据工程量和进度要求，研究选择最恰当的施工方法。要合理和现实，不能只为降低投标价，造成施工被动局面。

- 从工期、技术、进度、质量和安全综合考虑。

- 根据工期和技术要求确定各类工程的主要施工方法，如土石方、混凝土、起吊方式等。
- 根据施工方法，选择相应的机具设备，是采购新设备还是调用现有设备、租赁等。
- 确定本公司施工部分和分包计划与询价。
- 直接参与施工的劳务数量、进场时间安排、间接劳务情况、当地劳务资源利用等。
- 估算大宗建筑材料的需用量、来源、进场时间安排、现场存放、加工位置和条件。
- 估计现场用水、电，确定临时供电、供水和排水设施。
- 外部和内部材料供应的运输方式，交通等。
- 考虑临时工程的需要和建设方案，如进场道路、停车场等。
- 特殊条件下保证正常施工的措施，如冬季、雨季施工、排除或降低地下水位等。
- 其他临时设施安排，如现场保卫设施、围墙、夜间照明、现场临时通信联络设施等。

实际中，施工进度计划和施工方案是互相影响的，不同进度会对施工方案提出不同要求。

应作为整体综合考虑，在满足工期、质量的前提下，采用最合理的方案，最经济地实施计划。

2. 国际工程投标报价构成及计算分析

国际工程的投标报价构成与国内没有太大区别，但包含的项目内容和计算依据按不同国家的项目有所不同。一般报价构成如下。

（1）工程直接费。

1）人工费：直接从事施工的人员开支。

2）材料与永久设备费：指成为工程实体一部分的设备的采购费用。

3）施工机械费：所用的设备折旧、运输与保险、安装与拆卸等。

（2）间接费。

1）施工管理费：占总价 10%～15%，包括以下内容。

- 管理人员、后勤及保安等非生产人员费；
- 办公、生活设备费、办公费；
- 项目公关费；
- 后勤车辆使用费；
- 调迁费、设备转场、退场等费用；
- 与施工机械有关的清关、仓储、保险等。

2）建点费。场地平整、租用、场内道路、供水、供电设施、生活临时设施等。

3）临时工程费。为实施工程项目而需建设的临时便道、码头、便桥和输电等。

4）投标期间开支费用：购买标书、差旅费。

5）保函手续费。包括各种保函产生的费用，银行在为承包商出具时，都以保函金额的 1%～5%按年收取手续费。不足一年可按一年计算，根据有效期可估算费用。

6）保险费。具体包括一般工程保险，因自然灾害和意外事故对工程造成破坏而带来的损失能得到补偿；第三者责任险，一般按照招标文件规定最低投保额度；人身意外保险，针对现场施工人员的保险。

7）税金。根据当地法律及标书中规定的征税条款所要发生的税金。

8）贷款利息。流动资金利息，可根据资金流量计算。一般只靠预付款难以维持工程的正常施工，需承包商垫付流动资金。

9）代理费。一般国际工程都需聘请当地代理人，需按照代理协议的规定支付佣金。代理费可通过谈判，一般为5%～15%。

10）不可预见费：可能发生的意外费用。

11）总部管理费：一般占总价的2%～5%。

12）计划利润：一般正常为10%～15%，但目前竞争激烈，考虑4%～5%。

（3）暂定金额。一般又称备用金，是业主在招标文件中明确规定的一笔金额。可能完全不用。有时无该项。

（4）标价的计算分析。

1）人工单价的计算。具体计算分两种情况，一是国内派出大量工人和当地工人共同施工；二是国内仅派管理人员、工程师和部分技术工人，以当地劳动力为主。

计算方法可以采用加权平均法计算，计算公式如下：

平均工资单价=国内派出工人工资单价×占总工日%+雇用当地人员工资单价×占总工日%

其中，国内派出人员工资包括：

- 国内工资及派出单位收取的管理费；
- 国内、国际旅费及制装费等；
- 国外零用费及艰苦地区补贴等；
- 国外伙食费；
- 人身意外保险和税金，不同保险公司收取费用不同，无特殊限制的应在国内办理保险。
- 加班费、奖金和医疗费等。

雇用当地人员费用包括：

- 日基本工资、法定假日、带薪休假工资；
- 夜间施工或加班应增加的工资；
- 按规定应支付的税金和保险费；
- 招募费和解雇时须支付的解雇费用；
- 上下班的交通费用等。

对于第二种情况，仅计算外派人员的总费用，作为施工管理费摊入工程费中。

2）材料、工程设备基价的计算。材料及工程设备的来源有三条渠道：当地采购、国内采购和第三国采购。

- 当地采购单价计算：供货商报价加上现场保管费。自行采购时要考虑运费和运输保管损耗的费用。
- 国内和第三国采购单价：需考虑到岸价（CIF）、海关税、港口费、运杂费、保管费等。

3）施工机械台班单价的计算。若租赁机械，台班单价就可接事先调查的市场和租赁价格。

若自行调遣和购买机械，则使用费包括：

- 基本折旧费，大型新设备可考虑在本工程的折旧比率；一般设备可按 5 年折旧摊成本；中小型设备可一次折旧完。
- 维修费，按定额中规定的比率计算。
- 燃料动力费，按当地燃料单价和耗量计算。

4）待摊费用的计算。计算方法很多，多数取比例，不能有漏项。计算时注意取比例的方法和各项间的包含关系。代理费的计算应特别注意。

另外，在计算待摊系数时，一定不要把占直接费的比例与占总价的比例混淆。整个工程待摊费用的确定应是所有间接费总和除以直接费，而不是系数的简单相加。

（5）标价的汇总。求出待摊系数后，将分项工程直接费单价全部乘以（1+待摊系数），即为分项工程的综合单价，也是工程量清单的单价。

3．投标报价决策与技巧

在标价计算工作完成后，由报价人员和公司有关领导或高级咨询人员共同研究，经过分析竞争对手、可能的风险和本公司的期望等，作出最终决定，十分重要。

（1）对报价的静态和动态分析。与类似项目比较报价是否合理；假定某些因素变化，是否会对计划利润的影响，如可能的地质水文因素、工期延误、物价和工资上涨、人员调配潜力等。

（2）风险分析。不可预见费的比例为多大合适。

（3）计划利润的分析。利润比例的确定对报价竞争力有很大影响。对于大型工程，计划利润相差 1%，可能就会有几百万美元的差别。

（4）投标报价的技巧。

1）招标文件的澄清。运用得当，可以增强投标竞争力，为今后项目的实施创造增收条件。一般应遵循如下两项原则。

- 如果标书中的问题或含糊不清条款会导致工程造价的增加，必须予以澄清。可保证自身报价不漏项，也可提醒其他报价人应增加工程报价，保证同等条件下竞争。
- 对于有利于承包商的含糊条款或前后矛盾表述不必进行澄清。因为，这样一会提醒业主修改标书，使承包商失去增加收益的机会；二是提醒对手可以压价。

2）不平衡报价。在保持总保价不变的前提下，人为地调整某些清单项目的单价，使之高于或低于实际单价，以达到既不削弱标价竞争力，又能在履约阶段增加项目收益的目的。

主要有以下两种方法。

- 预测工程量增减趋势调整单价：经过现场考察、研究图纸并核算工程量，对有可能增加的项目则提高单价，减少的项目降低单价；对于单价合同适用。
- 将在工程前期完成的工程项目报价适当调高，而在工程后期完成的工程报价调低。

不平衡报价可以减小前期工程款垫款压力，充分利用资金的时间价值，减低流动资金使用利息。但应注意以下问题：

综合分析，统筹考虑，确定不平衡报价的幅度；要相对合理，业主在评标时也会注意到承包公司是否采用了不平衡报价，过于不合理，可能会导致废标。有时会要求投标人答辩或书面提供报价分析。

3）关于价格调整。国际工程招标书中对物价上涨问题的处理有三种方式：无物价补偿、绝对差价补偿、调价公式补偿。

- 无物价补偿的报价处理：在第三世界国家承包工程，一定要考虑物价风险。
- 绝对差价补偿的报价处理：填报的指定材料基础物价越低，将来可得的补偿就越多。投标人应设法获得材料供应商的低报价资料，可多获得后面补偿，总价合同用。
- 调价公式补偿的报价处理：物价指数加权平均，物价上涨大的项目权重系数高报。

6.3.3 国际工程投标标书编制与报送

由投标人编制填报的投标文件（投标须知中有明确规定），通常可分为商务法律文件、技术文件、价格文件三大部分。除按上述规定填报投标文件外，投标人还可以另写一份更为详细的致函，对自己的投标报价作必要的说明。

投标书的编制和提交标书正本应以投标人的名义正式签署。标书及其补遗必须全部填妥，所有空白栏都须用墨水或打字清楚地填写；如有添字、改字或删字，应由签署人在每一改动处签名或盖章。工程量清单和单价表中每一项单价和金额，都应该妥善地填在相应栏目中，并在每页末尾写明合计金额，在最后一页写明总计金额。如果任何一项单价与相应的金额不符，则应以单价为准。所有单价和总价都应以××（指定货币名称）或任何其他可完全兑换的货币报价。

每一份标书都应写明投标者的详细营业地址，以负责人常用的签字签名，并写明日期。合伙关系的投标书应列出每个合伙人的全名和地址，并以合伙关系的名义签署，然后由受权代表这一合伙关系承担合同义务的一名或几名合伙人签字。公司的投标书应以公司注册的法定名称签署，然后由总经理或受权代表该公司承担义务的其他人签字， 并注明其职务以及公司注册国的名称，盖上经确认证明有效的公司印章。每一签字人的姓名应在其签字下面打字或清楚地书写出来。如果业主或工程师有要求，应就任何一个签字人代表合伙关系或公司签字的权力，提出令人满意的证据。每一投标书必须具备本投标者须知所规定的各个项目，才能被认为是完整的。所有的项目和数据资料，都要求用××（语种）语书写。

投标书应手递，当面换取书面收据；或者挂号邮寄，但须尽早寄出，以保证在规定的收标时间内寄到。

投标书一般以密封方式递交，密封办法由投标人自行安排（例如用骑缝印章签字等），但是密封包装的外部只允许写收件人的地址，不得写投标人的名称和地址，也不得有任何记号。投标书应装在密封的封套内，清楚地写明业主姓名、地址、招标工程项目名称，开标时间为 × 年 × 月 × 日。

投标人将其标书密封递交以后，可以在不使自己受损失的情况下将标书撤回；或予以修改或更正；但这种撤回或改动只能在开标日期之前以另一封密封信件投入招标机构的密封收标箱，以便开标时一并拆开。

投标保证书（银行出具的保函）一般用单独的信封密封，与投标书同时投递。

本章小结

国际工程指从咨询、融资、采购、承包、管理以及运行等各个阶段的参与者来自不止一个国家，并且按照国际惯例进行管理的工程。

国际工程招投标是指发包方通过国内和国际的媒体发布招标信息，所有有兴趣的投标人均可参与投标竞争，通过评标比较优选确定中标人的活动。

国内与国际工程招投标在招标方式、资格预审、项目环境、合同条件、报价方式、评标标准、行政管理模式等方面都有区别和联系。

国际上已基本形成了相对固定的招标程序，按以下步骤进行，即：发布招标公告或招标邀请书；对投标者的资格预审；投标者得到招标文件；现场踏勘和参加标前会议；递交投标文件；开标、评标、授标；合同谈判和签订合同。各步骤依次连接就是整个投标的全过程。

复习思考题

1. 问答题

（1）国际招投标与我国的招投标有哪些不同之处？

（2）国际工程招投标的概念及特点。

（3）国际招标的程序是什么？

（4）国际投标的程序是什么？

2. 判断题

（1）国际工程投标过程中的关键环节是投标报价。（　　）

（2）在国际工程投标总报价组成中，税金、保险费属于其他摊销费。（　　）

（3）影响国际工程投标报价决策的因素主要有：成本估算的准确性、期望利润、市场条件、竞争程度，直接影响到公司领导层决策的是期望利润。(　　)

3. 选择题

（1）(　　)招标方式有利于降低工程造价，提高工程质量和缩短工期。

A．公开招标　　B．邀请招标

C．谈判招标　　D．两阶段招标

（2）当工程总报价确定后，通过调整标价内部各项目的价格，使其不影响中标，但又能在结算时获得较好的经济效益的投标技巧称为（　　）。

A．先亏后盈　　B．不平衡报价

C．内部协调　　D．多方案报价

（3）投标文件不包括（　　）。

A．施工组织设计　　B．投标报价

C．工程量清单　　D．投标函

（4）国际工程投标报价的组成中，有些费用项目是在工程量清单中没有单独列项的，需要将其作为待摊费用分摊到工程量清单的各个报价分项中去。这些费用项目是（　　）。

A．现场管理费　　B．临时工程设施费

C．保险费和税金　　D．分包工程费

E．暂定金

（5）国际工程投标报价时，可根据招标项目的不同特点采用不同的报价。报价可适当低一些的工程特点是（　　）。

A．施工条件好　　B．工期要求

C．竞争对手多　　D．特殊工程

E．工作简单、工程量大

实 训 题

某国际工程项目，承包商对项目现场进行勘查后，对招标书中业主提供的地质勘查报告与项目现场实际情况产生了疑问，因为承包商在项目现场附近曾经完成过另外的工程，认识到项目现场地质情况异常复杂。

【问题】承包商该怎么办？

第 7 章 工程合同管理的相关知识

本章学习目标

☑ 了解合同管理的概念和特点，掌握合同、合同法、建设工程合同概念。
☑ 熟悉工程合同管理体系，承发包主体合同总体策划与协调。
☑ 掌握缔约阶段和履约阶段的合同管理。
☑ 了解五种主要的工程合同类型。

引导案例

某施工单位与某建设单位签订了某汽车制造厂的土方工程与基础工程合同，承包商在合同标明有松软石的地方没有遇到松软石，因而工期提前 1 个月。但在合同中另一未标明有坚硬岩石的地方遇到了一些工程地质勘察没有探明的孤石。施工过程中遇到数天季节性大雨后又转为特大暴雨引起山洪暴发，造成现场临时道路、管网和施工用房等设施以及已施工的部分基础被冲坏，施工设备损坏，运进现场的部分材料被冲走，乙方数名施工人员受伤，雨后乙方用了很多工时清理现场和恢复施工条件。为此，乙方按照索赔程序提出了延长工期和费用补偿要求。

【问题】乙方提出的索赔要求能否成立？为什么？

7.1 工程合同管理概述

7.1.1 合同管理的概念

合同管理是指合同主体为规范合同涉及的各项事务，充分发挥制度在实际运营中的重要作用，运用各种法律、制度的特性和功能，从经济、法律、技术和实效等角度出发，通过有计划的领导、组织与控制而依法对合同的订立、履行、变更、解除、转让、终止、审查、监督、处置等一系列活动的总称。

合同管理是现代企业经济往来的最主要也是最重要的通用形式之一，一个企业的成功和其签订的合同及内部合同管理有着极其密切的关系。在工程招投标过程中，工程合同管理是指工程项目建设过程中所有参与者依据法律法规，采取法律的、行政的手段，对工程中的各种合同关系进行组织、指导、协调及监督，保护合同当事人的合法权益，处理合同纠纷，防止和制裁违法行为，保证工程合同贯彻实施的一系列活动。

7.1.2 合同管理的特点

1. 合同管理的期限长

由于一个工程项目是一个渐进的过程，工程施工工期长的特点决定了承包合同生命期较长。不仅包括施工期，而且包括招投标和合同谈判以及保修期，所以一般为 1～2 年，长的可达 5 年或更长，如公私合作模式（Public-Private-Partnership，PPP）项目，合同管理期限可能长达十几年甚至几十年，详细见本章第 7.3 节叙述。合同管理必须在从领取招标文件直到合同完成并失效的时间内连续地、不间断地进行。

2. 合同管理的风险性

（1）由于工程实施时间长，涉及面广，受外界环境的影响大。如经济条件、社会条件、法律和自然条件的变化等。这些因素有些是承包商难以预测和不能控制的，而且大多会妨碍合同的正常实施，造成经济损失。

（2）合同本身常常隐藏着许多难以预测的风险。建筑市场竞争激烈，在施工、设计领域投标时，投标人不仅要压低报价，而且常常要面对提出的苛刻的合同条款，如单方面约束性条款和责任权利不平衡条款，投标人对此必须高度重视并调整对策，否则会导致工程失败。

3. 合同管理的动态性

由于工程过程中内外因素引起的干扰事件较多，因此合同变更频繁。通常一个稍大型的工程，合同实施中的变更能有几百项。合同实施必须按变化的情况不断调整。因此，在合同实施过程中，合同控制和合同变更管理显得极为重要，这要求合同管理必须是动态的。

4. 合同管理的复杂性

合同管理工作极为复杂、烦琐，是高度准确和精细的管理。其原因有以下几方面。

（1）现代工程体积庞大、结构复杂、技术标准和质量标准高，要求相应的合同实施的技术水平和管理水平高。

（2）现代工程合同条件越来越复杂，这不仅表现在合同条款多，所属的合同文件多，而且与主合同相关的其他合同也多。例如在工程合同范围内可能有许多分包、供应、劳务、租赁、保险等合同。它们之间存在极为复杂的关系，形成一个严密的合同网络。

（3）工程的参与单位和协作单位多，即使一个简单的工程也涉及业主、总包方、分包方、材料供应商、设备供应商、设计单位、监理单位、运输单位、保险公司、银行等十几家甚至几十家单位。各方面责任界限的划分，在时间和空间上的衔接与协调极为重要，同时又极为复杂和困难。

（4）合同过程复杂，从合同准备到合同结束必须经历多个过程。要完整地履行一个承包合同，必须完成从局部完成到全部完成的几百个甚至几千个相关合同事件。在整个过程中，稍有疏忽就会导致经济损失。所以必须保证合同在工程的全过程和每一个环节上都顺利实施。

（5）在工程施工过程中，与合同事件相对应的是各种合同相关文件和工程资料。在合同管理中必须做好这些文件和资料的取得、处理、使用和保存工作。

5．合同管理的效益性

工程合同价格高，因此，合同管理对工程经济效益影响很大。合同管理得好，可使项目避免亏损，赢得利润；否则，就要蒙受较大的经济损失。工程实践证明，对于正常的工程，合同管理的成功和失误对工程经济效益产生的影响之差可达工程造价的 20%。

7.1.3　合同法

1．合同概述

（1）合同的概念。合同即契约，合同是平等主体的自然人、法人、其他组织之间设立、变更、终止民事权利义务关系的协议。合同作为一种协议，其本质是一种合意，必须是两个以上意思表示一致的民事法律行为。合同当事人作出的意思表示必须合法，这样才能具有法律约束力。合同是当事人合法的行为，合同中所确定的权利义务，必须是当事人依法可以享有的权利和能够承担的义务，这是合同具有法律效力的前提。如果在订立合同的过程中有违法行为，当事人不仅达不到预期的目的，还应根据违法情况承担相应的法律责任。

1）合同的特点。合同具有以下特点：① 合同是当事人协商一致的协议，是双方或多方的民事法律行为；② 合同的主体是自然人、法人和其他组织等民事主体；③ 合同的内容是有关设立、变更和终止民事权利义务关系的约定，通过合同条款具体体现出来；④ 合同须依法成立，只有依法成立的合同对当事人才具有法律约束力。

2）合同具有的法律特征。合同具有以下法律特征：① 合同是一种民事法律行为。② 合同是两个以上当事人意思表示一致的协议。合同的成立必须有两个以上的当事人相互之间作出意思表示，并达成共识。因此，只有当事人在平等自愿的基础上意思表示一致时，合同才能成立。③ 合同以设立、变更、终止民事权利义务关系为目的。当事人订立合同都有一定的目的，即设立、变更、终止民事权利义务关系。无论当事人订立合同是为了什么目的，只有当事人达成的协议生效以后，才能对当事人产生法律上的约束。

3）合同法律关系。又称合同关系，指当事人相互之间在合同中形成的权利义务关系。合同法律关系由主体、客体和内容三个基本要素组成。

- 合同法律关系的主体：又称合同当事人，是指在合同关系中享有权利或者承担义务的人，包括债权人和债务人。
- 合同法律关系的客体：又称合同的标的，指在合同法律关系中，合同法律关系的主体权利义务关系所指向的对象。客体可分为行为、物、智力成果。
- 合同法律关系的内容：合同法律关系的内容指债权人的权利和债务人的义务，即合同债权和合同债务。

4）合同法律关系的内在联系：主体、客体及内容是合同法律关系三个基本要素。主体是客体的占有者、支配者和行为的实施者，客体是主体合同债权和债务指向的目标，内容是主体和客体之间的连接纽带，三者缺一不可。

5）合同的主要条款：当事人的名称（或姓名）和场所；标的；数量；质量；价款和报酬；履行的期限、地点和方式；违约责任；争议解决的途径。

2. 合同法概述

（1）合同法的概念。合同法是调整平等主体的自然人、法人、其他组织之间在设立、变更、终止合同同时所发生的社会关系的法律规范总称。

1999年3月15日，第九届全国人大第二次会议通过了《中华人民共和国合同法》（以下简称《合同法》），《合同法》共23章428条，分为总则、分则和附则三个部分。其中，总则部分共8章，将各类合同所涉及的共性问题进行了统一规定，包括：一般规定，合同的订立，合同的效力，合同的履行，合同的变更和转让，合同的权利义务终止、违约责任和其他规定等内容。分则部分共15章，附则部分仅1条，规定了《合同法》的施行日期。

（2）合同法的原则。

1）平等原则。合同当事人的法律地位平等，即享有民事权利和承担民事义务的资格是平等的，一方不得将自己的意志强加给另一方。在订立合同中，一方当事人的意思表示必须是完全自愿的，不能是在强迫和压力下所作出的非自愿的意思表示。

2）自愿原则。合同当事人依法享有自愿订立合同的权利，不受任何单位和个人的非法干预。合同法中的自愿原则，是合同自由的具体体现。民事主体在民事活动中享有自主的决策权，其合法的民事权利可以抗御非正当行使的国家权力，也不受其他民事主体的非法干预。合同法中的自愿原则有以下含义：第一，合同当事人有订立或者不订立合同的自由；第二，当事人有选择合同相对人、合同内容和合同形式的自由，即有权决定与谁订立合同，有权拟定或者接受合同条款，有权以书面或者口头的形式订立合同。

3）公平原则。合同当事人应当遵循公平原则确定各方的权利和义务。在合同的订立和履行中，合同当事人应当正当行使合同权利和履行合同义务，兼顾他人利益，使当事人的利益能够均衡。一方当事人在享有权利的同时，也要承担相应义务。

4）诚实信用原则。合同当事人行使权利、履行义务应当遵循诚实信用原则。这是市场经济活动中形成的道德规则，它要求人们在交易活动中（订立和履行合同）讲究信用，恪守诺言，诚实不欺。在行使权利时应当充分尊重他人和社会的利益，对约定的义务要忠实地履行。

5）公序良俗原则。公序良俗从词意上理解就是公共秩序和善良风俗。善良风俗应当是以道德为核心的，是某一特定社会应有的道德准则。公序良俗原则要求当事人订立、履行合同时，不但应当遵守法律、行政法规，而且应当尊重社会公德，不得扰乱社会经济秩序，损害社会公共利益。这一原则在司法实践中体现为：如果出现了现行法律未能规定的情况或者按现行法律处理会损害社会公共利益，法官可据此进行价值补充。

（3）合同法的分类。合同法的分类是指基于一定的标准，将合同划分为不同的类型。

1）合同法的基本分类。《合同法》分则部分将合同分为 15 类：买卖合同；供用电、水、气、热力合同；赠与合同；借款合同；租赁合同；融资租赁合同；承揽合同；建设工程合同；运输合同；技术合同；保管合同；仓储合同；委托合同；行纪合同；居间合同。这可以认为是合同法对合同的基本分类，合同法对每一类合同都作了较为详细的规定。

2）合同法的其他分类。合同的其他分类种类繁多，主要可以分为以下几类：计划合同与非计划合同、双务合同与单务合同、诺成合同与实践合同、主合同与从合同、有偿合同与无偿合同、要式合同与不要式合同、有名合同与无名合同等。

① 计划合同与非计划合同。按照是否需要国家有关计划作为依据，合同分为计划合同与非计划合同。有关计划合同是依据国家有关计划签订的合同；非计划合同则是当事人根据市场需求和自己的意愿订立的合同。虽然在市场经济中，依计划订立的合同的比重降低了，但仍然有一部分合同是依据国家有关计划订立的。

② 双务合同与单务合同。按照双方当事人权利、义务的分担不同，合同分为双务合同与单务合同。双务合同是当事人双方相互享有权利和相互负有义务的合同。大多数合同都是双务合同，如建设工程合同。单务合同是指合同当事人双方并不相互享有权利、负有义务的合同，如赠与合同。

③ 诺成合同与实践合同。按照合同的成立是否以交付标的物为要件，合同分为诺成合同与实践合同。诺成合同是当事人意思表示一致即可成立的合同。实践合同则要求在当事人意思表示一致的基础上，还必须交付标的物或者其他给付义务的合同。在现代经济生活中，大部分合同都是诺成合同。这种合同分类的目的在于确立合同的生效时间。

④ 主合同与从合同。按照相互之间的从属关系，合同分为主合同与从合同。主合同是指不依赖其他合同而独立存在的合同，从合同是以主合同的存在为存在前提的合同。主合同的无效、终止将导致从合同的无效、终止，但从合同的无效、终止不能影响主合同。担保合同是典型的从合同。

⑤ 有偿合同与无偿合同。按照当事人取得权益是否须付出相应代价为标准，合同分为有偿合同与无偿合同。有偿合同是指合同当事人双方任何一方均须给予另一方相应权益方能取得自己利益的合同，而无偿合同的当事人一方无须给予相应权益即可从另一方取得利益。在市场经济中，绝大部分合同都是有偿合同。

⑥ 要式合同与不要式合同。根据合同的成立是否需要特定的法律形式，合同分为要式

合同与不要式合同。如果法律要求必须具备一定形式和手续的合同，称为要式合同。反之，法律不要求具备一定形式和手续的合同，称为不要式合同。

⑦ 有名合同与无名合同。根据法律是否为某种合同规定了特定的名字，合同分为有名合同与无名合同。有名合同又称典型合同，是法律确定了特定的名称和规则的合同。如我国《合同法》所规定的15类合同，均为有名合同。无名合同是指除有名合同以外的、法律尚未确定特定名称的合同。

3．合同成立

（1）合同的成立条件。

1）主体存在双方或者多方当事人。所谓订约主体即缔约人，是指参与合同谈判并且订立合同的人。作为缔约人，他必须具有相应的民事权利能力和民事行为能力，有下列几种情况：① 自然人的缔约能力。自然人能否成为缔约人，要根据其民事行为能力来确定。具有完全行为能力的自然人可以订立一切法律允许自然人作为合同当事人的合同。② 法人和其他组织的缔约能力。法人和其他组织一般都具有行为能力，但是他们的行为能力是有限制的，因为法律往往对法人和其他组织规定了各自的经营和活动范围。③ 代理人的缔约能力。当事人除了自己订立合同外，还可以委托他人代订合同。在委托他人代理时，应当向代理人进行委托授权，即制作授权委托书。

2）对主要条款达成合意。合同成立的根本标志在于合同当事人的意思表示一致。《合同法》规定，当事人就合同的标的、数量、质量等主要条款协商一致，合同就可以成立。

（2）合同成立的方式。我国《合同法》第13条规定："当事人订立合同，采取要约、承诺方式。"要约与承诺是合同的成立必须经过的两个阶段，我国合同立法及世界上其他国家合同立法和国际合同公约均如此规定。

1）要约。要约也称发价、发盘、出盘、报价等，是希望和他人订立合同的意思表示。即一方当事人以缔结合同为目的，向对方当事人提出合同条件，希望对方当事人接受的意思表示。提出要约的一方为要约人，接受要约的一方为受要约人。

① 要约的效力。要约一经生效，要约人即受到要约的拘束，不得随意撤回、撤销，或者对要约加以限制、变更和扩张，从而保护受约人的合法权益，维护交易安全。不过，为了适应市场交易的实际需要，法律允许要约人在一定条件下，即在受约人承诺前有限度地撤回、撤销要约或者变更要约的内容。

② 要约的生效。对于要约的生效，我国《合同法》规定："要约到达受要约人时生效。"需要注意的是，要约到达受要约人，并不是指要约一定实际送达到受要约人或者其代理人手中，要约只要送达到受要约人通常的地址、住所或者能够控制的地方（如信箱等）即为送达。

③ 要约的撤回与撤销。要约撤回，是指要约在发生法律效力之前，要约人取消要约的行为。要约人可以撤回要约，撤回要约的通知应当在要约到达受要约人之前或同时到达受要约人。允许要约人撤回要约，是尊重要约人的意志和利益。由于撤回是在要约到达受要

约人之前作出的，所以此时要约并未生效，撤回要约也不会影响到受要约人的利益。

要约撤销，是要约在发生法律效力之后，要约人取消要约，使其丧失法律效力的行为。要约可以撤销，撤销要约的通知应当在受要约人发出承诺通知之前到达受要约人。在要约到达后、受约人作出承诺之前，可能会因为各种原因，如要约本身存在缺陷和错误、发生了不可抗力、外部环境发生变化等，促使要约人撤销其要约。

在《合同法》中规定，要约人确定承诺期限或者以其他形式明示要约不可撤销和受要约人有理由认为要约是不可撤销的，并已经为履行合同做了准备工作时，要约不可撤销。

④ 要约的失效。要约失效又称为要约消灭，是指要约丧失法律效力，不再对要约人和受要约人产生约束力。要约消灭后，受要约人也丧失了承诺的能力，即使向要约人发出承诺，合同也不能成立。

根据《合同法》的规定：受约人拒绝要约时；承诺期限届满，受要约人未作出承诺时；受要约人对要约的内容作出实质性变更或者要约被依法撤销时；要约人为公民，但当要约人死亡或丧失行为能力时，或者要约人为法人，但其法人资格被依法撤销时，要约失效。

2）要约邀请。要约邀请又称为要约引诱。《合同法》第 15 条规定："要约邀请是希望他人向自己发出要约的意思表示。"要约邀请并不是合同成立过程中的必经过程，它是当事人订立合同的预备行为，在法律上无须承担责任。比如价目表的寄送、招标公告、商业广告（如果商业广告的内容符合要约规定的，视为要约）、招股说明书等，即是要约邀请。在工程建设中，工程招标即要约邀请，投标报价属于要约，中标函则是承诺。要约邀请是当事人订立合同的预备行为，它既不能因相对人的承诺而成立合同，也不能因自己作出某种承诺而约束要约人。

要约与要约邀请主要有以下区别：

① 行为目的不同。要约是当事人自己主动愿意订立合同的意思表示；而要约邀请则是当事人希望对方向自己提出订立合同的意思表示。

② 要约中含有当事人表示愿意接受要约约束的意旨。要约人将自己置于一旦对方承诺，合同即告成立的无可选择的地位；而要约邀请则不含有当事人表示愿意承担约束的意旨，要约邀请人希望将自己置于一种可以选择是否接受对方要约的地位。

3）承诺。《合同法》中第 21 条规定，承诺"是受要约人同意要约的意思表示"。即受要约人同意接受要约的全部条件的意思表示。承诺与要约一样，是一种法律行为。承诺的通知送达给要约人时生效，承诺生效时合同成立。承诺可以撤回，撤回承诺的通知应当在承诺通知到达要约人之前或者与承诺通知同时到达要约人。

① 承诺的期限。承诺必须以明示的方式，在要约规定的期限内作出。要约以对话方式作出的，应当即时作出承诺，但当事人另有约定的除外；要约以非对话方式作出的，承诺应当在合理期限内到达。"合理期限"要根据要约发出的客观情况和交易习惯确定，应当注意双方的利益平衡。要约以信件或者电报作出的，承诺期限自信件载明的日期或者电报交发之日开始计算。信件未载明日期的，自投寄该信件的邮戳日期开始计算。要约以电话、

传真等快速通信方式作出的，承诺期限自要约到达受要约人时开始计算。

② 承诺的方式。承诺的方式是指受要约人通过何种形式将承诺的意思送达给要约人。如果要约中明确规定承诺必须采取何种形式作出，则承诺人必须按照规定发出承诺。如果要约没有对承诺方式作出特别规定，则一般情况下，以通知的方式作出，即以口头或者书面的形式将承诺明确告知要约人；如果根据交易习惯或者要约明确规定可以通过行为作出承诺的，则可以通过进行承诺，即以默示方式作出承诺，包括作为与不作为两种方式。

③ 对要约内容变更的承诺的处理。按照承诺成立的条件，承诺的内容必须与要约的内容保持一致，即承诺必须是无条件的承诺，不得限制、扩张或者变更要约的内容。如果对要约内容进行变更，就有可能不能成为承诺。变更分为以下两种情况。

一是承诺如果对要约的内容进行实质性变更，此时，不能构成承诺而应该视为新的要约。有关合同的标的、数量、质量、价款和酬金、履行期限、履行地点和方式、违约责任和争议解决的方法的变更，是对要约内容的实质性变更。当这些变更后的承诺到达要约人时，合同并不能成立，必须等到原要约人无条件同意这些经变更后而形成的新的要约再向新要约人发出承诺时，合同方可成立。

二是承诺对要约的内容作出非实质性变更时，承诺一般有效。《合同法》规定，如果承诺对要约的内容作出非实质性变更的，除了要约人及时表示反对或者要约明确表示承诺不得对要约的内容作出任何变更的以外，该承诺有效，合同的内容以承诺的内容为准。

（3）关于缔约过失责任。缔约过失责任是一种合同前的责任，指在合同订立过程中，一方当事人违反诚实信用原则的要求，因自己的过失而引起合同不成立、无效或者被撤销而给对方造成损失时所应当承担的损害赔偿责任。我国《合同法》规定："假借订立合同、恶意进行磋商、故意隐瞒与订立合同有关的重要事实或者提供虚假情况，都属于违背诚实信用原则的行为，应承担缔约过失责任。"缔约过失责任与违约责任最重要的区别在于发生的时间不同。违约责任是发生在合同成立以后、合同履行过程中的法律责任；而缔约过失责任则是发生在缔约过程中当事人一方因其过失行为而应承担的法律责任。

4．合同的效力

合同的效力是指合同是否有效。行为人具有相应的民事行为能力，意思表示真实，不违反法律或者社会公共利益是一般合同生效的条件和标准。建设工程合同生效：当事人除了具有民事行为能力外，还必须具有与签订建设工程合同相适应的缔约能力（资质等级）；不违反建设程序。

有效合同对当事人具有法律约束力，国家法律予以保护；无效合同则不具有法律约束力。《合同法》对合同的效力规定了四种情况：一是依法成立的合同是有效合同；二是无效合同；三是可变更与可撤销合同；四是效力待定的合同。

（1）合同的生效。合同的生效是指已经成文的合同因符合法律规定而受到法律保护，并能够产生当事人所预想的法律后果。《合同法》规定："依法成立的合同，自成立时生效。"法律、行政法规规定应当办理批准、登记等手续生效的，依照其规定。

1）合同成立与合同生效的区别。合同成立与合同生效是两个完全不同的概念。合同成立是指合同订立过程的完成，即当事人经过平等协商，对合同的主要内容达成一致意见，要约承诺阶段宣告结束，即合同成立；而合同生效是指合同产生法律效力。合法合同从合同成立时起即具备法律效力，而违法合同虽然已经成立也不会产生法律效力。合同成立与合同生效的区别如下：

① 合同不具备成立或生效条件承担的责任不同。即在合同订立过程中，一方当事人违反诚实信用原则的要求，自己的过失给对方造成损失时所应当承担的损害赔偿责任，其后果仅仅表现为当事人之间的民事赔偿责任；而合同不具备生效要件则产生合同无效的法律后果，除了要承担民事赔偿责任以外，往往还要承担行政责任和刑事责任。

② 在合同形式方面的不同要求。在法律、行政法规或者当事人约定采用书面形式订立合同而没有采用，而且也没有出现当事人一方已经履行主要义务、对方接受的情况，则合同不能成立；但是，如果法律、行政法规规定合同只有在办理批准、登记等手续才能生效，当事人未办理相关手续则会导致合同不能生效，但并不影响合同的成立。

③ 国家的干预与否不同。有些合同往往由于其具有非法性，违反了国家的强制性规定或者社会公共利益而成为无效合同，此时，即使当事人不主张合同无效，国家也有权干预；合同不成立仅仅涉及当事人内部的合意问题，国家往往不能直接干预，而应当由当事人自己解决。

2）合同的生效时间。根据《合同法》规定："依法成立的合同，自成立时生效。"即依法成立的合同，其生效时间一般与合同的成立时间相同。如果法律、行政法规规定应当办理批准、登记等手续生效的，则在当事人办理了相关手续后合同生效。未办理手续的合同尽管合同成立，但是不能生效。

（2）无效合同。无效合同是指合同虽然已经成立，但因当事人违反了法律、行政法规的强制性规定或社会公共利益，自始不能产生法律效力的合同。

无效合同具有以下法律特征：

- 合同已经成立，这是无效合同产生的前提。如果合同不成立，则按照缔约过失责任来处理。
- 合同不能产生法律约束力，即当事人不受合同条款的约束。因为合同本身就已经违法，其目的和内容与法律要求发生根本性的冲突，因此不能产生法律效力。
- 合同自始无效。合同一旦被确认无效，就产生了追溯力，该合同从订立之时就不具备法律约束，以后也不能转化为有效合同。

有下列情形之一的合同无效：

- 一方以欺诈、胁迫的手段订立合同，损害国家利益；
- 恶意串通，损害国家、集体或第三人利益的；
- 以合法活动掩盖非法目的；
- 损害社会公共利益；

- 违反法律、行政法规的强制规定。

（3）可撤销合同。可撤销合同是指因当事人在订立合同的过程中意思表示不真实，经过撤销人请求，由人民法院或者仲裁机构变更合同的内容，或者撤销合同，从而使合同自始消灭的合同。

可撤销合同的法律规定。《合同法》规定，下列合同，当事人可撤销：因重大误解订立的；在订立合同时显失公平的；一方以欺诈、胁迫的手段或者乘人之危，使对方在违背真实意思的情况下订立的合同，受损害方有权请求人民法院或者仲裁机构变更或者撤销。当事人请求变更的，人民法院或者仲裁机构不得撤销。

可撤销合同与无效合同的相同之处在于合同都会因被确认无效或者可撤销，从而使合同自始不具备法律效力。可撤销合同与无效合同的区别有以下几点。

1）合同内容的不法性程度不同。可撤销合同是由于当事人意思表示不真实造成的，法律将合同的处置权交受损害方，由受损害方行使撤销权；而无效合同的内容明显违法，不能由合同当事人决定合同的效力，而应当由法院或者仲裁机构作出，即使合同当事人未主张无效，法院也可以主动干预，认定合同无效。

2）当事人权限不同。可撤销合同在合同未被撤销之前仍然有效，撤销权人享有撤销权和变更权，当事人可以向法院或者仲裁机构申请行使撤销权和变更权，也可以放弃该权利，法律把决定这些合同的权利给了当事人；而无效合同始终不能产生法律效力，合同当事人无权选择处置合同的方式。

3）期限不同。对于可撤销合同，撤销权人必须在法定期限内行使撤销权，超过法定期限未行使撤销权的，合同即为有效合同，当事人不得再主张撤销合同；无效合同属于法无效，不会因为超过期限而使合同变为有效合同。

（4）效力待定合同。效力待定合同是指合同虽然已经成立，但因其不完全符合合同的生效要件，因此其效力能否发生还不能确定，一般须经权利人确认才能生效的合同。

效力待定合同与可撤销合同的区别：效力待定合同的效力取决于权利人的追认与否。在权利人没有追认之前，效力待定合同并不能产生法律效力，只有在权利人追认后，合同才能变为有效合同。可撤销合同在没有撤销之前，已经产生法律效力，在撤销权人通过法院或者仲裁机构撤销合同后，该合同可能变为无效合同。由此可见，权利人对这两种合同的作用力正好相反，前者使合同生效，后者使合同无效。

5. 合同的履行

合同订立并生效后，合同便成为约束和规范当事人行为的法律依据。合同当事人必须按照合同约定的条款，全面、适当地完成合同义务，如交付标的物、提供服务、支付报酬或者价款、完成工作等。合同的履行是合同当事人订立合同的根本目的，也是实现合同目的的最重要和最关键的环节，直接关系到合同当事人的利益，而履行问题往往最容易出现争议和纠纷。因此，合同的履行成为合同法中的核心内容。

（1）合同履行中的抗辩权。抗辩权又称异议权，是指对抗请求权或者否认他人权利主张的权利，抗辩权的作用是使对方的权利受到阻碍或者消灭。合同法中的抗辩权是指在合同履行过程中，债务人对债权人的履行请求权加以拒绝或者反驳的权利。根据合同履行顺序的不同,《合同法》规定的抗辩制度包括同时履行抗辩权、后履行抗辩权和先履行抗辩权。

同时履行抗辩权，是指当事人应同时履行的双务合同中，一方当事人不能履行或不能适当履行合同时，对方当事人所享有的拒绝履行或部分履行合同义务的权利。《合同法》第 67 条规定：“当事人互负债务，有先后履行顺序，先履行一方未履行的，后履行一方有权拒绝其履行要求。先履行一方履行债务不符合约定的，后履行一方有权拒绝其相应的履行要求。”人们将其通称为后履行抗辩权。先履行抗辩权又称为不安抗辩权，是指在双务合同中应先为履行义务的一方当事人，有确切证据证明对方不能履行合同约定义务的可能时，在对方没有履行或者没有提供担保之前，所享受的中止合同的权利。

（2）合同的保全制度。

1）代位权。债权人代位权，简称代位权（此处的代位权专指债权人代位权），是指在债务人行使债权时发生懈怠而对债权人造成损害的，债权人以自己的名义代债务人行使其债权的权利。

代位权的特点在于，第一代位权债权人居于债务人对第三人的债权人的位置，代债务人对债务人的债务人行使债权，以确保自己的债权实现；第二代位权是一种法定的权利，只要债权一发生，债权人就享有代位权，该权利随着债权的转让而转让，随着债权的消灭而消灭；第三代位权是债权人以自己的名义行使债务人的权利。

2）撤销权。撤销权，是指债权人对债务人滥用其财产处分权而损害债权人的债权的行为，请求法院予以撤销的权利。按照《合同法》第 24 条的规定：“债务人放弃其到期债权、无偿转让财产或者以明显不合理的低价转让财产，对债权人造成损害的，债权人可以请求人民法院撤销债务人的行为。”

6. 合同的变更

合同的变更，是指当事人对已经发生法律效力，但尚未履行或尚未完全履行的合同，根据客观情况的变化，依照法律规定的条件和程序，所进行的修改和补充。这里合同变更指合同内容和客体的变更，不包括合同主体的变更，广义的合同变更可以是法律关系的主体改变。

（1）合同变更的原则。合同变更必须针对有效的合同，协商一致是合同变更的必要条件，这是由合同的性质决定的。《合同法》第 4 条中规定：“当事人依法享有自愿订立合同的权利，任何单位和个人不得非法干预。”此外，法律和行政法规规定变更合同应该办理批准、登记等手续的，应依照其规定办理手续。

（2）合同变更的内容。按照法律规定，合同变更，是在合同主体不改变的前提下，对原合同的标的、履行地点、履行期限、履行方式、价款的支付、违约责任、争议的解决方式等内容作出修改。合同的变更，一般不涉及已履行的内容。

（3）合同变更的形式。合同变更的形式，应当采用原合同订立的形式。根据法律规定，建设工程合同为书面形式，其变更内容也应采用书面形式，而切忌采用由双方当事人口头承诺的方式，这是因为工程建设的周期长，影响因素多，标的金额大，采用口头形式的合同变更，容易就质量、进度、工程价款等问题产生纠纷却难以分清责任。从原则上讲，对建设工程合同的变更采用口头形式的，可以认定为未变更。

7．合同的终止

合同的权利义务终止，简称合同终止，是指当事人之间根据合同确定的权利义务在客观上不复存在。合同终止是随着一定法律事实发生而发生的，与合同中止不同之处在于，合同中止只是在法定的特殊情况下，当事人暂时停止履行合同，当这种特殊情况消失以后，当事人仍然承担继续履行的义务，而合同终止是合同关系的消灭，不可能恢复。

根据《合同法》第 91 条的规定，合同的权利与义务终止有债务清偿、合同解除、债务抵消、标的物提存、混同和债务免除。

（1）债务清偿。债务已按照约定履行即是债务的清偿，是按照合同约定实现债权目的的行为。其含义与履行相同，但履行侧重于合同动态的过程，而清偿则侧重于合同静态的实现结果，清偿是合同的权利义务终止的最主要和最常见的原因。清偿一般由债务人为之，但不以债务人为限，也可能由债务人的代理人或者第三人进行合同的清偿。

（2）合同解除。合同解除是指对已经发生法律效力，但尚未履行或者尚未完全履行的合同，因当事人一方的意思表示或者双方的协议而使债权债务关系提前归于消灭的行为。合同解除可分为约定解除和法定解除两类，是合同终止的一种不正常方式。约定解除是当事人通过行使约定的解除权或者双方协商决定而进行的合同解除。当事人协商一致可以解除合同，即合同的协商解除。法定解除是解除条件直接由法律规定的合同解除。当法律规定的解除条件具备时，当事人可以解除合同，它与合同约定解除权的解除都是具备一定解除条件时，由一方行使解除权，区别则在于解除条件的来源不同。

（3）债务抵消。债务相互抵消是指两个人彼此互负债务，各以其债权充当债务的清偿，使双方的债务在等额范围内归于消灭。债务抵消可以分为约定债务抵消和法定债务抵消两类。

（4）标的物提存。标的物提存是指由于债权人的原因致使债务人无法向其交付标的物，债务人可以将标的物交给有关机关保存，以此消灭合同的制度。因为债务的履行往往要有债权人的协助，如果由于债权人的原因致使债务人无法向其交付标的物，仅仅要求债权人承担违约责任，将使债务人长期处于合同不合理的约束之下。

（5）混同。债权债务同归一方也称混同，是指债权债务同归于一人而导致合同权利义务归于消灭的情况。但是，在合同标的物上设有第三人利益的，如债权上设有抵押权，则不能混同。混同是一种事实，无需任何意思表示。

（6）债务免除。债权人以消灭债务人的债务为目的而抛弃债权的意思表示。债权人免除债务人部分中者全部债务的，合同的权利义务部分或者全部终止。因债务消灭的结果，从债务如利息债务、担保债务等也同时归于消灭。免除债务是一种民事法律行为，必须有抛弃的意思表示而不能以事实行为的方式作出。免除是一种无偿行为，必须以债权债务关系消灭为内容。

（7）合同的权利义务终止的其他情形。除了上述原因外，法律规定或者当事人约定合同终止的其他情形出现时，合同也告终，如时效（取得时效）的期满、合同的撤销、作为合同主体的自然人死亡而其债务又无人承担等。

7.1.4　工程合同与合同法

1．工程合同概述

（1）工程合同的概念。工程合同是指在工程建设过程中，业主与项目参与的各方依法订立的、明确各方权利义务关系的协议。根据《合同法》第 269 条规定：“建设工程合同是指承包人进行工程建设，发包人支付价款的合同。”建设工程合同包括工程勘察、设计、施工合同。建设工程实行监理的，发包人也应与监理人订立委托监理合同。建设工程合同的双方当事人分别称为承包人和发包人。在合同中，承包人最主要的义务是进行工程建设，即进行工程的勘察、设计、施工等工作，发包人最主要的义务是向承包人支付相应的价款。

（2）工程合同的特征。

1）合同主体的严格性。建设工程合同主体一般只能是法人。发包人一般只能是经过批准进行工程项目建设的法人，必须有国家批准的建设项目，落实投资计划，并且应当具备相应的协调能力；承包人则必须具备法人资格，而且应当具备相应的从事勘察、设计、施工等资质，资质等级低的单位不能越级承包建设工程。

2）计划和程序的严格性。由于工程建设对国家的经济发展、公民的工作和生活都有重大的影响，因此，国家对建设工程的计划和程序都有严格的管理制度。订立建设工程合同必须以国家批准的投资计划为前提，即使是国家投资以外的、以其他方式筹集的投资也要受到当年的贷款规模和批准限额的限制，纳入当年投资规模的平衡，并经过严格的审批程序。

3）合同形式的特殊要求。我国《合同法》在一般情况下对合同形式采用书面形式还是口头形式没有限制，即对合同形式确立了以不要式为主的原则。但是，考虑到建设工程的重要性和复杂性，在建设过程中经常会发生影响合同履行的纠纷，因此，《合同法》要求，建设工程合同应当采用书面形式。这也反映了国家对建设工程合同的重视。

4）国家管理的特殊性。由于建设工程的标的为建筑物等不动产，与土地密不可分，承包人所完成的最终工作成果不仅具有不可移动性，而且需要长期存在和发挥效益，因此国家对建设工程不仅进行建设规划，而且实行严格的管理和监督。从建设工程合同的订立到合同的履行都要受到国家严格的管理和监督。

（3）工程合同的分类。

1）按承发包的工程范围进行划分。按承发包的不同范围和数量进行划分，可以将建设工程合同分为建设工程总承包合同、建设工程承包合同和分包合同。发包人将工程建设的全过程发包给一个承包人的合同即为建设工程总承包合同。发包人将建设工程的勘察、设计、施工等的每一项分别发包给一个承包人的合同即为建设工程承包合同。经合同约定和发包人认可，从工程承包人承包的工程中承包部分工程而订立的合同即为建设工程分包合同。

2）按完成承包的内容进行划分。按完成承包的内容进行划分，建设工程合同可以分为建设工程勘察合同、建设工程设计合同和建设工程施工合同三类。

3）按付款方式进行划分。按付款方式进行划分，建设工程合同可分为总价合同、单价合同、成本加酬金合同和目标合同。

2. 工程合同与合同法的关系

依照工程合同，合同承担方依据合同约定的内容应完成一定的建筑、安装等工程任务，业主应提供必要的条件并支付工程价款。例如，施工合同是建设工程合同的一种，与其他建设工程合同一样是一种双务合同，在订立时也应遵守自愿、公平、诚实信用等原则。施工合同是工程建设的主要合同，是施工单位进行工程建设质量管理、进度管理、费用管理的主要依据之一。

在市场经济条件下，建设市场主体之间相互的权利义务关系主要是通过合同确立的，因此，在建设领域加强对工程合同的管理具有十分重要的意义。国家立法机关、国务院、国家建设行政管理部门都十分重视工程合同的规范工作，1999 年 3 月 15 日九届全国人大第二次会议通过、1999 年 10 月 1 日生效实施的《中华人民共和国合同法》对建设工程合同做了大量规定，《中华人民共和国建筑法》也有许多涉及建设工程施工合同的规定。这些法律、法规、部门规章是我国建设工程合同管理的依据，合同法的实施是对工程合同的保障。

7.1.5 工程合同管理体系

1. 工程建设中的主要合同关系

工程项目的建设是个复杂的物质生产的过程，包括项目的可行性研究、工程勘察设计、工程施工和运行等阶段；有建筑、结构、水电、机械设备、通信等专业的设计和施工活动。由于工程中维系这种关系的纽带是合同，因此就有各式各样的合同。工程项目的建设过程实质上又是一系列经济合同的签订和履行过程，具有共同的基础是工程施工项目，相互交错的内部关系形成了一个复杂的合同网络，其关键环节点是业主和承包商。

（1）业主的主要合同关系。业主作为工程或服务的买方，是工程的所有者，可能是政府、企业、其他投资者、几个企业的组合、政府与企业的组合（如合资项目、BOT 项目的业主）。业主投资一个项目，通常委派一个代理人（或代表）以业主的身份进行工程的经营管理。

业主根据对工程的需求，确定工程项目的整体目标，这个目标是所有相关工程合同的核心。一个工程施工项目的完成需要业主前期的项目投资准备和可行性研究，牵涉到与银行签订的贷款合同，委托工程施工项目的勘察设计和咨询监理，就需要相应他签订勘察设计合同、咨询合同、监理合同等，工程施工项目的招投标又可能委托招标代理机构进行招标，工程施工项目的施工依据项目的标段，业主可能需要与几个承包商签订工程施工合同。业主必须签订的合同具体来说有以下几种。

- 咨询合同。即业主与咨询公司签订的合同。咨询公司负责工程的可行性研究、设计监理、招标和施工阶段监理等某一项或几项工作。
- 勘察设计合同。即业主与勘察设计单位签订的合同。勘察设计单位负责工程的地质勘察和技术设计工作。
- 供应合同。当由业主负责提供工程材料和设备时，业主与有关材料和设备供应单位签订供应采购合同。
- 工程施工合同。即业主与工程承包商签订的工程施工合同。一个或几个承包商分别承包土建、机械安装、电器安装、装饰、通信等工程施工。
- 贷款合同。即业主与金融机构签订的合同。后者向业主提供资金保证，按照资金来源的不同，可能有贷款合同、合资合同或 BOT 合同等。

按照工程承包方式和范围的不同，业主可能订立几十份合同。例如，将工程分专业、分阶段委托，将材料和设备供应分别委托，也可能将上述委托以不同形式合并，如把土建和安装委托给一个承包商，把整个设备供应委托给一个成套设备供应企业。当然，业主还可以与一个承包商订立一个总承包合同，由承包商负责整个工程的设计、供应、施工，甚至管理等工作。因此，一份合同的工程范围和内容会有很大区别。

（2）承包商的主要合同关系，承包商是工程施工的具体实施主体，是工程项目合同落实的执行人。承包商通过投标接受业主的委托，签订工程施工承包合同。工程施工合同和承包商是任何工程施工项目实施过程中不可或缺的。承包商要完成工程施工合同的责任，包括由工程施工项目的内容，即由工程量表所确定的工程范围的施工、竣工和保修，并为完成这些工程提供的劳动力、施工设备、材料等资源整合。任何承包商都不能面面俱到，具有承包工程项目所需要的各种施工能力，所以，承包商常常又有自己复杂的合同关系。

1）分包合同。对于一些大的工程，承包商常常必须与其他承包商合作才能完成总承包合同责任。承包商把从业主那里承接到的工程中的某些分项工程或工作分包给另一承包商来完成，则要与其签订分包合同。

承包商在承包合同下可能订立许多分包合同，而分包商仅完成总承包商分包给自己的工程，向总承包商负责，与业主无合同关系。总承包商仍向业主担负全部工程责任，负责工程的管理和所属各分包商工作之间的协调，以及各分包商之间合同责任界面的划分，同时承担协调失误造成损失的责任，向业主承担工程风险。

在投标书中，承包商必须附上拟定的分包商的名单，供业主审查。如果在工程施工中重新委托分包商，必须经过业主同意。

2）供应合同。承包商为工程所进行的必要的材料与设备的采购和供应，必须与供应商签订供应合同。

3）运输合同。这是承包商为解决材料和设备的运输问题而与运输单位签订的合同。

4）加工合同。即承包商将建筑构配件、特殊构件加工任务委托给加工承揽单位而签订的合同。

5）租赁合同。在建设工程中，承包商需要许多施工设备、运输设备、周转材料。当有些设备、周转材料在现场使用率较低，或自己购置需要大量资金投入而自己又不具备这个经济实力时，可以采用租赁方式，与租赁单位签订租赁合同。

6）劳务供应合同。建筑产品往往要花费大量的人力、物力和财力。承包商不可能全部采用固定工来完成该项工程，为了满足任务的临时需要，往往要与劳务供应商签订劳务供应合同，由劳务供应商向工程提供劳务。

7）保险合同。承包商按施工合同要求对工程进行保险，与保险公司签订保险合同。承包商的这些合同都与工程承包合同相关，都是为了履行承包合同而签订的。

此外，在许多大型工程中，尤其是在业主要求总承包的工程中，承包商经常是几个企业的联营，即联营承包。这时承包商之间还需订立联营合同。

2. 工程合同体系

工程项目建设具有涉及面广、投资大、参与者多、周期长、不可逆等特点，因此涉及的合同种类繁多。为了实现项目的目标，项目各参与者之间需要订立许多合同，这些合同又彼此互相联系，构成复杂的合同网络，这个合同网络就是工程合同体系。工程合同体系能够反映出工程项目的任务范围和划分方式以及工程项目的管理模式，如图 7-1 所示。

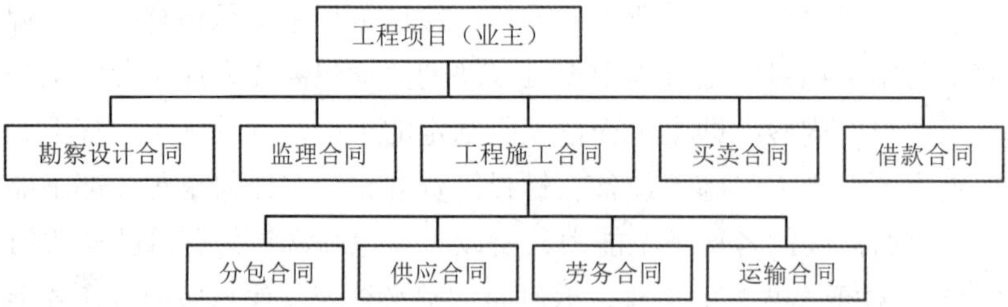

图 7-1 工程合同体系

在工程合同体系中，业主作为工程的买方，尽管工程项目建设的需求和工程项目管理模式有所不同，但始终是整个合同体系的核心，通常业主按照工程项目实施的不同阶段和具体工作内容不同，可以订立咨询合同（可行性研究合同）、监理合同、勘察合同、设计合同、施工合同、设备订购合同和材料供应合同等。业主可以将上述合同分专业、分阶段委托，也可以将上述合同以各种形式合并委托。因此在实际工作中，每个项目不同，业主的管理方法不同，合同体系（结构）也会有很大差异。

建设工程项目的合同体系在项目管理中也是一个非常重要的概念。它从一个角度反映了项目的形象，对整个项目管理的运作有很大的影响：

（1）它反映了项目任务的范围和划分方式；

（2）它反映了项目所采用的管理模式（如监理制度、总包方式或平行承包方式）；

（3）它在很大程度上决定了项目的组织形式，因为不同层次的合同常常决定了该合同的实施者在项目组织结构中的地位。

7.2　工程合同管理的内容

7.2.1　承发包主体合同总体策划与协调

在工程项目实施阶段，必须对与工程相关的合同进行合同策划。首先对整个工程或者整个合同的实施带有根本性和方向性的问题予以总体谋划。一个合同总体策划成功的工程施工项目将会为合同双方以后的合同管理奠定基础。

1．合同总体策划

（1）合同总体策划的目的。合同总体策划的总目标是设计、制定适当的合同来保证项目总目标的实现。合同的总体策划必须反映建设工程项目战略和企业战略，反映企业的现状、经营指导方针和根本利益。

合同总体策划主要确定如下一些重大问题：如何将项目分解成几个独立的合同；每个合同的工程范围有多大；采用什么样的委托方式和承包方式；采用什么样的合同种类、形式及条件；合同中一些重要条款如何确定；合同签订和实施过程中一些重大问题如何决策；工程项目各个相关合同在内容上、时间上、组织上、技术上的协调等。

（2）合同总体策划的重要性。合同总体策划确定的是工程项目的一些战略问题，它的成败对整个工程项目的实施有根本性的影响。

- 合同总体策划决定着工程项目的组织结构及管理体制，决定合同各方面责任、权力和工作的划分，所以对整个工程项目管理产生着根本性的影响。业主通过合同委托工程项目任务，并通过合同实现对项目的目标控制。
- 通过合同总体策划，摆正工程过程中各方面的重大关系，防止由于这些重大问题的不协调或矛盾造成工作上的障碍，造成重大的损失。
- 合同是实施项目的手段。无论对于业主还是承包商，正确的合同总体策划都能够为履行各个合同奠定一个良好基础，促使各个合同达到完善的协调，减少矛盾和争执，顺利地实现工程项目的整体目标。

（3）合同总体策划的步骤。通过合同总体策划，确定施工合同的一些重大问题。它对工程项目的顺利实施，对项目总目标的实现有决定性作用，上层管理者对此应有足够的重视。合同总体策划过程如下。

- 研究企业战略和项目战略，确定企业和项目对合同的要求。由于合同是实现项目目标和企业目标的手段，所以它必须体现和服从企业战略及项目战略。项目总管理模式对合同策划有很大的影响，例如业主全权委托监理工程师，或业主任命业主代表全权管理，或业主代表与监理工程师共同管理。一个项目采用不同的组织形式或不同的项目管理体制，会有不同的项目任务分解方式，也会有不同的合同类型。

- 确定合同的总体原则和目标，并对合同的各种依据进行调查。
- 分层次、分对象对合同的一些重大问题进行研究，列出各种可能的选择，按照策划的依据，综合分析各种选择的利弊得失。
- 对合同的各个重大问题作出决策和安排，提出合同措施。在合同策划中有时要采用各种预测方法、决策方法、风险分析方法、技术经济分析方法。
- 在开始准备每一个合同招标以及准备签订每一份合同时，都应对合同策划再作一次评价。

（4）合同总体策划的策划依据。合同双方有不同的立场和角度，但他们有相同或相似的合同策划的内容。无论对于业主还是承包商，施工合同策划的依据主要有以下几方面。

1）业主方面。业主的资信、资金供应能力、管理水平和具有的管理力量，业主的目标及目标的确定性，业主期望对工程项目管理的介入程度，业主对工程师和承包商的信任程度，业主的管理风格，业主对工程的质量和工期要求等。

2）承包商方面。承包商的能力、资信、企业规模、管理风格和水平、在本项目中的目标与动机、目前经营状况、过去同类工程经验、企业经营战略、长期动机、承受和抗御风险的能力等。

3）工程方面。工程的类型、规模、特点、技术复杂程度，工程技术设计准确程度，工程质量要求和工程范围的确定性、计划程度，招标时间和工期的限制，项目的营利性，工程风险程度，工程资源（如资金、材料、设备等）供应及限制条件等。

4）环境方面。工程所处的法律环境，建筑市场竞争激烈程度，物价的稳定性，地质、气候、自然、现场条件的确定性，资源供应的保证程度，获得额外建设资源的可能性。

以上诸方面是考虑和确定合同战略问题的基本点和出发点。合同总体策划决定着工程项目的组织结构及管理体制，决定合同双方责任、权利和工作的划分，对整个工程项目管理产生根本性的影响。业主通过合同委托工程施工项目任务，并通过合同实现对项目的目标控制。

2．业主合同总体策划

在工程中，业主处于主导地位，他的合同总体策划对整个工程项目的实施有较大影响，同时对承包商的合同策划也有直接的影响。业主在招标前，必须就如下合同问题作出决策。

（1）招标形式的确定。业主在工程施工招标前首先必须决定，一个完整工程项目是采用分包还是总包的方式来签订承包合同。一般根据承包方式，合同类型，业主拥有的招标时间（工程紧迫程度），业主的项目管理能力和期望控制工程建设的程度等来决定招标方式。

（2）合同种类的选择。在实际工程中，合同计价方式多种多样。不同种类的合同、有不同的应用条件、不同的权力和责任分配、不同的付款方式、对合同双方有不同的风险。因此，应根据工程项目具体情况选择合同的类型。现代工程中最典型的合同类型有以下四种。

1）单价合同。单价合同是承包单位在投标时按招标文件就分部分项工程所列出的工程量表确定各分部分项工程费用的合同类型。当准备发包的工程项目内容、技术经济指标尚不能明确、具体地予以规定时，则以采用工程单价合同形式为宜。这类合同的适用范围比较宽，其风险可以得到合理的分摊，并且能鼓励承包单位通过提高工效等手段从成本节约中提高利润。这类合同能够成立的关键在于双方对单价和工程量计算方法的确认，在合同履行中需要注意的问题则是双方对实际工程量计量的确认，在这种合同中，承包商仅按合同规定承担报价风险，即对报价的正确性和适宜性承担责任；而工程量变化的风险由业主承担。工程单价合同有估计工程量单价合同（可调单价合同）和固定单价合同两种形式。

单价合同的特点是单价优先，例如在 FIDIC 施工合同条件中规定，业主给出的工程量表中的工程量是参考数字，而实际合同价款按实际完成的工程量和承包商所报的单价计算。虽然在投标报价、评标、签订合同中人们常常注重合同总价，但在合同结算时所报的单价优先。

工程单价合同有以下优点：

- 在招标前，发包单位无需对工程范围作出完整的、准确的规定，从而可以缩短招标准备时间；
- 能鼓励承包商提高工作效率，因为按国际惯例，低于工程单价的节约算成本节约，节约工程成本便可以提高承包商的利润；
- 发包单位只按分项工程量支付费用，因而可以减少意外开支；
- 合同结算时只需对那种不可预见的、未予规定的工程确定单价或调整单价，结算程序比较简单。

当然，对于工程单价合同来说，招标单位必须对工程性质及范围作出明确的规定，明确工程量的大小，以使承包商能够合理地定价。

2）总价合同。总价合同，是指业主付给承包商的款额在合同中是一个规定的金额，即总价。用这种合同时，对承发包工程的详细内容及其各种技术经济指标都必须一清二楚，使承包单位能准确计算工程量，否则承发包双方都有蒙受一定经济损失的风险。这种合同类型能够使建设单位在评标时易于确定报价最低的承包商、易于进行支付计算。但这类合同仅适用于工程量不太大且能精确计算、工期较短、技术不太复杂、风险不大的项目。总价合同有固定总价合同、调值总价合同、固定工程量总价合同和管理费总价合同四种不同形式。

① 固定总价合同。固定总价合同的价格计算是以图纸及规定、规范为基础，合同总价是固定的。承包商在报价时对一切费用的上升因素都已作了估计，并已将其包含在合同价格之中。使用这种合同时，在图纸和规定、规范中应对工程作出详尽的描述。如果设计和

工程范围有变更，合同总价也必须相应地进行变更。

固定总价合同适用于工期较短（一般不超过 1 年）而且对最终产品的要求又非常明确的工程项目。根据这种合同，承包商在形式上将承担一切风险责任。除非承包商能事先预测他可能遭到的全部风险，否则他将为许多不可预见的因素付出代价。因此，这类合同对承包商而言，其报价一般都较高。

② 调值总价合同。调值总价合同的总价一般是以图纸及规定、规范为基础，按时价进行计算。它是一种相对固定的价格，在合同执行过程中，由于通货膨胀而使其所使用的工、料成本增加时，其合同总价也应作相应的调整。

在调值总价合同中，发包人承担了通货膨胀这一不可预见的费用因素的风险，而承包人承担了除通货膨胀以外的所有因素的风险。调值总价合同适用于工程内容和技术经济指标规定得很明确的项目。但由于合同中列有调值条款，所以工期在 1 年以上的项目均适于采用这种合同形式。

3）成本加酬金合同。成本加酬金合同是由业主向承包单位支付建设工程的实际成本，并按事先约定的某一种方式支付酬金的合同类型。当工程内容及其技术经济指标尚未全面确定，而由于种种理由工程又必须向外发包时，采用成本补偿合同这种形式，对招标单位来说是比较合适的。在这类合同中，业主需承担项目实际发生的一切费用，因此也就承担了项目的全部风险。而承包单位由于无风险，其报酬往往也较低。

这类合同的缺点是业主对工程总造价不易控制，承包商也往往不注意降低项目成本。这类合同主要适用于以下项目：① 需要立即开展工作的项目，如震后的救灾工作；② 新型的工程项目，或对项目工程内容及技术经济指标未确定的；③ 风险很大的项目。

但是这种合同形式有两个最明显的缺点：一是发包对工程总造价不能实行实际的控制；二是承包商对降低成本也很少会有兴趣。因此，采用这种合同形式时，它的条款必须非常严格，这样才能保证有效的工作。

在成本加酬金合同的一些案例中也有许多值得注意的补充条款，尤其是那些鼓励承包商节约资金的条款，应该列入标准的成本加酬金合同的条款中去。补充这些条款后，成本加酬金合同形式还是可取的，因为无论是从发包单位的角度看，还是从承包单位的角度看，这种合同形式对于某些类型的工程来说毕竟还是实用的。

成本加酬金合同有以下几种形式。

① 成本加固定酬金合同。根据这种合同，发包单位对承包商支付的人工、材料和设备台班费等直接成本全部予以补偿，同时还增加一笔管理费。这种方式实质上是成本据实报销，酬金固定不变。这笔酬金是固定的，但有时为了鼓励承包商节约成本，可以在合同中增加一项根据工程质量状况、工期缩短和降低成本等条件，另外支付给该承包商一笔分档次的奖金。这种合同形式通常应用于设计及项目管理合同方面。

② 成本加固定费率合同。这种形式的合同与上述第 1 种相似，不同的只不过是所增加的费用不是一笔固定金额，而是相当于成本的一定百分比。承包商可获得的酬金将随着直

接成本的增大而增加，使得工程总造价无法控制。这种合同形式不能鼓励承包商关心缩短工期和降低成本，因而对业主是不利的，在工程实践中采用也较少。

③ 成本加浮动酬金合同。酬金是根据报价书中的成本概算指标制定的。概算指标可以是总工程量的工时数的形式，也可以是人工和材料成本的货币形式。合同中对这个指标规定了一个底点（约为工程成本概算的 0.6 ~ 0.7 倍）和一个顶点（约为工程成本概算的 1.1 ~ 1.3 倍），承包商在概算指标的顶点之下完成工程时可以得到酬金。酬金的额度通常根据低于指标顶点的情况而定。当酬金加上报价书中的成本概算总额达到顶点时，则不再发给酬金。如果承包商的工时或工料成本超出指标顶点，应对超出部分进行罚款，直至总费用降到顶点时为止。成本加浮动酬金合同形式有它自身的特点。当招标前所编制的图纸和规定、规范尚不充分，不能据以确定合同价格，但尚能为承包商制定一个概算指标时，使用成本加酬金的合同形式还是可取的。

④ 成本加固定最大酬金合同。根据这种合同，承包商可以得到下列三方面支付：包括人工、材料、机械台班费以及管理费在内的全部成本；占全部人工成本一定百分比的增加费（即杂项开支费）；可调的增加费（即酬金）。

在这种形式的合同中通常设有三笔成本总额：第一笔（也是主要的一笔）称为报价指标成本；第二笔称为最高成本总额；第三笔称为最低成本总额。

4）目标合同。在一些发达国家，目标合同广泛使用于工业项目、研究和开发项目、军事工程项目中。它是固定总价合同和成本加酬金合同的结合和改进形式。在这些项目中，承包商在项目的可行性研究阶段，甚至目标设计阶段就介入工程，并以总包的形式承包工程。

在目标合同中，通常规定承包商对项目建成后的生产能力（或使用功能）、工程总成本（或总造价）、工期目标承担责任。如果项目投产后一定时期内达不到预定的生产能力，则按一定的比例扣减合同价格；如果工期拖延，则承包商承担工期拖延违约金；如果项目实际总成本超过预定总成本，则承包商按比例承担一部分，反之，承包商则得到相应比例的奖励。

目标合同能够最大限度地发挥承包商工程管理的积极性，适用于工程范围没有完全界定或预测风险较大的项目。

（3）合同条件的选择。合同协议书和合同条件是合同文件中最重要的部分。在实际工程中，业主可以根据需要，自己（通常委托咨询公司）起草合同协议书（包括合同条款），也可以选择标准的合同条件。在具体应用时，业主可以按照自己的需要通过专用条款对标准的文本作修改、限定或补充。一般来说，合同双方应尽量使用标准的合同条件。

对一个工程项目，有时会有几个类型的合同条件供选择，特别是在国际工程中，合同条件的选择应注意如下问题。

1）合同双方主观上都希望使用严密的、完备的合同条件。但合同条件的选择应该与双方的管理水平相适应。将我国现行的《建设工程施工合同（示范文本）》（GF—99—0201）

与 FIDIC 土木施工合同条件相比较就会发现，我国施工合同在许多条款中的时间限定较为严格。这说明在工程中如果使用我国的施工合同，则合同双方要比使用 FIDIC 合同有更高的管理水平和更快的信息反馈速度，发包人、承包人、项目经理、监理工程师的决策过程必须很快。所以，在我国的承包工程中常常双方都不能准确执行合同。

2）最好选用双方都熟悉的合同条件，这样能较好地执行。如果双方来自不同的国家，选用合同条件时应更多地考虑承包商的因素，使用承包商熟悉的合同条件。当然，在实际工程中，多数业主都选择自己熟悉的合同条件，以保证自己在工程管理中处于有利地位和掌握主动权，但其结果是工程不能顺利进行。

3）合同条件的选用还应考虑到其他方面的制约。例如，我国工程造价有一整套定额和取费标准，这是与我国所采用的施工合同文本相配套的。如果在我国工程中使用 FIDIC 合同条件，或在使用我国标准的施工合同条件时，业主要求对合同双方的责权利关系作重大的调整，则必须让承包商自主报价，不能按照我国现行定额和规定取费标准确定；而如果要求承包商按定额和取费标准计价，则不能随便修改标准的合同条件。

（4）重要合同条款的确定。业主应理性地对待合同，应通过合同制约承包商，但不是束缚承包商。合同要求应合理，但不苛刻。由于业主起草招标文件，他居于合同主导地位，所以他要确定一些重要的合同条款。例如：

1）适用于合同关系的法律，以及合同争执仲裁的地点、程序等。

2）付款方式。如采用进度款、分期付款、预付款或由承包商垫资承包。这由业主的资金来源保证情况等因素决定。让承包商在工程上过多地垫资，会对承包商的风险、财务状况、报价和履约积极性有直接的影响。当然如果业主超过实际进度预付工程款，在承包商没有出具保函的情况下，又会给业主带来风险。

3）合同价格的调整条件、范围、调整方法，特别是由于物价上涨、汇率变化、法律变化等对合同价格调整的规定。

4）合同双方风险的分担，即将工程风险在业主和承包商之间合理分配。基本原则是，通过风险分配激励承包商努力控制三大目标、控制风险，达到最好的工程经济效益。

5）对承包商的激励措施。在国外一些高科技的开发型工程项目中，奖励合同用得比较多。这些项目规模大、周期长、风险高，采用奖励合同能调动双方的积极性，更有利于项目的目标控制和风险管理，合同双方都欢迎，可以收到很好的效果。

为了保证诚实信用原则的实现，必须有相应的合同措施。如果没有这些措施，或措施不完备，则难以形成诚实信用的氛围。例如，要业主信任承包商，业主必须采用如下措施“抓”住承包商：① 工程中的保函，保留金和其他担保措施；② 承包商的材料和设备进入施工现场，即作为业主的财产，没有业主（或工程师）的同意不得进入现场；③ 合同中对违约行为的处罚规定和仲裁条款。例如在国际工程中，在承包商严重违约情况下，业主可以将承包商逐出现场，而不解除他的合同责任，让其他承包商来完成合同，费用由违约的承包商承担。

（5）其他问题。

1）资格预审及投标单位的数量。业主要保证在工程招标中有比较激烈的竞争，则必须保证有一定量的投标单位。这样能取得一个合理的价格，选择余地较大。但如果投标单位太多，则管理工作量大，招标期较长。在预审期要对投标人有基本的了解和分析，并进行淘汰，最终提交投标书的单位还会减少，甚至有的单位投标后又撤回标书。对此要有一个基本把握，必须保证最终有一定量的投标人参加竞争，否则在开标时会很被动。

2）评标标准。确定评标的指标对整个合同的签订（承包商选择）和执行影响很大。实践证明，如果仅选择最低价中标，又不分析报价的合理性和其他因素，会导致工程过程中争执较多，工程合同失败的比例较高。因为它违反公平合理原则，承包商没有合理的利润，甚至要亏损，不会有好的履约积极性。所以人们越来越趋向采用综合评标，从报价、工期、方案、资信、管理组织等各方面综合评价，以选择中标者。

3）标后谈判的处理。一般在招标文件中业主都申明不允许进行标后谈判。这是为了掌握主动权。但从战略角度出发，业主应欢迎进行标后谈判，因为可以利用这个机会获得更合理的报价和更优惠的服务，对双方和整个工程都有利。这已为许多工程实践所证明。

4）业主的相关合同的协调。为了一个工程的建设，业主要签订许多合同，如设计合同、施工合同、供应合同。这些合同中存在十分复杂的关系，业主必须负责这些合同之间的协调。在实际工程中这方面的失误较多。这种协调与承包商的合同协调相似，将在后面讨论。

（6）业主合同总体策划的结果。业主合同总体策划是业主项目管理的总体筹划的重要组成部分，是在项目实施前对整个项目合同管理方案预先作出的科学合理的安排和设计，从而为整个项目的顺利实施奠定基础。业主合同总体策划的结果应该主要包括以下内容：

- 项目合同管理组织机构（如咨询公司或监理公司）及人员配备；
- 项目合同管理责任及其分解体系；
- 项目合同管理方案设计。

项目合同管理方案设计内容有项目发包模式选择、合同类型选择、合同结构体系（合同分解或合同标段划分）、招标方案设计、招标文件设计、合同文件设计、主要合同管理流程设计（如投资控制流程、工期控制流程、质量控制流程、设计变更流程、支付与结算管理流程、竣工验收流程、合同索赔流程、合同争议处理流程）等。

3．承包商合同总体策划

在工程施工合同履行过程中，业主往往处于主导地位。对于业主的合同决策，承包商作为承包单位，常常必须执行或服从选择。如招标文件、合同条件常常规定，承包商必须按照招标文件的要求制作投标文件，不允许修改合同条件，甚至不允许使用保留条款。否则，业主有理由认为承包商的投标书没有对业主的招标书予以实质响应，承包商的投标书自然无效。但承包商也有自己的合同策划问题。承包商的合同策划服从于承包商的基本目标和企业经营战略。

（1）投标方向的选择。承包商通过市场调查获得许多工程招标信息，他必须就投标方向作出战略决策，他的决策依据包括以下内容。

1）承包市场情况、竞争的形势，如市场处于发展阶段或处于不景气阶段。

2）该工程竞争者的数量以及竞争对手状况，以确定自己投标的竞争力和中标的可能性。

3）工程及业主状况。如工程的技术难度，时间紧迫程度，是否为重大的有影响的工程，例如一个地区的形象工程，该工程施工所需要的工艺，技术和设备；业主的规定和要求，如承包方式、合同种类、招标方式、合同的主要条款；业主的资信，如业主是否为资信好的企业或政府，业主过去有没有不守信用、不付款的历史，业主的建设资金准备情况和企业运行状况。如果需要承包商垫资，则更要小心。

4）承包商自身的情况，包括本公司的优势和劣势、技术水平、施工力量、资金状况、同类工程经验、现有的在建工程数量等。

投标方向的确定要能最大限度地发挥自己的优势，符合承包商的经营总战略，在承包商积极发展、力图打开局面时，应积极投标，增加发展机会。但承包商不要企图承包超过自己施工技术水平、管理水平和财务能力的工程，以及自己没有竞争力的工程。

（2）合同风险总评价。承包商在合同策划时必须对拟建工程的合同风险有一个总体的评价。一般地说，如果工程存在以下问题，则工程风险很大。

1）工程规模大，工期长，而业主要求采用固定总价合同形式。

2）业主仅给出初步设计文件让承包商做标，图纸不详细、不完备，工程量不准确、范围不清楚，或合同中的工程变更赔偿条款对承包商很不利，但业主要求采用固定总价合同。

3）业主将做标期压缩得很短，承包商没有时间详细分析招标文件，而且招标文件为外文，采用承包商不熟悉的合同条件。有许多业主为了加快项目进度，采用缩短做标期的方法，这不仅对承包商风险太大，而且会造成对整个工程总目标的损害，常常欲速则不达。

4）工程环境不确定性大。如物价和汇率大幅度波动、水文地质条件不清楚，而业主要求采用固定价格合同。

大量的工程实践证明，如果存在上述问题，特别是当一个工程项目中同时出现上述问题，则这个工程项目可能彻底失败，甚至有可能将整个承包企业拖垮。这些风险造成的损失的程度，在签订合同时常常是难以想象的。承包商若参加投标，要有足够的思想准备和措施准备。

在国际工程中，人们通过大量工程案例分析发现，一个工程合同争执、索赔的数量和工期的拖延时间与如下因素有直接关系：采用的合同条件、合同形式、做标期的长短、合同条款的公正性、合同价格的合理性、承包商的数量、评标的充分性、澄清会议、设计深度及准确性等。

（3）合同方式的选择。在施工总承包合同投标前，承包商必须就如何完成合同范围内的工程作出决定。因为在实践中，承包商往往不能自己独立完成全部工程，尤其是工程技术较为复杂、规模较大的工程，一方面没有这个能力，另一方面也没必要，或不经济。此时他可与其他承包商合作，并就合作方式作出选择。与其他承包商合作的目的是为了充分发挥各自的技术、管理、财力的优势，有所为有所不为，共同承担风险，谋取最大的经济利益。

1）分包。分包在工程中最为常见。分包常常出于如下原因。

① 技术上的需要。总承包商不可能也不必具备总承包合同工程范围内的所有专业工程的施工能力。通过分包的形式可以弥补总承包商技术、人力、设备、资金等方面的不足，同时总包商又可通过这种形式扩大经营范围，承接自己不能独立承担的工程。

② 经济上的需要。对有些分项工程，如果总承包商自己承担会亏本，而将它分包出去，让报价低同时又有能力的分包商承担，总承包商不仅可以避免损失，而且可以取得一定的经济效益。

③ 转嫁或减少风险。通过分包，可以将总包合同的风险部分地转嫁给分包商。这样，大家共同承担总承包合同风险，提高工程经济效益。

④ 业主的要求。业主指令总承包商将一些分项工程分包出去。总承包商将一些分项工程分包给指定分包商，出于如下两种情况：一种情况是对于某些特殊专业或需要特殊技能的分项工程，业主仅对某专业承包商信任和放心，要求或建议总承包商将这些工程分包给该专业承包商，即业主指定分包商；另一种情况是在国际工程中，一些国家规定外国总承包商承接本国工程后必须将一定量的工程分包给本国承包商；或工程只能由本国承包商承接，外国承包商只能分包。这是对本国企业的一种保护措施。

业主对分包商也有相应的要求，也要对分包商作资格审查。没有工程师（业主代表）的同意，分包商不得随意分包工程。由于承包商向业主承担全部工程责任，分包商出现任何问题都由总包负责，所以分包商的选择要十分慎重。一般在总承包合同报价前就要确定分包商的报价，商谈分包合同的主要条件，甚至签订分包意向书。国际上许多大承包商都有一些分包商作为自己长期的合作伙伴，形成自己的外围力量，以增强自己的经营实力。

当然，总承包商过多地分包或专业分包过细，会导致施工管理层次的增加和协调的困难，业主也会怀疑承包商自己的承包能力。这对合同双方来说都是极为不利的。

2）联营承包。联营承包是指两家或两家以上的承包商联合投标，共同承接工程。联营承包的优点有以下几点：

- 承包商可通过联营进行联合，以承接工程量大、技术复杂、风险大、难以独家承揽的工程，使经营范围扩大。
- 在投标中发挥联营各方技术和经济的优势，珠联璧合，通常都以总包的形式承接工程，各联营成员具有法律上的连带责任，业主比较欢迎和放心，容易中标。
- 在国际工程中，国外的承包商如果与当地的承包商联营投标，可以获得价格上的优惠。这样更能增加报价的竞争力。
- 在合同实施中，联营各方互相支持，取长补短，进行技术和经济的总合作。这样可以减少工程风险，增强承包商的应变能力，能取得较好的工程经济效果。
- 通常联营仅在某一工程中进行，该工程结束，则联营体解散，无其他牵挂。如果愿意，各方还可以继续寻求新的合作机会，所以它比合营、合资有更大的灵活性。合资成立一个具有法人地位的新公司通常费用较高，运行形式复杂，母公司仅承担有限责任，业主往往不信任。

联营承包已成为许多承包商的经营策略之一，在国内外工程中都较为常见。一般常见的联营承包形式是施工承包商间的，但也有设计承包商、设备供应商、工程施工承包商之间的联营承包。

（4）投标报价和合同谈判中一些重要问题的确定。投标报价是合同条款的核心内容，应该慎重和综合考虑各方影响因素，才可以准确定位。在投标报价和合同谈判中还有一些重要问题需确定。

- 承包商所属各分包（包括劳务、租赁、运输等）合同之间的协调。
- 分包合同的策划，如分包的范围、委托方式、定价方式和主要合同条款的确定。在这里要加强对分包商和供应商的选择和控制工作，防止由于他们的能力不足，或对本工程没有足够的重视而造成工程和供应的拖延，进而影响总承包合同的实施。
- 承包合同投标报价策略的制定。
- 合同谈判策略的制定等。

4. 承发包合同体系的协调

从上述分析可见，业主为了实现工程总目标，必须签订许多主合同；承包商为了履行他的承包合同责任，也往往订立许多分合同。这些合同从宏观上构成项目的合同体系，从微观上每个合同都定义并安排了一些工程活动，共同构成项目的实施过程，形成了一个有机的合同体系。在这个合同体系中，相关的同级合同之间，以及主合同和分合同之间存在着复杂的关系，在工程项目中，这个合同网络的建立和协调是十分重要的。合同之间关系的安排及协调是合同策划的重要内容。

（1）工程和工作内容的完整性。业主的所有合同确定的工程或工作范围应能涵盖项目的所有工作，即只要完成各个合同，就可实现项目总目标；承包商的各个分包合同与拟由自己完成的工程（或工作）应能涵盖总承包合同责任。在工作内容上不应有缺陷或遗漏。在实际工程中，这种缺陷会带来设计的修改、新的附加工程、计划的修改、施工现场的停工、工程延误等，导致双方发生争执。

为了防止缺陷和遗漏，应做好如下工作。

- 在招标前认真地进行总项目的系统分析，确定总项目的系统范围。
- 系统地进行项目的结构分解，在详细的项目结构分解的基础上列出各个合同的工程量表。实质上，将整个项目任务分解成几个独立的合同，每个合同中又有一个完整的工程量表，这都是项目结构分解的结果。
- 进行项目任务（各个合同或各个承包单位或项目单元）之间的界面分析。确定各个界面上的工作责任、成本、工期、质量的定义。工程实践证明，许多遗漏和缺陷常常都发生在界面上。

（2）技术上的协调。建设工程项目是一个系统工程，一个项目能够持续、正常运转，离不开项目中各子系统统一的质量、技术标准和要求。各专业工程之间，如建筑、结构、水、电、通信之间，应有很好的协调。工程项目业主为了工程项目实施方便，人为地将工程项目系统划分为几个不同的合同。

同一个项目中几个不同的合同之间的协调极其复杂，例如以下几点。

- 几个主合同之间设计标准的一致性，如土建、设备、材料、安装等相关联部分应有统一的质量、技术标准和要求。各专业工程之间，如建筑、结构、水、电、通信之间，应有很好的协调。
- 分包合同必须按照总承包合同的条件订立，全面反映总合同的相关内容。总承包合同风险要反映在分包合同中，由相关的分包商承担。为了保证总承包合同不折不扣地完成，分包合同一般比总承包合同条款更为严格、周密和具体，对分包单位提出更为严格的要求，所以对分包商的风险更大。
- 各合同所定义的专业工程之间应有明确的界面和合理的搭接。例如，供应合同与运输合同、土建施工合同和安装施工合同、安装施工合同和设备供应合同之间存在责任界面和搭接。界面上的工作容易遗漏，容易产生争执。

各个合同只有在技术上协调，才能共同构成符合总目标的工程技术系统。

（3）价格上的协调。一般在总承包合同估价前，就应向各分包商（供应商）询价，或进行洽商，在分包报价的基础上考虑到管理费等因素，作为总包报价，所以分包报价水平常常又直接影响总包报价水平和竞争力。

- 对大的分包（或供应）工程如果时间来得及，也应进行招标，通过竞争降低价格。
- 作为总承包商，周围最好要有一批长期合作的分包商和供应商作为忠实的伙伴。这是有战略意义的，可以确定一些合作原则和价格水准，这样可以保证分包价格的稳定性。
- 对总承包商来说，由于与业主的承包合同先订，而与分包商和供应商的合同后订，因此一般在签订总承包合同前先向分包商和供应商询价；待总承包合同签订后，再签订分包合同和供应合同。要防止在询价时分包商（供应商）报低价，而承包商中标后又报高价，特别是当询价时对合同条件（采购条件）未来得及细谈，分包商（供应商）有时找一些理由提高价格。一般可先订分包（或供应）意向书，既要确定价格，又要留有活口，防止总承包合同不能签订。

（4）时间上的协调。由各个合同所确定的工程活动不仅要与项目计划（或总承包合同）的时间要求一致，而且它们之间时间上要协调，即各种工程活动形成一个有序的、有计划的实施过程。例如，设计图纸供应与施工，设备、材料供应与运输，土建和安装施工，工程交付与运行等之间应合理搭接。

每一个合同都定义了许多工程活动，形成各自的子网络。它们又一齐形成一个项目的总网络。常见的设计图纸拖延，材料、设备供应脱节等都是这种不协调的表现。

例如某工程，主楼基础工程施工尚未开始，而供热的锅炉设备已提前到货，要在现场停放两年才能安装。这样不仅要占用大量资金，占用现场场地，增加保管费，而且超过设备的保修期，再出现设备质量问题供应商将不再负责。由此可见，签订相关合同要有统一的时间安排。要解决这种协调的一个比较简单的手段是在一张横道图或网络图上标出相关合同所定义的里程碑事件和它们的逻辑关系。这样便于计划、协调和控制。

（5）合同管理的组织协调。在实际工程中，由于工程合同体系中的各个合同并不是同时签订的，执行时间也不一致，而且常常也不是由一个部门统一管理的，因此它们的协调更为重要。这个协调不仅在签约阶段，而且在工程施工阶段都要重视；不仅是合同内容的协调，而且是职能部门管理过程的协调，形成一个有序的管理过程。

在工程施工承包项目中，承包商首先必须对如何完成合同范围内的工程作出决策。因为在施工过程中，承包商是不能独自完成工程项目的，尤其是工程施工的技术要求难度大、工程施工复杂、规模较大的工程、工期较长的工程，需要与其他承包商和分包商的合作，充分发挥各自的技术、管理、财力的优势，最大限度地发挥资源优势，降低风险，获得最优效用。

7.2.2 缔约阶段的合同管理

缔约阶段即为订立合同过程的阶段。《合同法》第9条规定："当事人订立合同，应当具有相应的民事权利能力和民事行为能力。"开标之后，如果投标人（具有民事行为能力）被列上了第一标或排在前几标，则说明投标人已具有进一步谈判和取得项目的可能性。从招标的程序上说，就进入了评标和决标阶段。对承包商来讲，缔约阶段是通过谈判手段力争拿到项目的阶段。本阶段的主要任务是：合同谈判战略的确定；做好合同谈判工作。承包商应选择最熟悉的合同，最好由有合同管理和合同谈判方面知识、经验和能力的人作为主谈者进行合同谈判。

1. 合同谈判战略的确定

按照常规，业主和承包商之间的合同谈判一般分为两步走，即评标、决标阶段谈判和商签合同阶段的谈判。前一阶段中，业主与通过评审委员会初步评审出的最有可能被接受的几个投标人进行商谈。商谈的主要问题是技术答辩，也包括价格问题和合同条件等问题。通过商谈，双方讨价还价，反复磋商逐步达成谅解和一致，最终选定中标人。当业主已最终选定一家承包商作为唯一的中标者，并只和这家承包商进一步商谈时，就进入了商签合同阶段。一般先由业主发出中标通知函，然后约见和谈判，即将过去双方通过谈判达成的一致意见具体化，形成完整的合同文件，进一步协商和确认，并最终签订合同。有时由于规定的评标阶段长，业主也往往先选定中标者，进行商谈后再发中标通知函，同时发出合同协议书，进一步商谈并最终签订合同协议书。

本阶段的谈判特点是，谈判局面已有所改变，承包商已由过去的时刻处于被人裁定的卖方的地位，转变为可以与业主及其咨询人员（即未来的项目监理工程师）同桌商谈的项目合伙人的地位。因此，承包商可以充分利用这一有利地位，对合同文件中的关键性条款，尤其是一些不够合理的条款，进一步展开有理、有利、有节的谈判，说服业主作出让步，力争合同条款公平合理。必要时还需要加入个别的保护承包商自身合法权益的条款。当然，这绝不能对以前已经达成的一致进行翻案，言而无信，而是从合作搞好项目出发，进一步提出建设性意见。另外，也要看到在双方未签署合同协议书以前，买方仍然有权改变卖方，买方可以约见第二位卖方另行商谈。一般来说，买方不会轻易这样做，因为买方与第二位卖方的会谈将会更困难，第二位卖方的身价必然要升高，买方的有利地位将削弱。因此，形成的合同文件中如果确有不合理的条款时，由于合同未签约，尚未缴纳履约担保，承包商不受合同的约束也不致蒙受巨大损失，在一些强加的不合理条款得不到公平合理的解决时，承包商往往宁可冒损失投标保证金的风险而退出谈判。然而，对承包商来说，毕竟还是要力争拿到项目的，并且还要考虑，一旦合同签约，这种有法律约束力的合同关系将会保持和延续很长时间，如果在本阶段的谈判中留有较强的阴影，必将在整个履行合同过程中导致一定程度的反映和报复。

本阶段的谈判必须要坚持运用建设型谈判方式，谋求双方的共同利益，建立新的合作伙伴关系，使双方能在履行合同过程中创立最佳的合作意愿和气氛，保证项目的顺利实施和建设成功。本阶段的谈判重点一般都放在合同文件的组成和顺序、合同条款的内容和条件以及合同价款的确认上。

2．做好合同谈判工作

在谈判阶段，不但要做好谈判的各项准备工作，选用恰当的谈判技巧和策略，而且要注意下列问题。

（1）符合承包商的基本目标。承包商的基本目标是取得工程利润，所以“合于利而动，不合于利而止”。这个“利”可能是该工程的赢利，也可能为承包商的长远利益。合同谈判和签订应服从企业的整体经营战略。“不合于利”，即使丧失工程承包资格，失去合同，也不能接受责权利不平衡、明显导致亏损的合同，这应作为基本方针。

承包商在签订承包合同中常常会犯这样的错误：

- 由于长期承接不到工程而急于求战，急于使工程成交，而盲目签订合同；
- 初到一个地方，急于打开局面、承接工程，而草率签订合同；
- 由于竞争激烈，怕丧失承包资格而接受条件苛刻的合同。

上述这些情况很少有不失败的。所以，作为承包商应牢固地确立这样的信念：宁可不承接工程，也不能签订不利的、明显导致亏损的合同。“利益原则”不仅是合同谈判和签订的基本原则，而且是整个合同管理和工程项目管理的基本原则。

（2）积极地争取自己的正当权益。合同法和其他经济法规赋予合同双方以平等的法律地位和权力。按公平原则，合同当事人双方应享有对等的权利和应尽的义务，任何一方得到的利益应与支付给对方的代价之间平衡。但在实际经济活动中，这个地位和权利还要靠承包商自己争取。而且在合同中，这个“平等”常常难以具体地衡量。如果合同一方自己放弃这个权利，盲目地、草率地签订合同，致使自己处于不利地位，受到损失，那么常常法律对他也难以提供帮助和保护。所以在合同签订过程中不能放弃自己的正当权益，草率地签订合同。

承包商在合同谈判中应积极地争取自己的正当权益，争取主动。如有可能，应争取合同文本的拟稿权。对业主提出的合同文本，应进行全面的分析研究。在合同谈判中，双方应对每个条款作具体商讨，争取修改对自己不利的苛刻的条款，增加承包商权益的保护条款。对重大问题不能客气和让步，要针锋相对，承包商切不可在观念上把自己放在被动地位上。

当然，谈判策略和技巧是极为重要的。通常，在决标前，即承包商尚要与几个对手竞争时，必须慎重，处于守势，尽量少提出对合同文本做大的修改。在中标后，即业主已选定承包商作为中标人，应积极争取修改风险型条款和过于苛刻的条款，对原则问题不能退让和客气。

（3）重视合同的法律性质。分析国际和国内承包工程的许多案例可以看出，许多承包合同失误是由于承包商不了解或忽视合同的法律性质、没有合同意识造成的。

合同一经签订，即成为合同双方的最高法律，它不是道德规范。合同中的每一条都与双方利害相关。签订合同是个法律行为，所以在合同谈判和签订中，既不能用道德观念和标准要求和指望对方，也不能用它们来束缚自己。这里要注意如下几点。

1）对各种可能发生的情况和各个细节问题都要考虑到，并作明确的规定，不能有侥幸心理。尽管从取得招标文件到投标截止时间很短，承包商也应将招标文件内容，包括投标人须知、合同条件、图纸、规范等弄清楚，并详细地了解合同签订前的环境，切不可期望到合同签订后再做这些工作。

2）一切都应明确地、具体地、详细地规定。对方已“原则上同意”“双方有这个意向”常常是不算数的。在合同文件中一般只有确定性、肯定性语言才有法律约束力，而商讨性、意向性用语很难具有约束力。通常意向书不属于确认文件，它不产生合同，实际用途较小。

在国际工程中，有些国家工程、政府项目，合同授予前须经政府批准或认可。对此，通常业主先给已选定的承包商发送意向书。这一意向书不产生合同。如果在合同正式授予前，承包商为工程做前期准备工作（如调遣队伍、订购材料和设备，甚至作现场准备等），而由于各种原因合同最终没有签订，那么承包商很难获得业主的费用补偿。因为意向书对业主一般没有约束力，除非在意向书中业主指令承包商在中标函发出前进行某些准备工作（一般为了节省工期），而且明确表示对这些工作付款，否则，承包商的风险很大。

对此，比较好的处理办法是，如果在中标函发出前业主要求承包商着手某些工作，则双方应签订一项单独施工准备合同。如果本工程承包合同不能签订，则业主对承包商作费用补偿。如果工程承包合同签订，则该施工准备合同无效（已包括在主合同中）。

3）在合同的签订和实施过程中，不要轻易相信任何口头承诺和保证，少说多写。双方商讨的结果、作出的决定或对方的承诺，只有写入合同或双方文字签署才算确定。

4）对在标前会议上和合同签订前的澄清会议上的说明、允诺、解释和一些合同外要求，都应以书面的形式确认，如签署附加协议、会谈纪要、备忘录等，或直接修改合同文件，写入合同中。这些书面文件也作为合同的一部分，具有法律效力，常常可以作为索赔的理由。

但是在合同签订前，双方需要对合同条件、中标函、投标书中的部分内容作修改，或取消这些内容，则必须直接修改上述文件，通常不能以附加协议、信件、会谈纪要等修改或确认。因为合同签订前的这些确认文件、协议等法律优先地位较低，当它们与合同协议书、合同条件、中标函、投标书等内容不一致或相矛盾时，后者优先。同样，在工作量表、规范中也不能有违反合同条件的规定。

（4）重视合同的审查和风险分析。不计后果地签订合同是危险的，也很少有不失败的。在合同签订前，承包商应认真地、全面地进行合同审查和风险分析，弄清楚自己的权益和责任以及完不成合同责任的法律后果。对每一条款的利弊得失都应清楚了解。承包商应委派有丰富合同工作经验和经历的专家承担这项工作。

合同风险分析和对策一定要在报价和合同谈判前进行，以作为投标报价和合同谈判的依据。在合同谈判中，双方应对各合同条款和分析出来的风险进行认真商讨。

在谈判结束、合同签约前，还必须对合同作再一次的全面分析和审查。其重点包括以下几点。

1）前面合同审查所发现的问题是否都有了落实，得到解决，或都已处理过；不利的、苛刻的、风险型条款，是否都已作了修改。

2）新确定的，经过修改或补充的合同条文还可能带来新的问题和风险，与原来合同条款之间可能有矛盾或不一致，仍可能存在漏洞和不确定性。在合同谈判中，投标书及合同条件的任何修改，签署任何新的附加协议、补充协议，都必须经过合同审查，并备案。

3）对仍然存在的问题和风险，是否都已分析出来，承包商是否都十分明了或已认可，已有精神准备或有相应的对策。

4）合同双方是否对合同条款的理解有完全的一致性。业主是否认可承包商对合同的分析和解释。对合同中仍存在着的不清楚、未理解的条款，应请业主作书面说明和解释。

最终将合同检查的结果以简洁的形式（如表或图）和精练的语言表达出来，交承包商，由他对合同的签约作最后决策。

在合同谈判中，合同主谈人是关键。他的合同管理和合同谈判知识、能力和经验对合同的签订至关重要。但他的谈判必须依赖于合同管理人员和其他职能人员的支持：对复杂的合同，只有充分地审查，分析风险，合同谈判才能有的放矢，才能在合同谈判中争取主动。

（5）尽可能使用标准的合同文本。《合同法》第 10 条规定："当事人订立合同，有书面形式、口头形式和其他形式。法律、行政法规规定采用书面形式的，应当采用书面形式。当事人约定采用书面形式的，应当采用书面形式。"现在，无论在国际工程中或在国内工程中都有通用的、标准的合同文本。由于标准的合同文本内容完整，条款齐全；双方责权利关系明确，而且比较平衡；风险较小，而且易于分析，因此承包商能得到一个合理的合同条件。这样可以减少招标文件的编制和审核时间，减少漏洞，双方理解一致，极大地方便合同的签订和合同的实施控制，对双方都有利。作为承包商，如果有标准合同文本，则应建议采用标准合同文本。

（6）加强沟通和了解。在招投标阶段，双方本着真诚合作的精神多沟通，达到互相了解和理解。实践证明，双方理解越正确、越全面、越深刻，合同执行中对抗越少，合作越顺利，项目越容易成功。

国际工程专家曾指出："虽然工程项目的范围、规模、复杂性各不相同，但一个被业主、工程师、承包商都认为成功的项目，其最主要的原因之一是，业主、工程师、承包商能就项目目标达成共识，并将项目目标建立在各种完备的书面合同上，它们应是平等的，并能明确工程的施工范围。"

作为承包商，应抓住如下几个环节：

- 正确理解招标文件，理解业主的意图和要求；
- 有问题可以利用标前会议或通过通信手段向业主提出，一定要多问，不可自以为是地解释合同；
- 在澄清会议上将自己的投标意图和依据向业主说明，同时又可以进一步了解业主的要求；
- 在合同谈判中进一步沟通，详细地交换意见。

7.2.3 履约阶段的合同管理

《合同法》第61条规定："当事人应当按照约定全面履行自己的义务。当事人应当遵循诚实信用原则，根据合同的性质、目的和交易习惯履行通知、协助、保密等义务。"合同签订后，作为企业层次的合同管理工作主要是进行合同履行分析、协助企业建立合适的项目经理部以及履行过程中的合同控制。

1. 合同履行总体分析

合同履行总体分析的主要对象是合同协议书和合同条件等。通过合同总体分析，将合同条款和合同规定落实到一些带全局性的具体问题上。总体分析通常在如下两种情况下进行。

（1）在合同签订后实施前，承包商首先必须确定合同规定的主要工程目标，划定各方面的义务和权利界限，分析各种活动的法律后果。合同总体分析的结果是工程施工总的指导性文件，此时分析的重点是：

- 承包商的主要合同责任、工程范围；
- 业主（包括工程师）的主要责任；
- 合同价格、计价方法和价格补偿条件；

- 工期要求和补偿条件；
- 工程受干扰的法律后果；
- 合同双方的违约责任；
- 合同变更方式、程序和工程验收方法等；
- 争执的解决等。

在分析中应对合同中的风险、执行中应注意的问题作出特别的说明和提示。

合同总体分析后，应将分析的结果以最简单的形式和最简洁的语言表达出来，交项目经理、各职能部门和各职能人员，以作为日常工程活动的指导。

（2）在重大的争执处理过程中，例如在重大的或一揽子索赔处理中，首先必须进行合同总体分析。

这里总体分析的重点是合同文本中与索赔有关的条款。对不同的干扰事件，则有不同的分析对象和重点。它对整个索赔工作起如下作用：

- 提供索赔（反索赔）的理由和根据；
- 合同总体分析的结果直接作为索赔报告的一部分；
- 作为索赔事件责任分析的依据；
- 提供索赔值计算方式和计算基础的规定；
- 索赔谈判中的主要攻守武器。

合同总体分析的内容和详细程度与如下因素有关。

第一，分析目的。如果在合同履行前作总体分析，一般比较详细、全面；而在处理重大索赔和合同争执时作总体分析，通常仅需要分析与索赔和争执相关的内容。

第二，承包商的职能人员、分包商和工程小组对合同文本的熟悉程度。如果是一个熟悉的、经常采用的文本（如国际工程中使用的FIDIC文本），则分析可简略，重点分析特殊条款和应重视的地方。

第三，工程和合同文本的特殊性。如果工程规模大、结构复杂、使用特殊的合同文本（如业主自己起草的非标准文本）、合同条款复杂、合同风险大、变更多、工程的合同关系复杂、相关的合同多，则应详细分析。

2. 项目经理部的建立

（1）建立有效运行的项目经理部。根据《建设工程项目管理规范》，项目经理是企业法定代表人在承包的建设工程项目上的委托代理人。根据企业法定代表人的授权范围、时间和内容进行管理；负责从开工准备到竣工验收阶段的项目管理。项目经理的管理活动是全过程的，也是全面的，即管理内容是全局性的，包含各个方面的管理。项目经理应接受法定代表人的领导，接受企业管理层、发包人和监理机构的检查与监督。因此，建设施工承包商在经过投标竞争获得工程项目承包资格后，首要任务是选定工程的项目经理。内部可以通过内部招标或委托方式，选聘项目经理，并由项目经理在企业支持下组建并领导、进行项目管理的组织机构，即项目经理部。

项目经理部的作用是：作为企业在项目上的管理层，负责从开工准备到竣工验收的项目管理，对作业层有管理和服务的双重职能；作为项目经理的办事机构，为项目经理的决策提供信息和依据，当好参谋，并执行其决策；凝聚管理人员，形成组织力，代表企业履行施工合同，对发包人和项目产品负责；形成项目管理责任制和信息沟通系统，以形成项目管理的载体，为实现项目管理目标而有效运转。

（2）签订“项目管理目标责任书”。企业法定代表人与项目经理签订“项目管理目标责任书”。“项目管理目标责任书”是企业法定代表人根据施工合同和经营管理目标要求，明确规定项目经理应达到的成本、质量、进度和安全等控制目标的文件。“项目管理目标责任书”由企业法定代表人从企业全局利益出发确定的项目经理的具体责任、权限和利益。“项目管理目标责任书”应包括五项内容：企业各部门与项目经理部之间的关系；项目经理部所需作业队伍、材料、机械设备等的供应方式；应达到的项目质量、安全、进度和成本目标；在企业制度规定以外的，由企业法定代表人委托的事项；企业对项目经理部人员进行奖惩的依据、标准、办法及应承担的责任。

（3）进行合同交底。企业的合同管理机构组织项目经理部的全体成员学习合同文件和合同分析的结果，对合同的主要内容作出解释和说明，统一认识，使大家熟悉合同中的主要内容、各种规定、管理程序，了解承包商的合同责任和工程范围及各种行为的法律后果等。

3. 合同控制

工程施工的过程就是施工合同的实施过程。要使合同顺利实施，合同双方必须共同完成各自的合同责任。不利的合同使合同实施和合同管理非常艰难，但通过有力的合同管理可以减轻损失或避免更大的损失。而如果在合同实施过程中管理不善，没有进行有效的合同管理，即使是一个有利的合同，同样也不会有好的经济效益。

（1）合同控制的必要性。所谓控制，就是行为主体为保证在变化的条件下实现其目标，按照拟定的计划和标准，通过各种方法，对被控制对象实施中发生的各种实际值与计划值进行检查、对比、分析和纠正，以保证工程实施按预定的计划进行，顺利地实现预定的目标。合同控制指承包商的合同管理组织为保证合同所约定的各项义务的全面完成及各项权利的实现，以合同分析的成果为基准，对整个合同实施过程进行全面监督、检查、对比和纠正的管理活动。

合同控制是保证合同目标实现、了解合同执行情况、解决合同执行中的问题的方法和手段；是调整合同目标和合同计划的依据；是提高项目管理水平、人员管理能力、项目控制能力的重要手段。因此，在合同履行过程中，必须对合同进行有效的控制。

（2）合同控制程序。

- 合同实施监督。合同实施监督是工程合同管理的日常事务性工作，首先应表现在对工程活动的监督上，即保证按照预先确定的各种计划、设计、施工方案实施工程。

  工程实际状况反映在原始的工程资料（数据）上，如质量检查报告、分项工程进度报告、记工单、用料单、成本核算凭证等。

- 合同跟踪。合同跟踪是将收集到的工程资料和实际数据进行整理，得到能够反映工程实施状况的各种信息，如各种质量报告、各种实际进度报表、各种成本和费用收支报表及它们的分析报表。将这些信息与工程目标（如合同文件、合同分析文件、计划、设计等）进行对比分析，就可以发现两者的差异。差异的大小，即为工程实施偏离目标的程度。如果没有差异，或差异较小，则可以按原计划继续实施工程。
- 合同诊断。合同诊断对合同执行情况的评价、判断和趋向分析、预测。
- 调整与纠偏。调整与纠偏可以详细分析差异产生的原因和它的影响，并对症下药，采取措施进行调整。

（3）工程实施控制的主要内容。工程实施控制包括成本控制、质量控制、进度控制、合同控制几方面的内容。成本、质量、工期是由合同定义的三大目标，承包商最根本的合同责任是达到这三个目标，所以合同控制是其他控制的保证。通过合同控制可以使质量控制、进度控制、成本控制协调一致，形成一个有序的项目管理过程。各种控制的内容、目的、依据如表 7-1 所示。

表 7-1　工程实施控制的主要内容

项　　目	控制内容	控制目的	控制依据
成本控制	保证按计划成本完成工程，防止成本超支和费用增加	计划成本	各分项工程、分部工程、总工程的计划成本，人力、材料、资金计划，计划成本曲线
质量控制	保证按合同规定的质量完成工程，使工程顺利通过验收，交付使用，达到预定的功能要求	合同规定的质量标准	工程说明、规范、图纸、工作量表
进度控制	按预定进度计划进行施工，按期交付工程，防止承担工期拖延责任	合同规定的工期	合同规定的总工期计划，业主批准的详细的施工进度计划、网络图、横道图等
合同控制	按合同全面完成承包商的责任，防止违约	合同规定的各项责任	合同范围内的各种文件，合同分析资料

7.3　工程合同的主要类型

7.3.1　工程施工合同

1. 工程施工合同的概念

工程施工合同是发包人与承包人之间为完成商定的建设工程项目，明确双方权利和义务的协议。依据施工合同，承包人应完成一定的建筑、安装工程等任务，发包人应提供必要的施工条件并支付工程价款。施工合同是建设工程合同的一种，它与其他建设工程合同一样，是一种双务合同，在订立时也应遵守自愿、公平、诚实信用等原则。

建设工程施工合同是建设工程合同的主要合同，是工程建设质量控制、进度控制、投资控制的主要依据。通过合同关系，可以确定建设市场主体之间的相互权利义务关系，这对规范建筑市场有重要作用。1999年3月15日九届全国人大第二次会议通过，1999年10月1日开始实施的《中华人民共和国合同法》对建设工程合同作了专章规定。《中华人民共和国建筑法》（1997年11月1日通过，1998年3月1日开始实施）、《中华人民共和国招标投标法》（1999年8月30日通过，2000年1月开始实施）也有许多涉及建设工程施工合同的规定。这些法律是我国建设工程施工合同管理的依据。

2. 工程施工合同的特征

（1）合同标的的特殊性。工程施工合同的标的是各类建筑产品，建筑产品是不动产，其基础部分与大地相连，不能够移动。这就决定了每个工程施工合同标的都是具有特殊性的，相互间具有不可替代性。这还决定了施工生产的流动性。建筑物所在地就是施工生产场地，施工队伍、施工机械必须围绕建筑产品不断移动。另外，建筑产品的类别庞杂，其外观、结构、使用目的、使用人各不相同，这就要求每一个建筑产品都需要单独设计和施工（即使可重复利用的标准设计或重复使用图纸，也应采取必要的修改设计才能施工），即建筑产品是单件性生产，这也决定了工程施工合同标的的特殊性。

（2）合同履行期限的长期性。建筑施工由于结构复杂、体积大、建筑材料类型多、工作量大，使得工期都较长（与一般工业产品的生产相比），而合同履行期限肯定要长于施工工期，因为工程建设的施工应当在合同签订后才开始，且需加上合同签订后到正式开工前的一个较长的施工准备时间，以及工程全部竣工验收后办理竣工结算及保修期的时间。在工程施工过程中，还可能因为不可抗力、工程变更、材料供应不及时等原因而导致工期的顺延。所有这些情况，决定了工程施工合同的履行期限具有长期性。

（3）合同内容的多样性和复杂性。虽然工程施工合同的当事人只有两方，但其涉及的主体却有多种。与大多数合同相比，施工合同的履行期限长、标的额大，涉及的法律关系（包括劳动关系、保险关系、运输关系等）具有多样性和复杂性，这就要求施工合同的内容尽量详尽。工程施工合同除了应当具备合同的一般内容外，还应对安全施工、专利技术使用、发现地下障碍物和文物、工程分包、不可抗力、工程设计变更，以及材料设备的供应、运输、验收等内容作出规定。所有这些都决定了工程施工合同的内容具有多样性和复杂性。

（4）合同监督的严格性。由于工程施工合同的履行对国家的经济发展、公民的工作和生活都有重大的影响，因此，国家工程对施工合同的监督是十分严格的。具体体现在以下几方面。

1）对合同主体监督的严格性。工程施工合同主体一般只能是法人。发包人一般只能是经过批准进行工程项目建设的法人，必须有国家批准的建设项目，落实投资计划，并且应当具备相应的协调能力。承包人则必须具备法人资格，而且应当具备相应的从事施工的资质。无营业执照或无承包资质的单位不能作为工程施工合同的承包人，资质等级低的单位不能越级承包建设工程。

2）对合同订立监督的严格性。订立工程施工合同必须以国家批准的投资计划为前提，即使是国家投资外的、以其他方式筹集的投资也要受到当年的贷款规模和批准限额的限制，并经过严格的审批程序。工程施工合同的订立还必须符合国家关于建设程序的规定。同时，考虑到建设工程的重要性和复杂性，在施工过程中经常会发生合同履行的纠纷，《合同法》要求工程施工合同的订立应采取书面形式。

3）对合同履行监督的严格性。在工程施工合同的履行过程中，除了合同当事人应当对合同进行严格管理外，合同的主管机关（工商行政管理机构）、金融机构、建设行政主管机关等，都要对工程施工合同的履行进行严格的监督。

3. 工程施工合同涉及的有关各方

（1）发包人。发包人是指在协议书中约定的，具有工程发包主体资格和支付工程价款能力的当事人以及取得该当事人资格的合法继承人。

（2）承包人。承包人是指在协议书中约定的，被发包人接受的具有工程施工承包主体资格的当事人以及取得该当事人资格的合法继承人。项目经理是承包人在专用条款中指定的负责施工管理和合同履行的代表。

（3）工程师。工程师是指本工程监理单位委派的总监理工程师或发包人指定的履行本合同的代表，其具体身份和职权由发包人在专用条款中约定，但职责不得相互交叉。而监理单位是指发包人委托的负责本工程监理并取得相应工程监理资质等级证书的单位。

（4）设计单位。设计单位是指发包人委托的负责本工程设计并取得相应工程设计资质等级证书的单位。

（5）工程造价管理部门。工程造价管理部门是指国务院有关部门、县级以上人民政府建设行政主管部门或其委托的工程造价管理机构。

7.3.2　工程监理合同

建设工程监理，是指监理单位受项目法人的委托，依据国家批准的工程项目建设文件、有关工程建设的法律法规和工程建设监理合同及其他建设工程施工合同，对工程建设实施的监督管理，建设工程监理制度是国际上通行的做法，许多发达国家如美国、日本、欧共体国家已经形成了一套完整的法律制度。实行工程监理是我国工程建设与国际接轨的一项重要工作，也是我国工程建设领域中管理体制改革的重大举措之一。实践证明，实行建设工程建立制度，对保证工程质量和建筑安全生产具有重要的意义和作用。

1. 监理人与承包人、发包人的关系

建设施工合同的履行中，由于监理人的介入，形成了一种监理人与承包人、发包人（业主或委托人）既互相协作又互相监督的三元格局。这种格局以建设施工合同和委托监督合

同为纽带，以优质、优效、安全地完成建设工程为最终目的，正确认识三者之间的法律关系，有利于实践中理顺三者之间的关系，协调、统一地行动，提高工程的质量和效益。

（1）监理人的性质。监理人即建设监理单位，是指经政府建设监理管理机构批准，具有法人资格的工程监理公司。它受业主委托，主要从事工程建设可行性研究，招标投标、组织与审查勘察设计、监督施工等服务活动。符合建设监理条件的工程设计、科研、工程咨询等单位，经政府建设监理管理机构批准，也可以兼营工程监理业务。建设监理单位是一种中介机构，它委派监理工程师在建设工程施工合同的施工活动中进行组织和监督。监理工程师的权限来源于其所属单位与业主订立的建设工程委托监理合同。即便是国家强制监理的工程，监理单位如果没有建设方项目法人的授权，也不能实施监理活动。

（2）监理人与发包人的法律关系。《合同法》第276条规定："建设工程需要实行监理的，发包人应当与监理人采用书面形式订立委托监理合同。发包人与监理人的权利和义务以及法律责任，应当依照本法委托合同以及其他有关法律、行政法规的规定。"工程建设监理合同是一种委托合同，因此，发包人与监理人是委托与被委托的关系。监理合同订立后，建设方把对工程建设项目的一部分管理权授予监理单位，委托其代为行使。建设方的授权委托是监理单位依法实施工程建设监理的直接依据，是工程建设实行监理制的本质要求。应该注意的是，这种授权委托关系不是代理关系，更不是雇用与被雇用的关系。委托关系与代理关系的区别主要在于，受托人以自己的名义为受托的行为，而代理人则以被代理人的名义为代理行为。监理单位是一种中介组织，是独立的民事主体，它在行使监理职能的时候以自己的名义进行。雇用与被雇用的关系不是平等的法律关系，表现在前者支配后者，后者的工作具有从属性。然而监理单位接受建设方的委托后，并非唯命是从。监理人中介组织的地位和委托法律关系的性质，决定了监理人在从事工程建设建立活动时，应当遵循守法、诚信、公正、科学的准则，应当凭借自己的专业技能，依照法律、行政法规及有关技术标准、设计文件和建设工程承包合同，对施工单位进行监督。

（3）监理人与承包人的法律关系。监理方与施工方之间则是监理与被监理的关系。两者之间虽然没有直接合同法律关系，但施工方要接受监理方的监督。因为，一方面，根据《合同法》的规定，业主（发包人）有权监督施工方的合同履行情况，施工方有义务接受建设方的监督。建设方通过监理合同授权监理人履行监理职责，监理人就取得了代替建设方监督施工方履行合同义务的权利，施工方则必须接受监理人的监督。另一方面，监理人是依法执业的机构，法律赋予了它对施工活动中的违法违规行为进行监督的权利和职责。换言之，监理人实施工程建设监理，其权利来源一是有关监理的法律规定，二是建设方的直接授权。

2．工程监理合同的概念及组成

工程监理合同属于委托合同的范畴，是工程发包人将项目建设过程中与第三方所签订的合同履行管理任务，以合同方式委托监理人负责监督、协调和管理而订立的合同。

工程监理合同与建设工程合同、物资采购合同等最大的区别表现为标的性质上的差异。

监理合同的标的是监理人凭借自己的知识、经验和技能，为所监理的工程建设合同的实施，向项目法人提供服务从而获得报酬。在参与工程建设过程中，监理人与勘察人、设计人和施工承包人等的根本区别在于其不直接从事生产活动，不承包项目建设任务。因此，监理合同不是经营性合同，也不是承包性合同，而是服务性合同。

住建部和国家工商行政管理总局颁发的《建设工程委托监理合同（示范文本）》由“建设工程委托监理合同”、“建设工程委托监理合同标准条件”和“建设工程委托监理合同专用条件”三部分组成。其中，“建设工程委托监理合同”是一个总的协议，是纲领性的法律文件，经双方当事人在有限的空格内填写具体规定的内容并签字盖章后即产生法律效力。“建设工程委托监理合同标准条件”的内容具有较强的通用性，适用于各类建设工程项目监理。“建设工程委托监理合同专用条件”是对具体工程而言，结合地域特点、专业特点和委托监理项目的工程特点，对标准条件中的某些条款的补充和修正。

3. 建设工程委托监理合同标准条件的主要内容

（1）监理人的工作。监理人的工作是按照委托监理工程的范围来划分的，因此实施的监理任务可以区分为工程监理的正常工作、工程监理的附加工作和工程监理的额外工作三大类。

1）工程监理的正常工作。工程监理的正常工作是指双方在专用条件中约定、委托人委托的监理工作范围和内容。工程监理的正常工作是订立合同时可以预见的工作，据此约定预计的监理工作时间和酬金。

2）工程监理的附加工作。工程监理的附加工作是指委托人委托监理范围以外、通过双方书面协议另外增加的工作内容；或者由于委托人或承包人原因，使监理工作受到阻碍或延误，因增加工作量或持续时间而增加的工作。

3）工程监理的额外工作。工程监理的额外工作是指正常工作和附加工作以外，或非监理人自己的原因而暂停或终止监理业务，其善后工作及恢复监理业务的工作。

（2）合同双方的权利义务与责任。

1）监理人义务。

- 监理人按合同约定派出监理工作需要的监理机构及监理人员，向委托人报送委派的总监理工程师及其监理机构主要成员名单、监理规划，完成监理合同专用条件中约定的监理工程范围内的监理业务。在履行合同义务期间，应按合同约定定期向委托人报告监理工作。
- 监理人在履行监理合同的义务期间，应认真、勤奋地工作，为委托人提供与其水平相适应的咨询意见，公正维护各方面的合法权益。
- 监理人使用委托人提供的设施和物品属委托人的财产。在监理工作完成或终止时，应将其设施和剩余的物品按合同约定的时间和方式移交给委托人。
- 在合同期内或合同终止后，未征得有关方同意，不得泄露与监理工程、监理合同业务有关的保密资料。

- 监理人在监理过程中，不得泄露委托人申明的秘密，监理人亦不得泄露设计人、承包人等提供并申明的秘密。

2）委托人义务。

- 委托人在监理人开展监理业务之前应向监理人支付预付款。
- 委托人应当负责工程建设的所有外部关系的协调，为监理工作提供外部条件。根据需要，如将部分或全部协调工作委托监理人承担，则应在专用条件中明确委托的工作和相应的报酬。
- 委托人应当在双方约定的时间内免费向监理人提供与工程有关的为监理工作所需要的工程资料。
- 委托人应当在专用条款约定的时间内就监理人书面提交并要求作出决定的一切事宜作出书面决定。
- 委托人应当授权一名熟悉工程情况、能在规定时间内作出决定的常驻代表（在专用条款中约定），负责与监理人联系。更换常驻代表，要提前通知监理人。
- 委托人应当将授予监理人的监理权利，以及监理人主要成员的职能分工、监理权限及时书面通知已选定的承包合同的承包人，并在与第三人签订的合同中予以明确。
- 委托人应在不影响监理人开展监理工作的时间内提供与监理工程合作的原材料、构配件、机械设备等生产厂家名录和有关的协作单位、配合单位的名录。
- 委托人应免费向监理人提供办公用房、通信设施、监理人员工地住房及合同专用条件约定的设施，对监理人自备的设施给予合理的经济补偿。

  补偿金额＝设施在工程使用时间占折旧年限的比例×设施原值＋管理费

- 根据情况需要，如果双方约定，由委托人免费向监理人提供其他人员，应在监理合同专用条件中予以明确。

3）监理人权利。监理人在委托人委托的工程范围内，享有以下权利。

- 选择工程总承包人的建议权。对工程建设有关事项，包括工程规模、设计标准、规划设计、生产工艺设计和使用功能要求等，有向委托人的建议权。
- 选择工程分包人的认可权。
- 审批工程施工组织设计和技术方案，按照保质量、保工期和降低成本的原则，向承包人提出建议，并向委托人提出书面报告。
- 对工程设计中的技术问题，按照安全和优化的原则，向设计人提出建议；如果拟提出的建议可能会提高工程造价或延长工期，应当事先征得委托人的同意。当发现工程设计不符合国家颁布的建设工程质量标准或设计合同约定的质量标准时，监理人应当书面报告委托人并要求设计人更正。监理人在监理工作过程中提出的合理化建议，使委托人得到了经济效益，委托人应按专用条件中的约定给予经济奖励。
- 工程施工进度的检查、监督权以及工程实际竣工日期提前或超过工程施工合同规定的竣工期限的签认权。在工程施工合同约定的工程价格范围内，工程款支付的审核和签认权，以及工程结算的复核确认权与否决权。未经总监理工程师签字确认，委托人不支付工程款。

- 主持工程建设有关协作单位的组织协调，重要协调事项应当事先向委托人报告。
- 征得委托人同意，监理人有权发布开工令、停工令、复工令，但应当事先向委托人报告。如在紧急情况下未能事先报告，则应在 24 小时内向委托人作出书面报告。
- 工程上使用的材料和施工质量的检验权。对于不符合设计要求和合同约定及国家质量标准的材料、构配件、设备，有权通知承包人停止使用；对于不符合规范和质量标准的工序、分部分项工程和不安全施工作业，有权通知承包人停工整改、返工。承包人得到监理机构复工令后才能复工。
- 监理人在委托人授权下，可对任何合同规定的承包人的义务提出变更。如果由此严重影响了工程费用或质量或进度，则这种变更须经委托人事先批准。在紧急情况下未能事先报委托人批准时，监理人所作的变更也应尽快通知委托人。在监理过程中如发现工程承包人人员工作不力，监理机构可要求承包人调换有关人员。
- 在委托的工程范围内，委托人或承包人对对方的任何意见和要求（包括索赔要求），均必须首先向监理机构提出，由监理机构研究处置意见，再同双方协商确定。当委托人和承包人发生争议时，监理机构应根据自己的职能，以独立的身份判断，公正地进行调解。当由政府建设行政主管部门调解或仲裁机关仲裁监理人与委托人的争议时，监理人应当提供作证的事实材料。

4）委托人权利。

- 委托人有选定工程总承包人以及与其订立合同的权利，同时还有对工程规模、设计标准、规划设计、生产工艺设计和设计使用功能要求的认定权以及对工程设计变更的审批权。
- 委托人有权要求监理人提交监理工作月报及监理业务范围内的专项报告。
- 当委托人发现监理人员不按监理合同履行监理职责，或与承包人串通给委托人或工程造成损失的，委托人有权要求监理人更换监理人员，直到终止合同并要求监理人承担相应的赔偿责任或连带赔偿责任。监理人调换总监理工程师须事先经委托人同意。

5）监理人责任。

- 监理人的责任期即委托监理合同有效期。在监理过程中，如果因工程建设进度的推迟或延误而超过书面约定的日期，双方应进一步约定相应延长的合同期。
- 监理人在责任期内，应当履行约定的义务，如果因监理人过失而造成委托人的经济损失，应当向委托人赔偿。累计赔偿总额不应超过监理报酬总额（除去税金）。
- 监理人对承包人违反合同规定的质量要求和完工（交图、交货）时限，不承担责任。因不可抗力导致委托监理合同不能全部或部分履行，监理人不承担责任。但对由于监理人不履行义务引起的与之有关的事宜，向委托人承担赔偿责任。

- 监理人向委托人提出赔偿要求不能成立时，监理人应当补偿由于该索赔所导致委托人的各种费用支出。

6）委托人责任。委托人应当履行委托监理合同约定的义务，如有违反则应当承担违约责任，赔偿给监理人造成的经济损失。监理人处理委托业务时，因非监理人的原因受到损失的，可以向委托人要求补偿损失。委托人如果向监理人提出赔偿的要求不能成立，则应当补偿由该索赔所引起的监理人的各种费用支出。

（3）监理酬金。正常的监理工作、附加工作和额外工作的报酬，按照监理合同专用条件中约定的方法计算，并按约定的时间和数额支付。一般来讲，正常的监理工作酬金就是合同内约定的监理酬金，按工程实施的进度支付，而附加工作和额外工作的酬金则是按合同内约定的计算方法以实际发生计算。

如果委托人在规定的支付期限内未支付监理报酬，那么自规定之日起，还应向监理人支付滞纳金。滞纳金从规定支付期限最后一日起计算。支付监理报酬所采取的货币币种、汇率由合同专用条件约定。

如果委托人对监理人提交的支付通知书中的报酬或部分报酬项目提出异议，应当在收到支付通知书 24 小时内向监理人发出表示异议的通知，但委托人不得拖延其他无异议报酬项目的支付。

（4）监理合同的变更、终止与解除。

1）由于委托人或承包人的原因使监理工作受到阻碍或延误，以致发生了附加工作或延长了持续时间，则监理人应当将此情况与可能产生的影响及时通知委托人。完成监理业务的时间相应延长，并得到附加工作的报酬。在委托监理合同签订后，实际情况发生变化，使得监理人不能全部或部分执行监理业务时，监理人应当立即通知委托人，该监理业务的完成时间应予延长。当恢复执行监理业务时，应当增加不超过 42 天的时间用于恢复执行监理业务，并按双方约定的数量支付监理报酬。

2）监理人向委托人办理完竣工验收或工程移交手续，承包人和委托人已签订工程保修责任书，监理人收到监理报酬尾款，监理合同即终止。保修期间的责任，双方在专用条款中约定。

3）当事人一方要求变更或解除合同时，应当在 42 天前通知对方，因解除合同使一方遭受损失的，除依法可以免除责任的，其他应由责任方负责赔偿。变更或解除合同的通知或协议必须采取书面形式，协议未达成之前，原合同仍然有效。

4）监理人在应当获得监理报酬之日起 30 天内仍未收到支付单据，而委托人又未对监理人提出任何书面解释时，或根据双方约定的关于终止或解除合同的条款，已暂停执行监理业务时限超过 6 个月的，监理人可向委托人发出终止合同的通知；发出通知后 14 天内仍未得到委托人答复的，可进一步发出终止合同的通知，如果第二份通知发出后 42 天内仍未得到委托人答复，可终止合同或自行暂停或继续暂停执行全部或部分监理业务，由委托人承担违约责任。监理人由于非自己的原因而暂停或终止执行监理业务，其善后工作以及恢复执行监理业务的工作，应当视为额外工作，有权得到额外的报酬。

5）当委托人认为监理人无正当理由而又未履行监理义务时，可向监理人发出指明其未履行义务的通知。若委托人发出通知后 21 天内没有收到答复，可在第一个通知发出后 35 天内发出终止委托监理合同的通知，合同即行终止。监理人承担违约责任。

6）合同协议的终止并不影响各方应有的权利和应当承担的责任。

（5）争议的解决。因违反或终止合同而引起的对方损失和损害的赔偿，双方应当协商解决，如未能达成一致，可提交主管部门协调，如仍未能达成一致，根据双方约定提交仲裁机关仲裁或向人民法院起诉。

7.3.3　工程设计合同

1．设计合同的概念

建设工程设计合同是指根据建设工程的要求，对建设工程所需的技术、经济、资源和环境等条件进行综合分析、论证，编制建设工程设计文件的协议。

工程设计合同的签订除依据发包人提供的资料、技术要求、取费标准和期限外，还应遵循《合同法》、《建筑法》和《建设工程勘察设计合同管理办法》的规定。此外，这类合同还要求设计承包人必须是有民事权利能力和民事行为能力的特定法人资格的组织。设计人必须有国家相关部门批准的设计许可证和资质证书；某一资质等级的勘察设计人只能承接相应等级或投资限额的项目，越级承包者，勘察设计合同无效。建设工程勘察设计合同的订立必须符合国家规定的基本建设程序。

2．设计合同的主要内容

（1）委托任务的工作范围。

- 设计范围。合同内应明确建设规模，详细列出工程分项的名称、层数和建筑面积（见表 7-2）。

表 7-2　设计范围列表

序号	分项名称	建筑规模		设计阶段及内容			估算总投资（万元）	费率（%）	估算设计费（元）
		层数	建筑面积	方案	初步设计	施工图			

- 建筑物设计的合理使用年限要求。
- 委托的设计阶段和内容可能包括方案设计、初步设计和施工图设计的全过程，也可能是其中的某一个或某几个阶段。
- 设计深度要求。国家颁布的设计规范属于设计强制性标准，即必须达到的最低标准。发包人可以要求设计标准高于规范标准，但不得要求设计人违反国家标准进行设计。
- 设计人配合施工工作要求。包括向发包人和施工承包人进行设计交底、处理有关设计问题、参加重要隐蔽工程部位的验收和竣工验收等工作。

（2）发包人应提供的文件和资料。发包人应向设计人提供有关的项目批准文件和工程勘察资料，以确保设计顺利进行。

委托初步设计的，在初步设计开始前，应提供经过批准的设计任务书，选址报告，原料、燃料、水、电、运输等方面的协议文件和能满足初步设计要求的勘察资料以及需要经过科研取得的技术资料、设计文件中选用的国家标准图、部门标准图和地方标准图。

委托施工图设计的，在施工图设计开始前，应提供经过批准的初步设计文件和能满足施工图设计要求的勘察资料、施工条件以及有关设备的技术资料。

（3）发包人和设计人的责任。

1）发包人责任。

- 发包人按合同约定向设计人提交基础资料及文件，并对其完整性、正确性及时限负责。发包人不得要求设计人违反国家有关标准进行设计。发包人提交上述资料及文件超过规定期限15天以内，设计人交付文件时间可以相应顺延；发包人交付上述资料及文件超过规定期限15天以上时，设计人有权重新确定提交设计文件的时间。进行专业工程设计时，如果设计文件中需要选用国家、部委或地方颁发的标准图，由发包人负责解决。
- 发包人变更委托设计项目、规模、条件或因提交的资料错误，或对所提交资料作较大修改，以致造成设计人设计返工时，双方除另行协商签订补充协议（或另订合同）、重新明确有关条款外，发包人应按设计人所耗工作量向设计人支付返工费。未签订合同前发包人已同意，确认了设计人为发包人所做的各项设计工作，发包人应支付相应设计费。
- 发包人应为设计人派驻现场的工作人员提供工作、生活及交通等方面的便利条件及必要的劳动保护装备。
- 发包人必须按合同规定支付定金，并以收到定金作为设计人设计开工的标志。未收到定金，设计人有权推迟设计工作的开工时间，同时交付设计文件的时间顺延。
- 发包人的上级或设计审批部门对设计文件不审批或本合同项目停缓建，发包人均应支付应付的设计费。
- 发包人要求设计人比合同规定时间提前交付设计文件时，须征得设计人同意，不得严重背离合理设计周期，且发包人应支付赶工费。
- 发包人应当保护设计人的投标书、设计方案、文件、资料图样、数据、计算软件和专利技术。未经设计人同意，发包人对设计人交付的设计资料及文件不得擅自修改、复制或向第三人转让或用于本合同以外的项目。发生以上情况，发包人承担法律责任，设计人有权向发包人提出索赔。
- 设计的阶段成果完成后，应由发包人负责组织鉴定和验收，并负责向发包人的上级或有管理资质的设计审批部门完成报批手续。施工图设计完成后，发包人应将施工图报送建设行政主管部门，由建设行政主管部门委托的审查机构进行结构安全和强制性标准、规范执行情况等内容的审查。发包人和设计人应共同保证施工图设计满足以下条件：建筑物的设计稳定、安全和可靠；设计符合有关强制性标准和规范，如消防、节能、抗震等；设计的施工图达到规定的设计深度；不存在有可能损害公共利益的其他影响。

- 承担本项目外国专家的接待费（包括传真、电话、复印、办公等费用）。

2）设计人责任。

- 设计人应按国家规定和合同约定的技术规范、标准进行设计，按合同约定的内容、时间及份数向发包人交付设计文件（因发包人原因造成的交付设计文件顺延的情况除外），并对提交的设计文件的质量负责。
- 负责设计的建筑物需要注明设计合理使用年限。设计文件中选用的材料、结构配件和设备等，应当注明规格、型号和性能等技术指标，其质量要求必须符合国家规定的标准。
- 负责对外商的设计资料进行审查，负责该合同项目的设计联络工作。
- 设计人对设计文件出现的遗漏或错误负责修改或补充。
- 设计人应配合设计交底和工程验收等工作，并持续解决施工中出现的设计问题。发包人要求设计人派专人留驻施工现场进行配合与解决有关问题时，双方应另行签订补充协议或技术咨询服务合同。
- 设计人应保护发包人的知识产权，不得向第三人泄露、转让发包人的产品设计图等技术经济资料。如发生以上情况并给发包人造成的损失，发包人有权向设计人索赔。
- 设计人交付设计文件后，按规定参加有关上级的设计审查，并根据审查结论负责对不超出原定范围的内容作必要调整补充。为了维护设计文件的严肃性，经过批准的设计文件不应随意变更。发包人、施工承包人和监理人均不得修改建设工程设计文件。如果发包人根据工程实际需要确需修改建设工程设计文件，应首先报经原审批机关批准，然后由原设计单位进行修改。在某些特殊情况下，发包人经原设计人同意后，可以委托其他具有相应资质的设计单位进行修改，修改单位对修改的设计文件承担相应责任。修改后的设计文件仍需按设计管理程序，经有关部门审批后使用。
- 设计人按合同规定时限交付设计文件。一年内项目开始施工，负责向发包人及施工单位进行设计交底、处理有关设计问题和参加竣工验收。在一年内项目尚未开始施工，设计人仍负责上述工作，可按所需工作量向发包人适当收取咨询服务费，收费额由双方商定。

（4）设计费用的支付管理。双方应在合同中约定设计费，收费依据和计算方法按国家和地方有关规定执行；国家和地方没有规定的，由双方商定。如果上述费用为估算设计费，则双方在初步设计审批后，按批准的初步设计概算核算设计费。工程建设期间如遇概算调整，则设计费也应相应调整。实际设计费按初步设计概算（施工图设计概算）核定，多退少补。实际设计费与估算设计费出现差额时，双方另行签订补充协议。

合同生效后3天内，发包人支付设计费总额的20%作为定金（合同结算时，定金抵作设计费）。设计人提交相应的报告、成果或阶段性设计文件后，发包人应在约定时限内支付约定比例的设计费。施工图完成后，发包人结清设计费，不留尾款。如果发包人委托设计人承担本合同以外的工作服务，应另行支付费用。

（5）设计合同生效、设计期限与合同终止。

1）合同生效。设计合同经双方当事人签字盖章后生效。发包人应在合同签字后3天内支付定金，设计人收到定金即为设计开工的标志。如果设计人未能按时收到定金，设计人有权推迟开工时间，且交付设计文件的时间也相应顺延。

2）设计期限。设计期限是判定设计人是否按期履行合同义务的判定标准，除了合同约定的交付设计文件的时间外，还包括由于非设计人原因或由发包人应承担的风险造成的经过双方补充协议确定的顺延时间。

3）合同终止。在合同正常履行情况下，工程施工完成竣工验收工作，或者委托专业建设工程设计完成施工安装验收，设计人为合同项目的服务至此结束，设计合同终止。

（6）违约责任。

1）发包人违约。

- 发包人延期支付设计费。发包人应按本合同规定的金额和日期向设计人支付设计费，每逾期支付一天，应承担应支付金额2%的逾期违约金，且设计人提交设计文件的时间顺延。逾期超过30天时，设计人有权暂停履行下阶段工作，并书面通知发包人。
- 发包人要求终止合同。在合同履行期间，发包人要求终止或解除合同。设计人未开始设计工作的，不退还发包人已付的定金；已开始设计工作的，发包人应根据设计人已进行的实际工作量，不足一半时，按该阶段设计费的一半支付；超过一半时，按该阶段设计费的全 部支付。
- 审批工作延误或未通过。发包人的上级或设计审批部门对设计文件不审批或本合同项目停缓建，均视为发包人应承担的风险。设计人提交合同约定的设计文件和相关资料后，发包人均应支付应付的设计费。

2）设计人违约。

- 设计质量。由于设计人设计错误导致工程质量事故而发生的损失，设计人除负责采取补救措施外，应免收受损失部分的设计费，并根据损失程度向发包人支付赔偿金，赔偿金数额由双方商定为实际损失的一定百分比。
- 设计人延期交付设计文件。由于设计人原因，延误了设计文件交付时间，每延误一天，应减收该项目应收设计费的2‰。
- 设计人要求终止合同。合同生效后，设计人要求终止或解除合同，设计人应双倍返还发包人已支付的定金。

（7）合同争议解决方式。合同发生争议，发包人、设计人应及时协商解决，也可由当地建设行政主管部门调解，协商或调解不成时，可以由事先约定的仲裁委员会仲裁。发包人、设计人未在本合同中约定仲裁机构，事后又未达成书面仲裁协议的，可向人民法院起诉。由于不可抗力因素致使合同无法履行时，双方应及时协商解决。

7.3.4　工程总承包合同

1．工程总承包合同的概念

业主方把建设工程项目的设计任务和施工任务进行综合委托的模式可称为建设工程项目总承包或工程总承包，这是一种新型的建设任务委托模式。建设工程项目总承包模式起源于欧洲，是对传统承发包模式的变革，是为了解决设计与施工分离的弊端而产生的一种新模式。建设工程项目总承包的基本出发点是借鉴工业生产组织的经验，实现建设生产过程的组织集成化，以克服由于设计与施工的分离致使投资增加或由于设计和施工的不协调而影响进度等弊端。

工程总承包合同是指业主将工程项目的勘察、设计、采购、施工、试运行（交工验收）等全过程或若干阶段委托给承包人所签订的合同实施管理任务，以合同方式委托承包人完成对工程项目所承包的部分而订立的合同。其主要模式有两种：一种是设计、采购、施工（Engineering Procurement Construction，EPC）交钥匙总承包形式，另一种是设计、施工（Design-Build，DB）总承包形式。目前国外项目普遍采取工程总承包形式，我国也正在推广这种工程总承包形式。

积极推行工程总承包，是深化我国工程建设项目组织实施方式改革、提高工程建设管理水平、保证工程质量和投资效益、规范建设市场秩序的重要措施，2004 年原建设部号召推行工程总承包制，但由于没有统一合同文本，各地方仍然无法全面推行。住建部牵头编写的《工程总承包合同示范文本》在参照 FIDIC 合同条件的基础上，也根据我国的国情作了诸多修订。本书现对《工程总承包合同示范文本（征求意见稿）》的通用条款中关于进度、质量、付款等内容进行简单介绍，与读者共同讨论。

2．工程总承包合同的主要内容

建设工程项目总承包与施工承包的最大不同之处在于承包商要负责全部或部分的设计，并负责物资设备的采购。

（1）项目总承包的任务。建设工程项目项目总承包的任务应该明确规定。从时间范围上，一般可包括从工程立项到交付使用的工程建设全过程，具体可包括勘查设计、设备采购、施工、试车等内容。从具体的工程范围看。可包括所有的主题和附属工程、工艺、设备等。

（2）开展项目总承包的依据。合同中应该将业主对工程项目的各种要求描述清楚，承包商可以据此开展设计、采购和施工。开展项目总承包的依据可能包括以下几个方面：

- 业主的功能要求；

- 业主提供的部分设计图；
- 业主自行采购设备清单；
- 业主采用的工程技术标准和各种工程技术要求；
- 工程所在地有关工程建设的国家标准、地方标准或者行业标准。

3. 合同当事人的权利义务

（1）发包人的义务和权利。

- 负责办理项目的审批、核准或备案手续，取得项目用地的使用权，完成拆迁补偿工作，使项目具备法律规定的开工条件。
- 履行合同中约定的合同价格调整、付款、竣工结算义务。
- 有权根据合同约定，以及国家法律对安全、质量、标准、环境保护和职业健康等强制性规定，对承包人的设计、采购、施工等实施工作提出建议、修改和变更。
- 有权根据合同约定，对因承包人原因给发包人带来的任何损失和损害提出赔偿。
- 发包人认为必要时，有权发出书面形式的暂停通知。该类暂停给承包人造成的费用增加时，由发包人承担，或造成工程关键路径延误的，竣工日期相应延长。
- 发包人负责协调处理施工现场周围的地下、地上已有设施和邻近建筑物、构筑物、古树名木、文物及坟墓等的安全保护工作，维护现场周围的正常秩序，并承担相关费用，承包人接受发包人对前述某事项的委托时，另行签订委托协议作为合同附件。
- 发包人负责工程现场临近正在使用、生产或运行的建筑物、构筑物、生产装置、设施、设备等，要设置隔离设施，竖立禁止入内、禁止动火的明显标志，并以书面形式通知承包人须遵守的安全规定和位置范围。因发包人的原因给承包人造成的损失和伤害，由发包人负责。
- 本合同未作约定，而在工程主体结构或工程主要装置完成后，发包人要求进行涉及建筑主体及承重结构变动或涉及重大工艺变化的装修工程时，双方另行签订委托合同，作为本合同附件，由承包人提出设计方案后方能施工。
- 发包人自行决定此类装修或发包人与第三方签订委托合同，由发包人或发包人另行委托的第三方提出设计方案及施工的，由此造成的损失、损害由发包人负责。
- 发包人对其代表、雇员、监理人及其委托的其他人员进行安全教育，并遵守承包人工程现场的安全规定。因上述人员未能遵守承包人工程现场的安全规定发生的人身伤害、安全事故，由发包人负责。发包人、发包人代表、雇员、监理人及其委托的其他人员，遵守健康、安全和环境的相关约定。
- 发包人负责与工程当地有关治安部门的联系、沟通和协调，并承担相关费用。发包人有权对承包人的保安工作实行归口领导。发包人按合同约定占用的区域、接收的单项工程和工程，由发包人承担相关保安工作及因此产生的费用、损害和责任。

（2）承包人的义务和权利。

- 按照合同约定的标准、规范、工程的功能、规模、考核目标和竣工日期，完成设计、采购、施工、竣工试验和竣工后试验是承包人的义务。

- 承包人有义务按合同约定，自费修复因承包人原因引起的设计、文件、设备、材料、部件、施工、竣工试验和竣工后试验存在的缺陷。
- 承包人有义务按合同约定和发包人的要求，提交相关报表。报表的类别、内容、提交时间，在专用条款中约定。
- 发包人通知暂停的，承包人有权根据约定提出费用增加和（或）竣工日期延长。
- 对因发包人原因给承包人带来的任何损失、损害或造成工程关键路径延误的，承包人有权要求赔偿或（和）延长竣工日期。
- 承包人质量保证体系认证证书，在合同实施过程中保持持续有效，并建立本合同项下的质量保证体系。承包人按合同约定的质量标准规范，确保设计、采购、加工制造、施工、竣工试验、竣工后试验和考核验收的质量，并遵照国家有关质量保修责任的规定对工程进行保修。
- 承包人按合同约定，并遵照建设工程设计管理条例、建设工程质量管理条例及有关安全生产的法律规定，进行设计、采购、施工、竣工试验，保证工程的安全性能。承包人遵守现场安全施工和环境安全有关约定。
- 承包人按合同约定，并遵照建设工程勘察设计管理条例、建设工程环境保护条例及相关的法律规定进行工程的环境保护设计及职业健康保护设计，保证工程符合环境保护和职业健康的法律规定。
- 承包人按约定的项目进度计划，合理有序地组织设计、采购、施工、竣工试验和竣工后试验需要的各类资源，采用有效的实施方法和组织方法. 保证项目进度计划的实现。
- 承包人承担其进入现场、施工开工至发包人接收单项工程或（和）工程之前的现场（含承包人的预制加工场地、办公及生活营区）保安责任，并负责编制相关的保安制度、责任制度和报告制度，提交给发包人。
- 承包人对分包人负责。因分包人的任何违约行为、管理不善、疏忽或其他过错导致工程质量出现缺陷，给发包人造成损失或导致竣工日期延误的，承包人对分包人负责，承包人和分包人就分包工程对发包人承担连带责任。

4．进度计划、延误和暂停

（1）设计进度计划。承包人根据批准的项目进度计划和约定的设计审查阶段及发包人组织的设计阶段审查会议的时间安排，编制设计进度计划。设计进度计划经发包人认可后执行。发包人的认可并不能解除承包人的合同责任。

承包人收到发包人提供的项目基础资料、现场障碍资料及预付款后的第 1 天，作为设计开工日期。因发包人未能按约定提供设计基础资料、现场障碍资料等相关资料，造成设计开工日期延误的，设计开工日期和工程竣工日期相应顺延；因承包人原因造成设计开工日期延误的，应自费赶上。

（2）采购进度计划。承包人的采购进度计划要符合项目进度计划的时间安排，并与设计、施工、竣工试验及竣工后试验的进度计划相衔接。在专用条款中约定采购开始日期。因承包人的原因导致采购延误，造成的停工、窝工损失和竣工日期延误，由承包人负责。因发包人原因导致采购延误，给承包人造成的停工、窝工损失，由发包人承担；造成工程关键路径延误的，竣工日期相应顺延。

（3）施工进度计划。承包人在现场施工开工15天前提交一份包括施工进度计划在内的总体施工组织设计。施工进度计划要符合项目进度计划的时间安排，并与设计、采购、竣工试验进度计划衔接。发包人需要承包人提交关键单项工程或（和）关键分部分项工程施工进度计划的，应在专用条款中约定。

（4）暂停。发包人可以书面形式通知承包人暂停工程实施中的任何工作。通知中列明暂停日期及预计暂停的期限。承包人因执行此项暂停而承受的费用增加，或因复工而增加的合理费用，由发包人承担。因此造成工程关键路径延误的，竣工日期相应顺延。

发包人的暂停超过45天且暂停影响到整个工程，或发包人的暂停超过180天，或因不可抗力的暂停致使合同无法履行的，根据由承包人解除合同的约定，承包人有权发出解除合同的通知。因承包人原因所造成的部分工程或工程的暂停，所发生的损失、损害及竣工日期延误，由承包人负责。

5．质量与检验

承包人及其分包人随时接受发包人、工程总监、行政主管部门、质量管理部门、安全管理部门、行业质量安全检查人员或发包人委派的第三方质量检查单位所进行的安全质量的监督和检查。第三方的验收结果视为发包人的验收结果。承包人为此类质量检查活动提供便利。当其检查、检验、检测、试验的结果合格，承包人增加的费用或（和）工程关键路径延误时，按变更和调整合同价格的约定，作为一项变更。

质检部位分为：发包人、监理人与承包人三方参检的部位；监理人与承包人两方参检的部位；第三方或承包人一方参检的部位。对施工质量进行检查的部位、检查标准及验收的表格格式在专用条款中约定。经承包人一方检查合格的部位，报发包人或监理人备案。发包人和工程总监有权随时对备案的部位进行抽查或全面检查。

经质量检查合格的工程部位，发包人有权在不影响工程正常施工的条件下，重新进行质量检查。需要质检的隐蔽工程和中间验收部位的分类、部位、质检内容、质检标准、质检表格和参检方在专用条款中约定。发包人或（和）监理人在任何时间内，有权对已经验收的隐蔽工程要求重新检验，承包人按要求拆除覆盖、剥离或开孔，并在检验后重新覆盖或修复。经检验不合格时，由此发生的费用由承包人承担，使工程关键路径延误时，竣工日期不予延长；经检验合格时，承包人增加的费用或工程关键路径的延误，按照变更和调整合同价格的约定，作为一项变更。

对施工质量结果的争议，首先协商解决。经协商未达成一致意见的，委托双方一致同意的、具有相应资格的工程质量检测机构进行鉴定。根据鉴定结果，责任方为承包人时，因此造成的费用增加或竣工日期延误，由承包人负责；责任方为发包人时，因此造成的费用增加由发包人承担，工程关键路径因争议受到延误的，竣工日期相应顺延。

根据工程项目的具体情况和特点，在专用条款约定对单项工程或（和）工程进行接收。对不存在竣工试验或竣工后试验的单项工程或（和）工程，承包人完成扫尾工程和缺陷修复，并符合合同约定的验收标准的，按合同约定办理工程接收和竣工验收，并签发工程或（和）单项工程接收证书。对工程或（和）单项工程的操作、使用没有实质影响的扫尾工程和缺陷修复，不能作为发包人不接收工程的理由。自单项工程和（或）工程接收之日起，发包人承担其保安责任及其照管责任。

6. 合同总价和付款

总承包合同为总价合同，除变更和合同价格的调整以及合同中其他相关增减金额的约定外，合同价格不作调整。发包人依据合同约定的应付款类别和付款时间安排，向承包人支付合同价款。

发包人同意将按合同价格的一定比例作为预付款金额，具体金额在专用条款中约定。合同约定了预付款保函时，在合同生效后，发包人收到承包人提交的预付款保函后10天内，根据约定的预付款金额一次支付给承包人；未约定预付款保函时，发包人在合同生效后10天内根据约定的预付款金额向承包人支付。

工程进度款包括设计进度款、采购进度款、施工进度款、竣工试验进度款、竣工后试验服务费和工程总承包管理费等，支付方式、支付条件和支付时间等，在专用条款中约定。付款方式可以选择按月付款或按付款计划表付款。

按月申请付款，以合同协议书约定的合同价格为基础，按每月实际完成的工程量（含设计、采购、施工、竣工试验和竣工后试验等）的合同金额提交付款申请。承包人提交付款申请报告的格式、内容、份数和时间，在专用条款中约定。按月付款申请报告中的款项包括按工程进度款约定的款项类别、按合同价格调整约定的增减款项、按预付款约定的支付及扣减的款项、按质量保修金额约定的暂扣及支付的款项、根据索赔结果增减的款项、根据另行签订的本合同的补充协议增减的款项。

按付款计划表申请付款，以合同协议书约定的合同价格为基础，按照在专用条款约定的付款期数、计划每期达到的主要形象进度或（和）完成的主要计划工程量（含设计、采购、施工、竣工试验和竣工后试验等）及每期付款金额，并依据专用条款约定的格式、内容、份数和提交时间，由承包人提交当期付款申请报告。每期付款申请报告中的款项包括按约定的当期计划申请付款的金额、按合同价款调整约定的增减款项、按预付款约定的支付及扣减的款项、按质量保修金额约定的暂扣及支付的款项、根据索赔结果增减的款项、根据另行签订的本合同的补充协议增减的款项。

因发包人的原因未能按约定的时间向承包人支付工程进度款的，从此后的第15天开始，以中国人民银行颁布的同期贷款利率向承包人支付延期付款的利息，计算延期付款的违约金额。发包人延误付款15天以上，承包人有权向发包人发出付款通知，发包人收到通知后仍不能付款的，承包人可暂停部分工作，视为发包人导致的暂停，并遵照发包人的暂停的约定执行。发包人延误付款达 60 天以上，并影响到整个工程实施的，承包人有权向发包人发出解除合同的通知。

7.3.5 PPP 项目合同管理

PPP 作为一种新型的融资模式，在我国基础设施建设中得到了广泛的使用。PPP 项目合同作为一种特殊的工程项目合同，逐渐运用到各种工程领域中。2015 年 6 月，在《财政部关于进一步做好政府和社会资本合作项目示范工作的通知》57 号文中，财政部对入选第二批 PPP 示范项目的基本条件之一，就是合作期限原则上不低于 10 年。因此，PPP 项目合同属于长期合同，通过合同正确表达意愿、合理分配风险、妥善履行义务、有效主张权利，是政府和社会资本长期友好合作的重要基础，也是 PPP 项目顺利实施的重要保障。

1. PPP 项目合同概述

（1）PPP 的概念。PPP（Public-Private-Partnership），即公私合作模式，是公共基础设施中的一种项目融资模式。在该模式下，鼓励私营企业、民营资本与政府进行合作，参与公共基础设施的建设。

（2）PPP 项目合同。PPP 项目合同是指政府方（政府或政府授权机构）与社会资本方（社会资本或项目公司）依法就 PPP 项目合作所订立的合同。在 PPP 项目中，除项目合同外，项目公司的股东之间，以及项目公司与项目的融资方、承包商、专业运营商、原料供应商、产品或服务购买方、保险公司等其他参与方之间，还会围绕 PPP 项目合作订立一系列合同来确立和调整彼此之间的权利和义务关系，共同构成 PPP 项目的合同体系。PPP 项目合同是整个合同体系的基础和核心，政府方与社会资本方的权利、义务关系，以及 PPP 项目的交易结构、风险分配机制等均通过 PPP 项目合同确定，并以此作为各方主张权利、履行义务的依据和项目全生命周期顺利实施的保障。

2. PPP 模式运行的重要特征

（1）伙伴关系。伙伴关系是 PPP 的首要特征。它强调各个参与方平等协商的关系和机制，这是 PPP 项目的基础所在。伙伴关系必须遵从法治环境下的“契约精神”，建立具有法律意义的契约伙伴关系，即政府和非政府的市场主体以平等民事主体的身份协商订立法律协议，双方的履约责任和权益受到相关法律、法规的确认和保护。

（2）利益共享。PPP 项目一般具有很强的公益性，同时也具有较高的垄断性（特许经营特征）。建立利益共享机制，即政府和社会资本之间共享项目所带来利润的分配机制是 PPP 项目的第二个基本特征。PPP 项目的标准至少包括两个，即政府公共投资的项目和由社会资本参与完成的该政府公共投资项目，包括建设和运营。PPP 项目中，政府和非政府的市场主体应当在合作协议中确立科学合理的利润调节机制，确保社会资本按照协议规定的方式取得合理的投资回报，避免项目运营中可能出现的问题，造成社会资本无法收回投资回报或者使得政府违约。PPP 以“风险共担、利益共享、合理利润”为基准优化利益调节机制，表现为价格的利益分配，一般不宜用涨价方式实现必要的利益调整，需要政府综合考虑以其他方式（如补贴方式）作出必要替代。

（3）风险分担。伙伴关系不仅意味着利益共享，还意味着风险分担。PPP 模式中合作双方的风险分担更多是考虑双方风险的最优应对、最佳分担，尽可能做到每一种风险都能由最善于应对该风险的合作方承担，进而达到项目整体风险的最小化。要注重建立风险分担机制。风险分担原则，旨在实现整个项目风险的最小化，要求合理分配项目风险，项目设计、建设、融资、运营维护等商业风险原则上由社会资本承担，政策、法律和最低需求风险等由政府承担。

3．PPP 项目主要参与方

PPP 项目的参与方通常包括政府、社会资本方、融资方、承包商和分包商、专业运营商、原料供应商、产品或服务购买方等。

（1）政府。根据 PPP 项目运作方式和社会资本参与程度的不同，政府在 PPP 项目中所承担的具体职责也不同。总体来讲，在 PPP 项目中，政府需要同时扮演以下两种角色：作为公共事务的管理者，政府负有向公众提供优质且价格合理的公共产品和服务的义务，承担 PPP 项目的规划、采购、管理、监督等行政管理职能，并在行使上述行政管理职能时形成与项目公司（或社会资本）之间的行政法律关系；作为公共产品或服务的购买者（或者购买者的代理人），政府基于 PPP 项目合同，形成与项目公司（或社会资本）之间的平等民事主体关系，按照 PPP 项目合同的约定行使权利、履行义务。

（2）社会资本方。社会资本方是指与政府方签署 PPP 项目合同的社会资本或项目公司，是指依法设立且有效存续的具有法人资格的企业，包括民营企业、国有企业、外国企业和外商投资企业。但本级人民政府下属的政府融资平台公司及其控股的其他国有企业（上市公司除外）不得作为社会资本方参与本级政府辖区内的 PPP 项目。社会资本是 PPP 项目的实际投资人。但在 PPP 实践中，社会资本通常不会直接作为 PPP 项目的实施主体，而会专门针对该项目成立项目公司，作为 PPP 项目合同及项目其他相关合同的签约主体，负责项目具体实施。

项目公司是依法设立的自主运营、自负盈亏的具有独立法人资格的经营实体。项目公司可以由社会资本（可以是一家企业，也可以是多家企业组成的联合体）出资设立，也可以由政府和社会资本共同出资设立。但政府在项目公司中的持股比例应当低于 50%，且不具有实际控制力及管理权。

（3）融资方。PPP 项目的融资方通常有商业银行、出口信贷机构、多边金融机构（如世界银行、亚洲开发银行等）以及非银行金融机构（如信托公司）等。根据项目规模和融资需求的不同，融资方可以是一两家金融机构，也可以是由多家银行或机构组成的银团，具体的债权融资方式除贷款外，也包括债券、资产证券化等。

（4）承包商和分包商。在 PPP 项目中，承包商和分包商的选择是影响工程技术成败的关键因素，其技术水平、资历、信誉以及财务能力在很大程度上会影响贷款人对项目的商业评估和风险判断，是项目能否获得贷款的一个重要因素。承包商主要负责项目的建设，通常与项目公司签订固定价格、固定工期的工程总承包合同。一般而言，承包商要承担工期延误、工程质量不合格和成本超支等风险。

对于规模较大的项目，承包商可能会与分包商签订分包合同，把部分工作分包给专业分包商。根据具体项目的不同情况，分包商从事的具体工作可能包括设计、部分非主体工程的施工、提供技术服务，以及供应工程所需的货物、材料、设备等。承包商负责管理和协调分包商的工作。

（5）专业运营商（部分项目适用）。根据不同 PPP 项目运作方式的特点，项目公司有时会将项目部分的运营和维护事务交给专业运营商负责。但根据项目性质、风险分配以及运营商资质能力等不同，专业运营商在不同项目中所承担的工作范围和风险也会不同。例如，在一些采用政府付费机制的项目中，项目公司不承担需求风险或仅承担有限需求风险的，可能会将大部分的运营事务交由专业运营商负责；而在一些采用使用者付费机制的项目中，由于存在较大需求风险，项目公司可能仅仅会将部分非核心的日常运营管理事务交由专业运营商负责。

（6）原料供应商（部分项目适用）。在一些 PPP 项目中，原料的及时、充足、稳定供应对于项目的平稳运营至关重要，因此原料供应商也是这类项目的重要参与方之一。例如，在燃煤电厂项目中，为了保证煤炭的稳定供应，项目公司通常会与煤炭供应商签订长期供应协议。

（7）产品或服务购买方（部分项目适用）。在包含运营内容的 PPP 项目中，项目公司通常通过项目建成后的运营收入来回收成本并获取利润。为了降低市场风险，在项目谈判阶段，项目公司以及融资方通常都会要求确定项目产品或服务的购买方，并由购买方与项目公司签订长期购销合同以保证项目未来的稳定收益。

（8）其他参与方。除上述参与方之外，开展 PPP 项目还必须充分借助投资、法律、技术、财务、保险代理等方面的专业技术力量，因此 PPP 项目的参与方通常还可能会包括上述领域的专业机构。

4. PPP 项目的合同体系

在 PPP 项目中，项目参与方通过签订一系列合同来确立和调整彼此之间的权利和义务关系，构成 PPP 项目的合同体系。PPP 项目的合同通常包括 PPP 项目合同、股东协议、履约合同（包括工程承包合同、运营服务合同、原料供应合同、产品或服务购买合同等）、融资合同和保险合同等。其中，PPP 项目合同是整个 PPP 项目合同体系的基础和核心。在 PPP 项目合同体系中，各个合同之间并非完全独立、互不影响的，而是紧密衔接、相互贯通的。具体如图 7-2 所示。

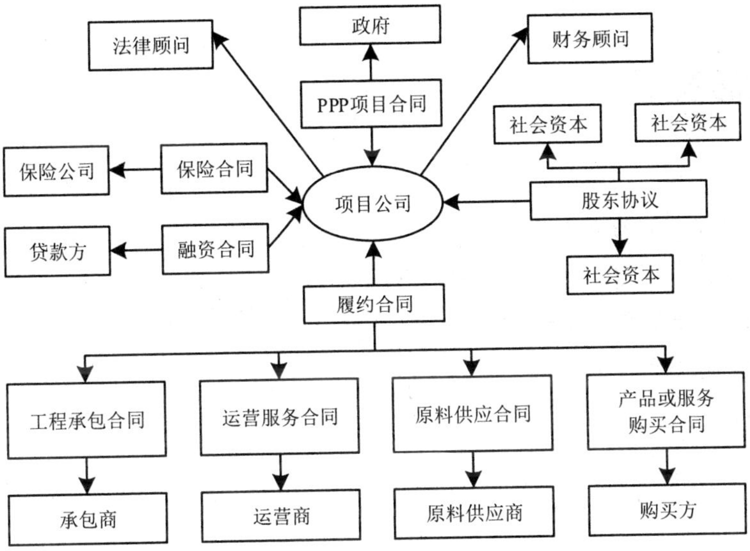

图 7-2　PPP 项目合同体系

本章小结

合同管理是指合同主体为规范合同涉及的各项事务，充分发挥制度在实际运营中的重要作用，运用各种法律、制度的特性和功能，从经济、法律、技术和实效等角度出发，通过有计划的领导、组织与控制，依法对合同进行订立、履行、变更、解除、转让、终止、审查、监督及处置等一系列活动的总称。

合同管理的特点是期限长、风险性、动态性、复杂性、效益性。

合同法是调整平等主体的自然人、法人、其他组织之间在设立、变更、终止合同同时所发生的社会关系的法律规范总称。

工程合同是指在工程建设过程中，业主与项目参与的各方依法订立的，明确各方权利义务关系的协议。

缔约阶段即为订立合同过程的阶段。缔约阶段的合同管理包括合同谈判战略的确定和做好合同谈判工作。合同签订后，作为企业层次的合同管理工作，主要是进行合同履行分析、协助企业建立合适的项目经理部以及履行过程中的合同控制。

工程合同的主要类型有工程施工合同、工程监理合同、工程设计合同和工程总承包合同。

PPP 项目合同是指政府方（政府或政府授权机构）与社会资本方（社会资本或项目公司）依法就 PPP 项目合作所订立的合同。

复习思考题

1. 问答题

（1）简述合同法的概念及特点。

（2）订立施工合同应具备的条件是什么？

（3）工程合同管理的原则是什么？

（4）工程合同的主要类型有哪些？

2. 判断题

（1）建设工程施工合同范本由协议书、通用条款、专用条款三部分组成，并附有三个附件。（ ）

（2）建设工程合同是双务、有偿、实践、要式的合同。（ ）

（3）《监理委托合同》经过当事人双方协商一致而终止后，双方的权利和责任也立即终止。（ ）

3. 选择题

（1）合同争议的解决顺序为（ ）。

A．和解—调解—仲裁—诉讼　　B．调解—和解—仲裁—诉讼

C．和解—调解—诉讼—仲裁　　D．调解—和解—诉讼—仲裁

（2）因承包人的违反合同行为导致工程竣工时间的延长，监理单位（ ）。

A．不承担责任　　B．承担全部责任

C．担监督不力的责任　　D．承担连带责任

（3）施工合同的合同工期是判定承包人提前或延误竣工的标准。订立合同时约定的合同工期概念应为，从（ ）的日历天数计算。

A．合同签字日起按投标文件中承诺

B．合同签字日起按招标文件中要求

C．合同约定的开工日起按投标文件中承诺

D．合同约定的开工日起按招标文件中要求

（4）设计合同履行过程中，因委托方提出的变更要求需对设计所依据的原设计任务书进行重大修改，则应（ ）。

A．由业主报请原设计任务书的批准单位同意

B．由设计单位报请原设计任务书的编制单位同意

C．原合同继续有效

D．变更原合同

E．原合同终止，双方重新签合同

（5）订立施工合同应具备的条件包括（　　）。

A．工程项目已列入年度建设计划

B．具备了施工所需的设计文件和技术资料

C．初步设计已经批准

D．施工图设计已经批准

E．建设资金和主要建筑材料设备来源已落实

实训题

某监理单位承担了一工业项目的施工监理工作。经过招标，建设单位选择了甲、乙施工单位分别承担A、B标段工程的施工，并按照《建设工程施工合同（示范文本）》分别和甲、乙施工单位签订了施工合同。建设单位与乙施工单位在合同中约定，B标段所需的部分设备由建设单位负责采购。乙施工单位按照正常的程序将B标段的安装工程分包给丙施工单位。在施工过程中，发生了如下事件：

事件1：建设单位在采购B标段的锅炉设备时，设备生产厂商提出由自己的施工队伍进行安装更能保证质量，建设单位便与设备生产厂商签订了供货和安装合同，并通知了监理单位和乙施工单位。

事件2：总监理工程师根据现场反馈信息及质量记录分析，对A标段某部位隐蔽工程的质量有怀疑，随即指令甲施工单位暂停施工，并要求剥离检验。甲施工单位称该部位隐蔽工程已经专业监理工程师验收，若剥离检验，监理单位需赔偿由此造成的损失并相应延长工期。

【问题】

（1）在事件1中，建设单位将设备交由厂商安装的做法是否正确？为什么？

（2）在事件1中，若乙施工单位同意由该设备生产厂商的施工队伍安装该设备，监理单位应该如何处理？

（3）在事件2中，总监理工程师的做法是否正确？为什么？试分析剥离检验的可能结果及总监理工程师相应的处理方法。

第 8 章　工程施工合同管理

本章学习目标

☑ 掌握工程施工合同的订立以及合同双方的主要义务。
☑ 掌握工程施工合同中的进度、质量、造价及安全管理。
☑ 熟练应用工程施工合同管理的原则、方法。

引导案例

2013 年 1 月，某工程发包方与承包方签订了一份工程建设合同。合同中约定由承包方承建该发包方的供水管线工程。合同对工期、质量、验收、拨款、结算等都作了详细规定。2014 年 1 月，供水管线工程进行隐蔽之前，承包方通知该发包方派人来进行检查。然而，发包方由于种种原因迟迟未派人到施工现场进行检查。由于未经检查，承包方只得暂时停工，并顺延工程日期十余天，该承包方为此蒙受了近 5 万元的损失。工程逾期完工后，发包方拒绝承担承包方因停工所受的损失，反而以承包方逾期完工应承担责任为由，上诉至法院。

8.1　工程施工合同管理概述

8.1.1　工程施工合同的订立

工程施工合同作为重要的建设工程合同，其合同订立人为发包人和承包人。承包人应当持有依法取得的资质证书，并在其资质等级许可的业务范围内承揽工程。作为承包人的建筑施工企业不得超越本企业资质等级许可的业务范围或者以任何形式用其他建筑施工企业的名义承揽工程，也不得以任何形式允许其他单位或者个人使用本企业的资质证书、营业执照，以本企业的名义承揽工程。

发包人和承包人在合同订立过程中签订合同协议书。合同协议书共计 13 条，主要包括：

工程概况、合同工期、质量标准、签约合同价和合同价格形式、项目经理、合同文件构成、承诺以及合同生效条件等重要内容，集中约定了合同当事人基本的合同权利义务。

《合同法》规定，依法成立的合同，自成立时生效。法律、行政法规规定应当办理批准、登记等手续生效的，依照其规定。当事人对合同的效力可以约定附条件。附生效条件的合同，自条件成就时生效；附解除条件的合同，自条件成就时失效。当事人对合同的效力可以约定附期限。附生效期限的合同，自期限届至时生效；附终止期限的合同，自期限届满时失效。

根据以上规定，如无特殊约定，施工合同自双方当事人签字或者盖章时成立，自成立时生效。同时，当事人还可以在本协议书中附上合同的生效条件或者生效期限。实践中比较常见的约定包括：自行政主管部门备案之日生效、承包人提交履约担保之日生效、发包人支付第一笔预付款之日生效等。

对于合同当事人权利义务构成约束的合同文件可由多个文件共同构成文件体系。各个文件之间应该相互解释说明。合同协议书与下列文件一起构成合同文件，并按照下列排序确定各文件的优先顺序：

（1）中标通知书（如果有）；

（2）投标函及其附录（如果有）；

（3）专用合同条款及其附件；

（4）通用合同条款；

（5）技术标准和要求；

（6）图纸；

（7）已标价工程量清单或预算书；

（8）其他合同文件。

在合同订立及履行过程中形成的与合同有关的文件，均构成合同文件组成部分。上述各项合同文件包括合同当事人就该项合同文件所作出的补充和修改，属于同一类内容的文件，应以最新签署的为准。

8.1.2　工程施工合同的履行

承发包双方签订的施工合同，确定了工程的造价、工期、质量安全等目标，规定了双方的权责利关系，是建设工程施工活动的核心和灵魂，对施工的进度、费用、质量安全等方面的管理起着总控制和总协调的重要作用。承发包双方按照合同约定履行各自义务。

（1）发包人的义务。发包人在履行合同过程中应遵守法律，并办理法律规定由其办理的许可、批准或备案，包括但不限于建设用地规划许可证、建设工程规划许可证、建设工程施工许可证、施工所需临时用水、临时用电、中断道路交通、临时占用土地等许可和批准。发包人应协助承包人办理法律规定的有关施工证件和批件。

发包人应在专用合同条款中明确其派驻施工现场的发包人代表。发包人代表在发包人的授权范围内，负责处理合同履行过程中与发包人有关的具体事宜。因此发包人代表与发包人之间构成了委托代理关系。《民法通则》第 63 条规定：“公民、法人可以通过代理人实施民事法律行为。代理人在代理权限内，以被代理人的名义实施民事法律行为。被代理人对代理人的代理行为，承担民事责任。”所以，发包人代表在授权范围内的行为由发包人承担法律责任。

发包人需要向承包人及时移交施工现场、提供施工所需要的条件以及施工现场及工程施工所必需的基础资料。因发包人原因未能按合同约定及时向承包人提供施工现场、施工条件、基础资料的，由发包人承担由此增加的费用和延误的工期。《合同法》第 283 条规定：“发包人未按照约定的时间和要求提供原材料、设备、场地、资金、技术资料的，承包人可以顺延工程日期，并有权要求赔偿停工、窝工等损失。”

发包人应在收到承包人要求提供资金来源证明的书面通知后 28 天内，向承包人提供能够按照合同约定支付合同价款的相应资金来源证明。除专用合同条款另有约定外，发包人要求承包人提供履约担保的，发包人应当向承包人提供支付担保。

发包人应履行的义务还包括：按合同约定向承包人及时支付合同价款；按合同约定及时组织竣工验收。

（2）承包人的义务。承包人在履行合同过程中应遵守法律和工程建设标准规范，并履行以下义务：

- 办理法律规定应由承包人办理的许可和批准，并将办理结果书面报送发包人留存；
- 按法律规定和合同约定完成工程，并在保修期内承担保修义务；
- 按法律规定和合同约定采取施工安全和环境保护措施，办理工伤保险，确保工程及人员、材料、设备和设施的安全；
- 按合同约定的工作内容和施工进度要求，编制施工组织设计和施工措施计划，并对所有施工作业和施工方法的完备性和安全可靠性负责；
- 在进行合同约定的各项工作时，不得侵害发包人与他人使用公用道路、水源、市政管网等公共设施的权利，避免对邻近的公共设施产生干扰。承包人占用或使用他人的施工场地，影响他人作业或生活的，应承担相应责任；
- 按照环境保护约定负责施工场地及其周边环境与生态的保护工作；
- 按安全文明施工约定采取施工安全措施，确保工程及其人员、材料、设备和设施的安全，防止因工程施工造成的人身伤害和财产损失；
- 将发包人按合同约定支付的各项价款专用于合同工程，且应及时支付其雇用人员工资，并及时向分包人支付合同价款；
- 按照法律规定和合同约定编制竣工资料，完成竣工资料立卷及归档，并按专用合同条款约定的竣工资料的套数、内容、时间等要求移交发包人；
- 应履行的其他义务。

综上，承包人最基本的合同义务是在约定的合同工期和合同价格内，完成约定质量标准的建筑产品。在此过程中，应该遵守法律法规等规范性文件关于安全文明施工、保护环境的规定，并在竣工验收合格后完成竣工资料立卷及归档，移交发包人。

8.1.3　工程施工合同的解除及争议

1. 合同解除

合同解除分为约定解除和法定解除。《合同法》第 93 条规定："当事人协商一致，可以解除合同。"当事人可以约定一方解除合同的条件。解除合同的条件成就时，解除权人可以解除合同。《合同法》第 94 条规定有下列情形之一的，当事人可以解除合同：因不可抗力致使不能实现合同目的；在履行期限届满之前，当事人一方明确表示或者以自己的行为表明不履行主要债务；当事人一方迟延履行主要债务，经催告后在合理期限内仍未履行；当事人一方迟延履行债务或者有其他违约行为致使不能实现合同目的；法律规定的其他情形。

施工合同中可以解除合同的情形如下：

（1）因发包人原因造成监理人未能在计划开工日期之日起 90 天内发出开工通知的，承包人有权提出价格调整要求，或者解除合同。

（2）暂停施工持续 84 天以上不复工的，且不属于承包人原因引起的暂停施工及不可抗力约定的情形，并影响到整个工程以及合同目的实现的，承包人有权提出价格调整要求，或者解除合同。

（3）发包人违约时，承包人可向发包人发出通知，要求发包人采取有效措施纠正违约行为。发包人收到承包人通知后 28 天内仍不纠正违约行为的，承包人有权暂停相应部位工程施工。暂停施工满 28 天后，发包人仍不纠正其违约行为并致使合同目的不能实现的，承包人有权解除合同。

（4）承包人违约，而且在指定的合理期限内仍不纠正违约行为并致使合同目的不能实现的，发包人有权解除合同。

（5）因不可抗力导致合同无法履行连续超过 84 天或累计超过 140 天的，发包人和承包人均有权解除合同。

2. 争议解决

争议解决的方式包括和解、调解、争议评审，以及仲裁或诉讼。

和解是指合同双方就已经发生的争议进行谈判、协商并达成一致，自行解决争议的一种方式。自行和解达成协议的，经双方签字并盖章后作为合同补充文件，双方均应遵照执行。

调解是指合同双方之间无法达成一致，在建设行政主管部门、行业协会或其他第三方主持下，自愿进行协商，通过教育疏导，促成各方达成协议、解决纠纷的办法。经过调解后，双方应签订调解协议，作为施工合同的补充文件，对双方具有法律约束力。目前在建设工程领域可以适用的调解机构有行政机关下属的具有调解职能的机构、行业协会调解机构、仲裁机构的调解中心、有专业声望的调解员等。

争议评审是指合同双方将争议共同提请争议评审小组进行评审，争议评审小组应秉持客观、公正原则，依据相关法律、规范、标准、案例经验及商业惯例等，作出书面决定。争议评审小组作出的书面决定经合同当事人签字确认后，对双方具有约束力，双方均应遵照执行。

对于争议评审小组评审员的选择和决定，以合同当事人自愿选择为主，可以共同选择一名或三名争议评审员，组成争议评审小组。选择一名争议评审员的，由合同当事人共同确定；选择三名争议评审员的，各自选定一名，第三名成员为首席争议评审员，由合同当事人共同确定或由合同当事人委托已选定的争议评审员共同确定，或由专用合同条款约定的评审机构指定第三名首席争议评审员。

仲裁或诉讼指合同当事人可以根据专用条款约定向约定的仲裁委员会申请仲裁或者向有管辖权的人民法院起诉。《合同法》第128条规定，当事人可以通过和解或者调解解决合同争议。当事人不愿和解、调解或者和解、调解不成的，可以根据仲裁协议向仲裁机构申请仲裁。当事人没有订立仲裁协议或者仲裁协议无效的，可以向人民法院起诉。

8.2 工程施工合同进度管理

8.2.1 工程施工工期

工程的施工工期指承包人完成工程所需的期限，由开工日期及竣工日期决定。

开工日期分为计划开工日期和实际开工日期。计划开工日期是指合同协议书约定的开工日期；实际开工日期指监理人向承包人发出的开工通知中载明的开工日期。我国《建筑法》对于工程实际开工日期是施行监管的。建设单位应当自领取施工许可证之日起三个月内开工。因故不能按期开工的，应当向发证机关申请延期；延期以两次为限，每次不超过三个月。既不开工又不申请延期或者超过延期时限的，施工许可证自行废止。按照国务院有关规定批准开工报告的建筑工程，因故不能按期开工或者中止施工的，应当及时向批准机关报告情况。因故不能按期开工超过六个月的，应当重新办理开工报告的批准手续。

竣工日期分为计划竣工日期和实际竣工日期。计划竣工日期是投标人在投标文件中承诺并由承发包双方在协议书中约定的竣工日期。实际竣工日期是工程实际通过竣工验收或视为通过验收情形下的日期。

8.2.2 施工进度管理

1. 施工进度计划

施工进度计划是控制工程进度的依据，发包人和监理人有权按照施工进度计划检查工程进度情况。施工进度计划由承包人在建筑施工组织设计中载明。按照编制阶段的不同，施工组织设计分为投标阶段和实施阶段施工组织设计。前者发生在工程招投标阶段，后者发生在中标后的合同履行阶段。

承包人需要在合同签订后规定时间内向监理人提交包含详细施工进度计划的施工组织设计，并由监理人报送发包人。发包人和监理人应在监理人收到施工组织设计后 7 天内确认或提出修改意见。对发包人和监理人提出的合理意见和要求，承包人需要修改完善，继而向发包人和监理人提交修改后的施工组织设计。最终，施工进度计划经发包人批准后方可实施。

施工进度计划不符合合同要求或与工程的实际进度不一致的，承包人应向监理人提交修订的施工进度计划，并附具有关措施和相关资料，由监理人报送发包人。发包人和监理人对承包人提交的施工进度计划的确认，不能减轻或免除承包人根据法律规定和合同约定应承担的任何责任或义务。

2. 施工进度控制

（1）开工。开工前由承包人先向监理人提交工程开工报审表，详细说明按施工进度计划正常施工所需的施工道路、临时设施、材料、工程设备、施工设备、施工人员等落实情况，以及工程的进度安排。

发包人提供开工的必要条件，按照法律规定获得工程施工所需的许可。经发包人同意后，监理人确认具备以下开工条件后，向承包人发出开工通知：① 施工许可证已获政府主管部门批准；② 征地拆迁工作能满足工程进度的需要；③ 施工组织设计已获总监理工程师批准；④ 承包单位现场管理人员已到位，机具、施工人员已进场，主要工程材料已落实；⑤ 进场道路及水、电、通信等已满足开工要求。

一般情况下，监理人应在计划开工日期 7 天前向承包人发出开工通知，工期自开工通知中载明的开工日期起算。但是，因发包人原因造成监理人未能在计划开工日期之日起 90 天内发出开工通知的，承包人有权提出价格调整要求，或者解除合同。发包人应当承担由此增加的费用和延误的工期，并向承包人支付合理利润。

发包人还要在至迟不得晚于上述开工通知载明的开工日期前 7 天通过监理人向承包人提供测量基准点、基准线。水准点及其书面资料，并对资料的真实性、准确性和完整性负责。

（2）工期延误责任。根据工期延误的原因，可以分为发包人原因导致的工期延误、承包人原因导致的工期延误和第三方原因导致的工期延误。在合同履行过程中，因下列情况导致工期延误和（或）费用增加的，由发包人承担由此延误的工期和（或）增加的费用，且发包人应支付承包人合理的利润。

- 发包人未能按合同约定提供图纸或所提供图纸不符合合同约定的；
- 发包人未能按合同约定提供施工现场、施工条件、基础资料、许可、批准等开工条件的；
- 发包人提供的测量基准点、基准线、水准点及其书面资料存在错误或疏漏的；
- 发包人未能在计划开工日期之日起 7 天内同意下达开工通知的；

- 发包人未能按合同约定日期支付工程预付款、进度款或竣工结算款的；
- 监理人未按合同约定发出指示、批准等文件的；
- 专用合同条款中约定的其他情形。

因发包人原因未按计划开工日期开工的，发包人应按实际开工日期顺延竣工日期，确保实际工期不低于合同约定的工期总日历天数。

另外，合同履行中遇到有经验的承包人在签订合同时不可预见的不利物质条件、异常恶劣的气候条件时，承包人因采取合理措施而增加的费用和延误的工期由发包人承担。

因承包人原因造成工期延误的，可以在专用合同条款中约定逾期竣工违约金的计算方法和逾期竣工违约金的上限。承包人支付逾期竣工违约金后，不免除承包人继续完成工程及修补缺陷的义务。

（3）暂停施工。合同履行中还可能发生暂停施工的情形，具体可分为发包人要求暂停、承包人原因导致暂停、监理人认为需要暂停和承包人基于紧急情况暂停四种情形。

因发包人原因引起暂停施工的，发包人应承担由此增加的费用和延误的工期，并支付承包人合理的利润。因承包人原因引起的暂停施工，承包人应承担由此增加的费用和延误的工期。监理人认为有必要时，并经发包人批准后，也可向承包人作出暂停施工的指示，承包人应按监理人指示暂停施工。因紧急情况需暂停施工，且监理人未及时下达暂停施工指示的，承包人可先暂停施工，并及时通知监理人。监理人应在接到通知后24小时内发出指示，逾期未发出指示，视为同意承包人暂停施工。监理人不同意承包人暂停施工的，应说明理由。

暂停施工后，发包人和承包人应采取有效措施积极消除暂停施工的影响。非因承包人的原因导致工程暂停超过56天时，承包人可以采取的措施包括：① 要求复工；② 将受影响的暂停部分作为删除工作；③ 解除合同。

8.2.3 工程竣工验收

1．分部分项工程验收

分部分项工程验收是指监理人对承包人按照施工组织设计要求完成的分部分项工程进行的质量验收。

分部分项工程的验收程序是由承包人先自检，如果自检合格并具备验收条件，承包人提前48小时通知监理人进行验收。监理人如果不能按时进行验收，则需要在验收前24小时向承包人提交书面延期要求，但延期不能超过48小时。监理人未按时进行验收，也未提出延期要求的，承包人有权自行验收，监理人须认可验收结果。分部分项工程未经验收的，承包人不得进入下一道工序施工。

2．竣工验收

竣工验收指工程竣工后发包人会同设计、承包人及工程质量监督等相关部门，对该项目是否符合规划设计要求以及建筑施工和设备安装质量进行的全面检验。

工程具备以下条件的，承包人才可以申请竣工验收：

- 除发包人同意的甩项工作和缺陷修补工作外，合同范围内的全部工程以及有关工作，包括合同要求的试验、试运行以及检验均已完成，并符合合同要求；
- 已按合同约定编制了甩项工作和缺陷修补工作清单以及相应的施工计划；
- 已按合同约定的内容和份数备齐竣工资料。

竣工验收的程序如图 8-1 所示。

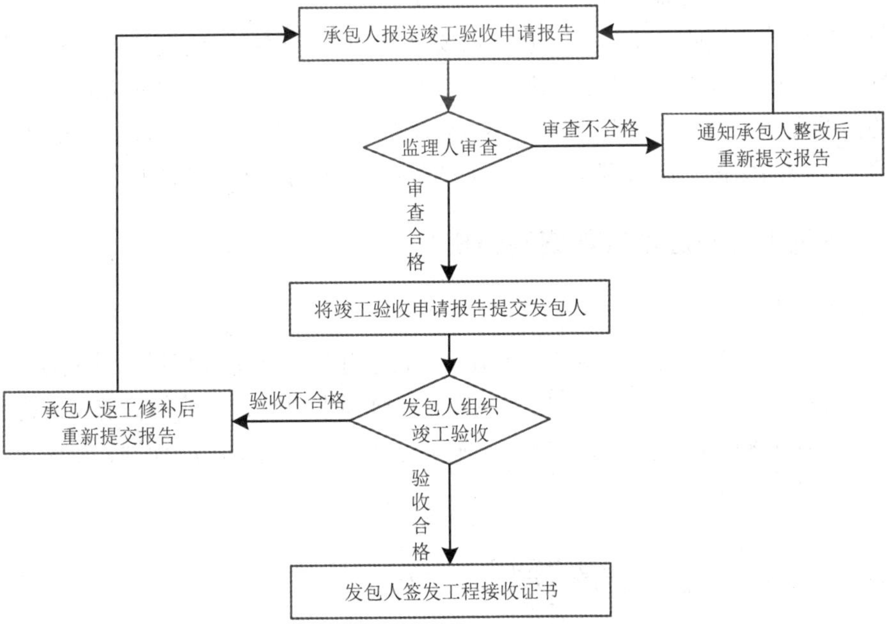

图 8-1　竣工验收的程序

承包人首先向监理人报送竣工验收申请报告，监理人应在收到竣工验收申请报告后 14 天内完成审查并报送发包人。监理人审查后认为尚不具备验收条件的，应通知承包人在竣工验收前承包人还需完成的工作内容，承包人应在完成监理人通知的全部工作内容后，再次提交竣工验收申请报告。

监理人审查后认为已具备竣工验收条件的，应将竣工验收申请报告提交发包人，发包人应在收到经监理人审核的竣工验收申请报告后 28 天内审批完毕并组织监理人、承包人、设计人等相关单位完成竣工验收。

竣工验收合格的，发包人应在验收合格后 14 天内向承包人签发工程接收证书。发包人无正当理由逾期不颁发工程接收证书的，自验收合格后第 15 天起视为已颁发工程接收证书。发包人向承包人颁发工程接收证书，意味着发包人自应当接收工程之日起，承担起工程照管、成品保护、保管等与工程有关的工作。

竣工验收不合格的，监理人应按照验收意见发出指示，要求承包人对不合格工程返工、修复或采取其他补救措施，由此增加的费用和延误的工期由承包人承担。承包人在完成不合格工程的返工、修复或采取其他补救措施后，应重新提交竣工验收申请报告，并按上述程序重新进行验收。

竣工验收日期主要依据验收情况确定。工程经竣工验收合格的，以承包人提交竣工验收申请报告之日为实际竣工日期，并在工程接收证书中载明；因发包人原因，未在监理人收到承包人提交的竣工验收申请报告42天内完成竣工验收，或完成竣工验收不予签发工程接收证书的，以提交竣工验收申请报告的日期为实际竣工日期；工程未经竣工验收，发包人擅自使用的，以转移占有工程之日为实际竣工日期。

发包人签发工程接收证书后，承包人需要7天内将工程移交给发包人。承包人无正当理由不移交工程的，承包人承担工程照管、成品保护、保管等与工程有关的各项费用，以及相应的违约责任。发包人无正当理由不接收工程的，发包人自应当接收工程之日起，承担工程照管、成品保护、保管等与工程有关的各项费用，以及相应的违约责任。

8.2.4 工程施工合同进度管理案例分析

1. 案例背景

施工单位（乙方）与某建设单位（甲方）签订了建造无线电发射塔试验基地施工合同。合同工期为38天。由于该项目急于投入使用，在合同中规定，工期每提前（或拖后）1天奖励（或罚款）5 000元。乙方按时提交了施工方案和施工网络进度计划，如图8-2所示，并得到甲方代表的批准。

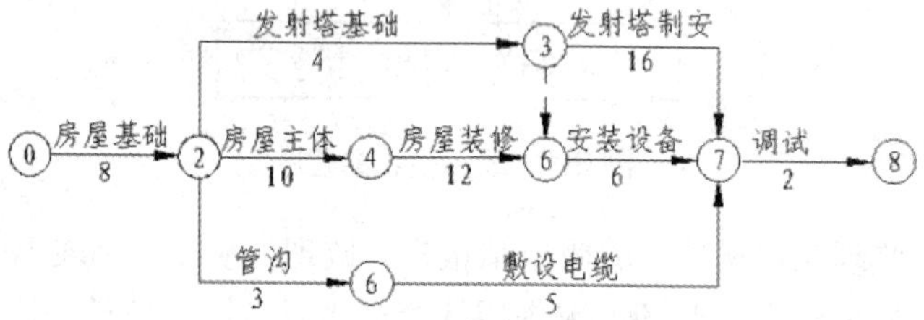

图8-2 发射塔试验基地工程施工网络进度计划（单位：天）

实际施工工程过程中发生了如下几项事件。

事件1：在房屋基坑开挖后，发现局部有软弱下卧层，按甲方代表指示乙方配合地址复查，配合用工为10个工日。地质复查后，根据经甲方代表批准的地基处理方案，增加直接费4万元，因地质复查和处理使房屋基础作业时间延长3天，工人窝工15个工日。

事件2：在发射塔基础施工时，因发射塔设计尺寸不够，甲方代表要求拆除已施工的基础，重新定位施工。由此造成增加用工30个工日、材料费1.2万元、机械台班费3 000元，发射塔基础作业时间拖延2天。

事件3：在房屋主体施工中，因施工机械故障，造成工人窝工8个工日，该项工作作业时间延长 2 天。

事件 4：在房屋装修施工基本结束时，甲方代表对某项电器暗管的敷设位置是否准确有疑义，要求乙方进行剥离检查。检查结果为某部位的偏差超出了规范允许范围，乙方根据甲方代表的要求进行返工处理，合格后甲方代表予以签字验收。该项返工及覆盖用工 20 个工日，材料费为 1 000 元。因该项电器暗管的重新检验和返工处理使安装设备的开始作业时间推迟了 1 天。

事件 5：在敷设电缆时，因乙方购买的电缆线材质量差，甲方代表令乙方重新购买合格线材。致使完成该项工作多用人工 8 个工日，作业时间延长 4 天，材料损失费 8 000 元。

事件 6：鉴于该工程工期较紧，经甲方代表同意乙方在安装设备作业过程中采取了加快施工的技术组织措施，使该项工作作业时间缩短 2 天，该项技术组织措施费为 6 000 元。其余各项工作实际作业时间和费用均与原计划相符。

问题：在上述事件中，乙方可以就哪些事件向甲方提出工期补偿和费用补偿要求？为什么？

2．案例分析

事件 1 可以提出工期补偿和费用补偿要求，因为地质条件变化属于甲方应承担的责任，且该项工作位于关键线路上。

事件 2 可以提出费用补偿要求；不能提出工期补偿要求，因为发射塔设计位置变化是甲方的责任，因此增加的费用应由甲方承担，但该项工作的拖延时间（2 天）没有超出其总时差（8 天）。

事件 3 不能提出工期和费用补偿要求，因为施工机械故障属于乙方应承担的责任。

事件 4 不能提出工期和费用补偿要求，因为乙方应该对自己完成的产品质量负责。甲方代表有权要求乙方对已覆盖的分项工程剥离检查，检查后发现质量不合格，其费用由乙方承担，工期也不予补偿。

事件 5 不能提出工期和费用补偿要求，因为乙方应该对自己购买的材料质量和完成的产品质量负责。

事件 6 不能提出补偿要求，因为通过采取施工技术组织措施使工期提前，可按合同规定给予工期奖罚的办法处理，因赶工而发生的施工技术措施费应由乙方承担。

8.3 工程施工合同质量管理

8.3.1 质量要求及责任

《建筑法》第 61 条规定："交付竣工验收的建筑工程，必须符合规定的建筑工程质量标准。"所以，工程施工合同中需要明确工程的质量标准。除合同当事人在专用条款约定特殊标准之外，施工合同中的工程质量标准必须符合现行国家有关工程施工质量验收规范和标准的要求。

如果工程质量未达到约定标准，则合同双方需按照造成质量缺陷的原因承担相应责任。因发包人原因造成工程质量未达到合同约定标准的，由发包人承担由此增加的费用和延误的工期，并支付承包人合理的利润。发包人具有下列情形之一，造成建设工程质量缺陷，应当承担过错责任：① 提供的设计有缺陷；② 提供或者指定购买的建筑材料、建筑构配件、设备不符合强制性标准；③ 直接指定分包人分包专业工程。

因承包人原因造成工程质量未达到合同约定标准的，发包人有权要求承包人返工直至工程质量达到合同约定的标准为止，并由承包人承担由此增加的费用和延误的工期。《建设工程质量管理条例》第32条规定："施工单位对施工中出现质量问题的建设工程或者竣工验收不合格的建设工程，应当负责返修。"因承包人的过错造成建设工程质量不符合约定，承包人拒绝修理、返工或者改建的，发包人有权减少支付工程价款。

8.3.2 材料设备供应

从材料与工程设备的供应主体来看，主要可以分为发包人供应和承包人自行采购两种方式，并由供应方或采购人对材料、工程设备的质量负责。发包人提供的材料或工程设备不符合合同要求的，承包人有权拒绝，并可要求发包人更换，由此增加的费用和延误的工期由发包人承担，并支付承包人合理的利润。对于承包人提供的不合格材料或工程设备，监理人有权拒绝，并可要求承包人立即进行更换，由承包人承担增加的费用和延误的工期。

材料和工程设备由发包人供应的，合同双方应该在合同中约定供应材料、工程设备的品种、规格、型号、数量、单价、质量等级和送达地点。承包人应提前30天通过监理人以书面形式通知发包人供应材料与工程设备进场。发包人则需要提前24小时以书面形式通知承包人、监理人材料和工程设备到货时间，由承包人负责材料和工程设备的清点、检验和接收。发包人提供的材料和工程设备的规格、数量或质量不符合合同约定的，或因发包人原因导致交货日期延误或交货地点变更等情况的，归属于发包人违约情形。

承包人负责采购材料、工程设备的，应按照设计和有关标准要求采购，并提供产品合格证明及出厂证明，对材料、工程设备质量负责。不同于发包人供应，承包人采购的材料、工程设备由监理人进行检验，且须在材料和工程设备到货前24小时通知监理人检验。

一旦合同约定由承包人采购的材料、工程设备，发包人不能再指定生产厂家或供应商。如果发包人违反约定指定生产厂家或供应商，承包人有权拒绝，并由发包人承担由此增加的费用和延误的工期。

材料设备进场之后，由承包人统一负责保管。如果是发包人供应的材料和工程设备，保管费用及检验费用由发包人承担，对承包人采购的材料和工程设备，保管及检验费用均由承包人承担。一般情况下，承包人运入施工现场的材料、工程设备、施工设备以及在施工场地建设的临时设施，包括备品备件、安装工具与资料，必须专用于工程，只有在发包人批准后，承包人才可以根据施工进度计划撤走闲置的施工设备和相关物品。

8.3.3　承包人的质量管理

承包人的质量管理工作主要包括：依法承包；对施工质量负责；建立质量责任制；按图施工；材料、构配件检验；质量检验；隐蔽工程验收；见证取样；质量缺陷返修；职工教育培训等内容。

具体来说，承包人按照合同中施工组织设计的约定向发包人和监理人提交工程质量保证体系及措施文件，建立完善的质量检查制度，并提交相应的工程质量文件。对于发包人和监理人违反法律规定和合同约定的错误指示，承包人有权拒绝实施。承包人应对施工人员进行质量教育和技术培训，定期考核施工人员的劳动技能，严格执行施工规范和操作规程。承包人应按照法律规定和发包人的要求，对材料、工程设备以及工程的所有部位及其施工工艺进行全过程的质量检查和检验，并作详细记录，编制工程质量报表，报送监理人审查。此外，承包人还应按照法律规定和发包人的要求，进行施工现场取样试验、工程复核测量和设备性能检测，提供试验样品、提交试验报告、测量成果以及其他工作。

8.3.4　质量检验及保修

1. 工艺、材料和设备检验

工程实行监理的，工艺、材料和设备检验分为承包人自检和监理人检验。

承包人自检是指承包人应具有从事现场材料试验的人员、场所、设备等条件，按合同约定进行材料、工程设备和工程的试验和检验，并为监理人对上述材料、工程设备和工程的质量检查提供必要的试验资料和原始记录。《建设工程质量管理条例》中也作出了相关的规定，如第 29 条规定："施工单位必须按照工程设计要求、施工技术标准和合同约定，对建筑材料、建筑构配件、设备和商品混凝土进行检验，检验应当有书面记录和专人签字；未经检验或者检验不合格的，不得使用。"第 31 条规定："施工人员对涉及结构安全的试块、试件以及有关材料，应当在建设单位或者工程监理单位监督下现场取样，并送具有相应资质等级的质量检测单位进行检测。"

监理人检验是指由监理人根据发包人授权及法律规定，代表发包人对工程施工相关事项进行检查、查验、审核、验收。监理人按照法律规定和发包人授权对工程的所有部位及其施工工艺、材料和工程设备进行检查和检验。承包人则为监理人的检查和检验提供方便，包括监理人到施工现场，或制造、加工地点，或合同约定的其他地方察看和查阅施工原始记录。应当注意的是，根据合同的相对性原则，监理人无权减轻或免除合同约定的承包人的任何责任与义务。因此无论监理人是否参与了试验，都不能免除承包人对质量不合格材料、工程设备或工程的责任。重新试验和检验的结果证明该项材料、工程设备或工程的质量不符合合同要求的，由此增加的费用和延误的工期由承包人承担。

监理人的检查和检验不能影响施工正常进行。监理人的检查和检验影响施工正常进行的，且经检查检验不合格的，影响正常施工的费用由承包人承担，工期不予顺延；经检查检验合格的，由此增加的费用和延误的工期由发包人承担。

2．隐蔽工程检验

隐蔽工程是指因覆盖、掩埋或者后续施工而无法被看见的部分。各类项目中隐蔽工程不尽相同，例如，在房屋建筑工程中，隐蔽工程一般包括地基与基础、钢筋工程、给排水工程等。由于隐蔽工程在覆盖后不可见，因此隐蔽工程的质量检验尤为关键，施工合同中特别约定了隐蔽工程验收程序和责任分配原则。

承包人需要对工程隐蔽部位首先进行自检，确认是否具备覆盖条件。承包人自检确认具备覆盖条件的书面通知监理人检查，通知中应载明隐蔽检查的内容、时间和地点，并应附有自检记录和必要的检查资料。然后由监理人按时到场并对隐蔽工程及其施工工艺、材料和工程设备进行检查。经监理人检查确认质量符合隐蔽要求，并在验收记录上签字后，承包人才能进行覆盖。否则，若承包人私自将工程隐蔽部位覆盖，监理人有权指示承包人钻孔探测或揭开检查，无论工程隐蔽部位质量是否合格，由此增加的费用和延误的工期均由承包人承担。

监理人到场检查的结果为质量不合格的，承包人应在监理人指示的时间内完成修复，并由监理人重新检查，由此增加的费用和延误的工期由承包人承担。监理人未按时进行检查，也未及时向承包人提出延期要求的，视为隐蔽工程检查合格，承包人可自行完成覆盖工作，并作相应记录报送监理人，监理人应签字确认。

承包人覆盖工程隐蔽部位后，发包人或监理人对质量有疑问的还可要求承包人对已覆盖的部位进行钻孔探测或揭开重新检查。经检查证明工程质量符合合同要求的，由发包人承担由此增加的费用和延误的工期，并支付承包人合理的利润；经检查证明工程质量不符合合同要求的，由此增加的费用和延误的工期由承包人承担。

3．缺陷责任

在工程移交发包人后，因承包人原因产生的质量缺陷，承包人应承担质量缺陷责任和保修义务。

缺陷责任期是指承包人按照合同约定承担缺陷修复义务，且发包人预留质量保证金的期限，自实际竣工日期起计算，合同当事人应在专用合同条款中约定缺陷责任期的具体期限，但该期限最长不超过 24 个月。缺陷责任期内，由承包人原因造成的缺陷，承包人负责维修，并承担鉴定及维修费用。如承包人未履行缺陷维修义务，发包人可以按照合同约定扣除质量保证金，并由承包人承担相应的违约责任。非承包人原因造成的缺陷，发包人负责维修并承担费用，经承包人同意的，也可以由承包人负责维修，但应支付相应费用。

承包人应于缺陷责任期届满后 7 天内向发包人发出缺陷责任期届满通知，发包人应在收到缺陷责任期满通知后 14 天内核实承包人是否履行缺陷修复义务，承包人未能履行缺陷修复义务的，发包人有权扣除相应金额的维修费用。发包人应在收到缺陷责任期届满通知后 14 天内，向承包人颁发缺陷责任期终止证书。

缺陷责任期届满后，发包人颁发缺陷责任期终止证书，并按照合同约定退还质量保证金。承包人仍应按合同约定的工程各部位保修年限承担保修义务。这里的质量保证金指在工程竣工验收交付使用后，发包人从应付给承包人的工程款中预留一定的金额用以维修建筑工程在缺陷责任期内出现的质量缺陷。一般由发包人在支付工程进度款时逐次扣留，或者在工程竣工结算时一次性扣留。

根据施工合同规定，同时具备以下两个条件，发包人可延长缺陷责任期限：一是由于质量缺陷或损坏致使工程、单位工程或某项主要设备不能按原定目的使用；二是质量缺陷或损坏是由承包人原因导致的。

4．保修

工程保修期从工程竣工验收合格之日起算，具体分部分项工程的保修期由合同当事人在专用合同条款中约定，但不得低于法定最低保修年限。在工程保修期内，承包人承担保修责任。在正常使用条件下，建设工程的最低保修期限为：基础设施工程、房屋建筑的地基基础工程和主体结构工程，为设计文件规定的该工程的合理使用年限；屋面防水工程、有防水要求的卫生间、房间和外墙面的防渗漏，为 5 年；供热与供冷系统，为 2 个采暖期、供冷期；电气管线、给排水管道、设备安装和装修工程，为 2 年。其他项目的保修期限由发包方与承包方约定。建设工程的保修期，自竣工验收合格之日起计算。

保修期内，修复的费用一般按照以下方式处理：

（1）保修期内，因承包人原因造成工程的缺陷、损坏，承包人应负责修复，并承担修复的费用以及因工程的缺陷、损坏造成的人身伤害和财产损失。

（2）保修期内，因发包人使用不当造成工程的缺陷、损坏，可以委托承包人修复，但发包人应承担修复的费用，并支付承包人合理利润。

（3）因其他原因造成工程的缺陷、损坏，可以委托承包人修复，发包人应承担修复的费用，并支付承包人合理的利润，因工程的缺陷、损坏造成的人身伤害和财产损失由责任方承担。

在保修期内，发包人在使用过程中，发现已接收的工程存在缺陷或损坏的，应书面通知承包人予以修复，但情况紧急必须立即修复缺陷或损坏的，发包人可以口头通知承包人并在口头通知后 48 小时内书面确认，承包人应在专用合同条款约定的合理期限内到达工程现场并修复缺陷或损坏。因承包人原因造成工程的缺陷或损坏，承包人拒绝维修或未能在合理期限内修复缺陷或损坏，且经发包人书面催告后仍未修复的，发包人有权自行修复或委托第三方修复，所需费用由承包人承担。但修复范围超出缺陷或损坏范围的，超出范围部分的修复费用由发包人承担。

8.3.5　工程施工合同质量管理案例分析

1．案例背景

某工程建设单位选择了甲、乙施工单位分别承担 A、B 标段工程的施工，并按照《建设工程施工合同（示范文本）》分别和甲、乙施工单位签订了施工合同。建设单位与乙施工单位在合同中约定，B 标段所需的部分设备由建设单位负责采购。乙施工单位按照正常的程序将B标段的安装工程分包给丙施工单位。在施工过程中，发生了如下事件。

事件 1：建设单位在采购 B 标段的锅炉设备时，设备生产厂商提出由自己的施工队伍进行安装更能保证质量，建设单位便与设备生产厂商签订了供货和安装合同，并通知了监理单位和乙施工单位。

事件 2：总监理工程师根据现场反馈信息及质量记录分析，对 A 标段某部位隐蔽工程的质量有怀疑，随即指令甲施工单位暂停施工，并要求剥离检验。甲施工单位称，该部位隐蔽工程已经专业监理工程师验收，若剥离检验，监理单位需赔偿由此造成的损失并相应延长工期。

问题：

（1）在事件 1 中，建设单位将设备交由厂商安装的做法是否正确？为什么？

（2）在事件 1 中，若乙施工单位同意由该设备生产厂商的施工队伍安装该设备，监理单位应该如何处理？

（3）在事件 2 中，总监理工程师的做法是否正确？为什么？试分析剥离检验的可能结果及总监理工程师相应的处理方法。

2．案例分析

（1）不正确，因为违反了合同约定。

（2）监理单位应该对厂商的资质进行审查。若符合要求，可以由该厂安装。如乙单位接受该厂作为其分包单位，监理单位应协助建设单位变更与设备厂的合同，如乙单位接受厂商直接从建设单位承包，监理单位应协助建设单位变更与乙单位的合同；如不符合要求，监理单位应该拒绝由该厂商施工。

（3）总监理工程师的做法是正确的。无论工程师是否参加了验收，当工程师对某部分的工程质量有怀疑，均可要求承包人对已经隐蔽的工程进行重新检验。

8.4 工程施工合同造价管理

8.4.1 工程支付

1．预付款支付

工程预付款是建设工程施工合同订立后由发包人按照合同的约定，在正式开工前预先支付给承包人的工程款，主要用于材料、工程设备、施工设备的采购及修建临时工程、组织施工队伍进场等。发包人在支付预付款后，按照约定比例从支付给承包人进度付款中扣回。

合同双方应在专用合同条款约定预付款的支付时间，但最迟应在开工通知载明的开工日期 7 天前支付。发包人逾期支付预付款超过 7 天的，承包人有权向发包人发出要求预付的催告通知，发包人收到通知后 7 天内仍未支付的，承包人有权暂停施工。

发包人可以要求承包人在预付款支付的 7 天前提供预付款担保，保证承包人能够按合同规定进行施工，偿还发包人已支付的全部预付金额。如果承包人中止工程，使发包人不能在规定期限内从应付工程款中扣除全部预付款，则发包人作为保函的受益人有权凭预付款担保向银行索赔该保函的担保金额作为补偿。预付款担保可采用银行保函、担保公司担保等形式，具体由合同当事人在专用合同条款中约定。在预付款完全扣回之前，承包人应保证预付款担保持续有效。发包人在工程款中逐期扣回预付款后，预付款担保额度应相应减少，但剩余的预付款担保金额不得低于未被扣回的预付款金额。

2. 工程进度款支付

（1）计量。工程造价的确定是以工程所要完成的工程实体数量为依据，对工程实体的数量作出正确的计算，并以一定的计量单位表述，这就需要进行工程计量，即工程量的计算。工程量计量按照合同约定的工程量计算规则、图纸及变更指示等进行计量。按照《建设工程工程量清单计价规范》的规定，工程量必须按照相关工程现行国家计量规范规定的工程量计算规则计算。

工程计量支付与合同价格形式密切相关，包括单价合同、总价合同及其他价格形式。单价合同是指以工程量清单及其综合单价进行合同价格计算、调整和确认的建设工程施工合同，在约定的范围内合同单价不作调整。总价合同是指以施工图、已标价工程量清单或预算书及有关条件进行合同价格计算、调整和确认的建设工程施工合同，在约定的范围内合同总价不作调整。

对于单价合同，以承包人实际完成的工程量为依据进行计量。单价合同中，招标文件中的工程量清单标明的工程量是招标人根据拟建工程设计文件预计的工程量，不能作为承包人在履行合同义务中应予完成的实际和准确的工程量。招标文件中工程量清单所列的工程量一方面是各投标人进行投标报价的共同基础，另一方面也是对各投标人的投标报价进行评审的共同平台。对于总价合同，以合同工程经审定批准的施工图纸为依据进行计量。

工程计量可选择按月或按工程形象进度分段计量，具体计量周期应在合同中约定。如果按月计量，承包人需要在每月 25 日向监理人报送上月 20 日至当月 19 日已完成的工程量报告，并附具进度付款申请单、已完成工程量报表和有关资料。监理人在收到承包人提交的工程量报告后 7 天内完成对承包人提交的工程量报表的审核并报送发包人，以确定当月实际完成的工程量。监理人对工程量有异议的，有权要求承包人进行共同复核或抽样复测。监理人未在收到承包人提交的工程量报表后的 7 天内完成审核的，承包人报送的工程量报告中的工程量视为承包人实际完成的工程量，据此计算工程价款。

若采用总价合同形式，合同双方还可采用支付分解表计量支付。支付分解表是根据约定的施工进度计划、签约合同价和工程量等因素对总价合同的分解。

承包人应对总价合同按月进行分解，编制支付分解表。

（2）支付。支付周期必须同计量周期，依据计量周期按月或者分段结算与支付。按月结算与支付指实行按月支付进度款，竣工后结算。分段结算与支付指按照工程形象进度，划分不同阶段，支付工程进度款。当采用分段结算方式时，应在合同中约定具体的工程分段划分。

支付过程主要包括承包人向监理人提交进度付款申请单及相关资料，监理人在收到后 7 天内完成审查并报送发包人，发包人在收到后 7 天内完成审批并签发进度款支付证书，最后发包人应在进度款支付证书签发后 14 天内将合同价款支付至约定的承包人账户。进度付款申请单主要包括下列内容：付款周期已完成工作对应的金额；由于变更而增加和扣减的变更金额；应支付的预付款和扣减的返还预付款；应扣减的质量保证金；应增加和扣减的索赔金额；对已签发的进度款支付证书中出现错误的修正。

为了保障承包人的合法权益，合同中约定发包人逾期未完成审批且未提出异议的，视为已签发进度款支付证书，而且发包人逾期支付进度款的，还要按照中国人民银行发布的同期同类贷款基准利率支付违约金。另外，发包人和监理人对承包人的进度付款申请单有异议的，可以要求承包人修正和提供补充资料，在承包人提交修正后的进度付款申请单后，发包人须向承包人签发无异议部分的临时进度款支付证书。

8.4.2 调价与变更价款

1. 市场价格波动引起的调整

当市场价格波动超过合同当事人约定的范围，合同价格应当调整。合同当事人可以在专用合同条款中约定选择以价格指数、造价信息或者其他方式对合同价格进行调整。

如果采用价格指数的方式调整合同价格，按以下公式计算差额并调整合同价格。

$$\Delta P = P_0\left[A + \left(B_1 \times \frac{F_{t1}}{F_{01}} + B_2 \times \frac{F_{t2}}{F_{02}} + B_3 \times \frac{F_{t3}}{F_{03}} + \cdots + B_n \times \frac{F_{tn}}{F_{0n}}\right) - 1\right]$$

式中：

ΔP——需调整的价格差额。

P_0——约定的付款证书中承包人应得到的已完成工程量的金额。此项金额应不包括价格调整、不计质量保证金的扣留和支付、预付款的支付和扣回。约定的变更及其他金额已按现行价格计价的，也不计在内。

A——定值权重（即不调部分的权重）。

$B_1, B_2, B_3, \cdots, B_n$——各可调因子的变值权重（即可调部分的权重），为各可调因子在签约合同价中所占的比例。

$F_{t1}, F_{t2}, F_{t3}, \cdots, F_{tn}$——各可调因子的现行价格指数，指约定的付款证书相关周期最后一天的前 42 天的各可调因子的价格指数。

$F_{01}, F_{02}, F_{03}, \cdots, F_{0n}$——各可调因子的基本价格指数，指基准日期的各可调因子的价格指数。

以上价格调整公式中的各可调因子、定值和变值权重，以及基本价格指数及其来源在投标函附录价格指数和权重表中约定，非招标订立的合同，由合同当事人在专用合同条款中约定。价格指数应首先采用工程造价管理机构发布的价格指数，无前述价格指数时，可采用工程造价管理机构发布的价格代替。

2. 法律变化引起的调整

在施工合同中合同双方通过“基准日期”来分担因工程所在地法律法规变化导致的合同价格增减的风险。招标发包的工程以投标截止日前 28 天的日期为基准日期，直接发包的工程以合同签订日前 28 天的日期为基准日期。

基准日期后，法律变化导致承包人在合同履行过程中所需要的费用，一般由发包人承担由此增加的费用；减少时，应从合同价格中予以扣减。基准日期后，因法律变化造成工期延误时，工期应予以顺延。因承包人原因造成工期延误，在工期延误期间出现法律变化的，由此增加的费用和（或）延误的工期由承包人承担。

3. 变更

合同履行过程中发生以下情形的，应按照合同约定变更：

（1）增加或减少合同中任何工作，或追加额外的工作；

（2）取消合同中任何工作，但转由他人实施的工作除外；

（3）改变合同中任何工作的质量标准或其他特性；

（4）改变工程的基线、标高、位置和尺寸；

（5）改变工程的时间安排或实施顺序。

发包人和监理人均可以提出变更。变更指示均通过监理人发出，监理人发出变更指示前应征得发包人同意。承包人收到经发包人签认的变更指示后，方可实施变更。未经许可，承包人不得擅自对工程的任何部分进行变更。

变更估价的处理原则：

（1）已标价工程量清单或预算书有相同项目的，按照相同项目单价认定；

（2）已标价工程量清单或预算书中无相同项目，但有类似项目的，参照类似项目的单价认定；

（3）变更导致实际完成的变更工程量与已标价工程量清单或预算书中列明的该项目工程量的变化幅度超过 15%的，或已标价工程量清单或预算书中无相同项目及类似项目单价的，按照合理的成本与利润构成的原则，由合同当事人确定变更工作的单价。

8.4.3　竣工结算

依据《建设工程价款结算暂行办法》规定：“建设工程价款结算，是指对建设工程的发承包合同价款进行约定和依据合同约定进行工程预付款、工程进度款、工程竣工价款结算的活动。”工程竣工结算方式分为单位工程竣工结算、单项工程竣工结算和建设项目竣工结算。竣工结算是指承包人按照合同规定的内容全部完成所承包的工程，经验收质量合格，并符合合同要求之后，与发包人之间的最终工程款结算。

实施竣工结算时需要承包人首先在工程竣工验收合格后 28 天内向发包人和监理人提交竣工结算申请单及相关结算资料。竣工结算申请单包括竣工结算合同价格、发包人已支付承包人的款项、应扣留的质量保证金以及发包人应支付承包人的合同价款等内容。

监理人在收到竣工结算申请单后，需要在 14 天内完成核查并报送发包人。发包人应在收到监理人提交的经审核的竣工结算申请单后 14 天内完成审核，并由监理人向承包人签发经发包人签认的竣工付款证书。

在发包人签发竣工付款证书后的 14 天内，完成对承包人的竣工付款。为保障承包人的利益，施工合同中规定发包人逾期支付的，按照中国人民银行发布的同期同类贷款基准利率支付违约金；逾期支付超过 56 天的，按照中国人民银行发布的同期同类贷款基准利率的两倍支付违约金。

8.4.4 最终结清

最终结清是指根据合同规定，承包人与发包人之间就全部款项的最终结算金额进行结算。由于合同双方在竣工验收后已经进行了竣工结算，因此，最终结清申请单的内容主要是关于缺陷责任期内发生的费用，包括质量保证金、应扣除的质量保证金、缺陷责任期内发生的增减费用。

承包人需要在缺陷责任期终止证书颁发后 7 天内，向发包人提交最终结清申请单，并提供相关证明材料。最终结清申请单应列明质量保证金、应扣除的质量保证金、缺陷责任期内发生的增减费用。

发包人应在收到承包人提交的最终结清申请单后 14 天内完成审批，并向承包人颁发最终结清证书，并且在颁发最终结清证书后 7 天内完成支付。最终结清证书的签发，意味着除质量保修期内承包人的保修责任外，合同当事人的权利义务终止。

同样，为了保障承包人的权益，施工合同约定当发包人逾期支付，发包人须按照中国人民银行发布的同期同类贷款基准利率支付违约金；逾期支付超过 56 天的，按照中国人民银行发布的同期同类贷款基准利率的两倍支付违约金。

8.4.5 工程施工合同造价管理案例分析

1. 案例背景

某厂房建设场地原为农田。按设计要求在厂房建造时，厂房地坪范围内的耕植土应清除，基础必须埋在老土层下 2.00m 处。为此，业主在“三通一平”阶段就委托土方施工公司清除了耕植土并用好土回填压实至一定设计标高，故在施工招标文件中指出，施工单位无须再考虑清除耕植土问题。某施工单位通过投标方式获得了该项工程施工任务，并与建设单位签订了固定价格合同。然而，施工单位在开挖基坑时发现，相当一部分基础开挖深度虽已达到设计标高，但仍未见老土，且在基坑和场地范围内仍有一部分深层的耕植土和池塘淤泥等必须清除。

问题：

（1）在工程中遇到地基条件与原设计所依据的地质资料不符时，承包商应该怎么办？

（2）对于工程施工中出现变更工程价款和工期的事件之后，甲乙双方需要注意哪些时效性问题？

（3）在施工中又发现了较有价值的出土文物，造成承包商部分施工人员和机械窝工，同时承包商为保护文物付出了一定的措施费用。请问承包商应如何处理此事？

2．案例分析

（1）在工程中遇到地基条件与原设计所依据的地质资料不符时，承包商应根据施工合同的规定，及时通知甲方，要求对工程地质重新勘察并对原设计进行变更。

（2）在出现变更工程价款和工期事件之后，主要应注意：① 乙方提出变更工程价款和工期的时间；② 甲方答复的时间；③ 双方对变更工程价款和工期不能达成一致意见时的解决方式和时间。

（3）承包人发现出土文物后，首先应在 4 小时内以书面形式通知甲方，同时采取妥善的保护措施；其次向甲方提出措施费用补偿和顺延工期的要求，并提供相应的计算书及其证据。

8.5　工程施工合同安全管理

8.5.1　各方安全责任

在合同履行期间，合同当事人均应当遵守国家和工程所在地有关安全生产的要求。一旦发生安全事故，承发包双方需依据事故原因承担相应的安全责任以及赔偿损失。

（1）发包人的安全责任。发包人负责赔偿以下各种情况造成的损失：

- 工程或工程的任何部分对土地的占用所造成的第三者财产损失；
- 由于发包人原因在施工场地及其毗邻地带造成的第三者人身伤亡和财产损失；
- 由于发包人原因对承包人、监理人造成人员的人身伤亡和财产损失；
- 由于发包人原因造成的发包人自身人员的人身伤害以及财产损失。

（2）承包人的安全责任。由于承包人原因在施工场地内及其毗邻地带造成的发包人、监理人以及第三者人员伤亡和财产损失，由承包人负责赔偿。

建设工程实行施工总承包的，由总承包单位对施工现场的安全生产负总责。总承包单位依法将建设工程分包给其他单位的，总承包单位和分包单位对分包工程的安全生产承担连带责任。

8.5.2 施工安全事故管理

施工安全事故管理可以分为事前、事中及事后管理。

事前管理主要指承包人需要按照有关规定编制安全技术措施或者专项施工方案，建立安全生产责任制度、治安保卫制度及安全生产教育培训制度。在危险性较大的施工中，承包人还同时接受发包人、监理人及政府安全监督部门的检查与监督。《建设工程安全生产管理条例》第26条规定，施工单位应当在施工组织设计中编制安全技术措施和施工现场临时用电方案，对下列达到一定规模的危险性较大的分部分项工程编制专项施工方案，并附具安全验算结果，经施工单位技术负责人、总监理工程师签字后实施，由专职安全生产管理人员进行现场监督：基坑支护与降水工程；土方开挖工程；模板工程；起重吊装工程；脚手架工程；拆除、爆破工程；国务院建设行政主管部门或者其他有关部门规定的其他危险性较大的工程。

事中管理主要指工程施工过程中发生事故后合同当事人需要采取的措施。承包人须立即通知监理人，监理人立即通知发包人。发包人和承包人立即组织人员和设备进行紧急抢救和抢修，减少人员伤亡和财产损失，防止事故扩大，并保护事故现场。

事后管理主要指向有关部门报告事故发生的情况以及正在采取的紧急措施等。《生产安全事故报告和调查处理条例》第9条规定："事故发生后，事故现场有关人员应当立即向本单位负责人报告；单位负责人接到报告后，应当于1小时内向事故发生地县级以上人民政府安全生产监督管理部门和负有安全生产监督管理职责的有关部门报告。情况紧急时，事故现场有关人员可以直接向事故发生地县级以上人民政府安全生产监督管理部门和负有安全生产监督管理职责的有关部门报告。"

8.5.3 施工合同安全管理案例分析

1. 案例背景

某工程项目施工地点位于市中心地区。施工过程中出现了如下事件。

事件1：两名焊工焊接顶层上的钢板制成的水箱，当天下午即在箱内外刷上了防锈漆。第二天油漆未干，为了加快工期，工长要求两名焊工进水箱内部焊接水管。焊接时焊渣引燃未干的防锈漆使二人烧伤。

事件2：一名来自农村的民工（培训合格，未取得特种作业证）从事楼外避雷金属线焊接作业，完成第8层作业后，应从楼内到第9层继续作业。该民工从楼外脚手架攀登，攀登时身体探出脚手架外部拉动电焊线用力过猛，摔出落地，当场致死。

问题：分析事件1、2造成伤亡事故的原因，说明项目经理部应采取的措施。

2. 案例分析

事件1：工长应负责任，施工没有进行技术交底，由于危险的操作环境没有采取相应措施，安全管理制度执行混乱。两名焊工安全意识淡薄，缺乏自我保护意识。

事件 2：高处坠落原因是作业人员违章、冒险、蛮干。作业过程缺乏相互监督，无人制止违章行为，无证上岗，安全教育培训工作不落实。

项目经理首先应将伤亡人员送往医院抢救，保护现场，及时上报。以事故为借鉴，进行全面安全检查，对安全管理体系的运行全面检查落实情况，对施工中可能出现的安全隐患加强控制，制定纠正和预防措施。进行安全教育，强化安全。

本章小结

工程施工合同作为重要的建设工程合同，其合同订立人为发包人和承包人。承包人应当持有依法取得的资质证书，并在其资质等级许可的业务范围内承揽工程。

承发包双方签订的施工合同，确定了工程的造价、工期、质量安全等目标，规定了双方的责权利关系，是建设工程施工活动的核心和灵魂，对施工的进度、费用、质量安全等方面的管理起着总控制和总协调的重要作用。

合同解除分为约定解除和法定解除。

争议解决的方式包括和解、调解、争议评审以及仲裁或诉讼。

工程的施工工期指承包人完成工程所需的期限，由开工日期及竣工日期决定。施工进度计划是控制工程进度的依据，发包人和监理人有权按照施工进度计划检查工程进度情况。施工进度计划由承包人在建筑施工组织设计中载明。

承包人的质量管理工作主要包括：依法承包；对施工质量负责；建立质量责任制；按图施工；材料、构配件检验；质量检验；隐蔽工程验收；见证取样；质量缺陷返修；职工教育培训等。

工程施工合同造价管理包括工程支付、调价与变更价款、竣工结算、最终结清。

合同履行期间，合同当事人均应当遵守国家和工程所在地有关安全生产的要求。一旦发生安全事故，承发包双方需依据事故原因承担相应的安全责任以及赔偿损失。施工安全事故管理可以分为事前、事中及事后管理。

复习思考题

1. 问答题

（1）如何进行隐蔽工程的检验和验收？

（2）当市场价格波动超出约定范围时，如何调整合同价格？

（3）简述施工合同中可以解除合同的情形。

（4）如何对变更工程进行估价？

2．判断题

（1）施工合同中，承包人按照工程师提出的施工进度计划修改建议进行了修改，由于修改后的计划不合理而导致的窝工损失应当由工程师承担。(　　)

（2）调解是指合同双方就已经发生的争议进行谈判、协商并达成一致，自行解决争议的一种方式。(　　)

（3）合同履行期间，合同当事人均应当遵守国家和工程所在地有关安全生产的要求。一旦发生安全事故，承发包双方需依据事故原因承担相应的安全责任以及赔偿损失。(　　)

3．选择题

（1）在施工合同中，项目经理是（　　）授权的，派驻施工场地的承包人的总负责人。

A．发包人　　B．承包人

C．总监理工程师　　D．建设主管部门

（2）承包人负责采购的材料和设备，应（　　）。

A．发包人负责检验试验，费用发包人承担

B．发包人负责检验试验，费用承包人承担

C．承包人负责检验试验，费用承包人承担

D．承包人负责检验试验，费用发包人承担

（3）因发包人的原因施工现场尚不具备施工的条件，影响了承包人不能按照协议书约定的日期开工时，(　　）推迟开工日期。

A．工程师应以书面形式通知承包人

B．应当经过承包人批准

C．发包人与承包人协商

D．应当经过建设行政主管部门

（4）建设工程施工合同的当事人包括（　　）。

A．建设行政主管部门　　B．建设单位

C．监理单位　　D．施工单位

E．材料供应商

（5）下列关于施工合同文件的说法中，正确的有（　　）。

A．当合同文件中出现不一致时，必须重新制定合同条款

B．在不违反法律和行政法规的前提下，当事人可以通过协商变更施工合同的内容

C．变更的协议或文件，效力与其他合同文件等同

D．签署在后的协议或文件效力高于签署在先的协议或文件

E．当合同文件出现含糊不清或当事人有不同理解时，应按照合同争议的解决方式处理

实训题

某设备安装公司负责一轧钢厂的设备管道安装工作，工程进行一半时，发包方为使车间更好地与厂区配合使用，提出变更新增部分附属结构的工程施工。结果导致其工期比合同商定的晚 10 天，甲方以此为由拒付新增工程变更的相关费用。

【问题】

1. 发包方可以提出“新增工程”变更吗？
2. 工程变更可以由哪些部门提出？
3. 简述变更价款的确定原则。
4. 甲方拒付“新增工程”变更价款的做法有无道理？为什么？

第9章　工程施工索赔管理及争议处理

本章学习目标

☑ 了解施工索赔的基本知识。
☑ 熟悉施工索赔的分类。
☑ 掌握施工索赔管理的程序与方法。
☑ 掌握施工索赔的争议解决方式。

引导案例

某市危险废物处置中心建设项目主厂区工程，采取EPC模式发承包，工程主要建设内容包括焚烧车间、物化车间、固化车间、废酸回收车间、安全填埋场、检测化验中心，以及其他附属配套设施等。合同约定，2007年10月19日开工，工期14个月。工程总承包价人民币12 619.72万元。合同履行期间，发生了多项可索赔事件，结合施工进度计划的关键线路和关键工作，说明如下。

1. 项目关键线路上的各项工作为关键工作，包括：一期开挖、总图、围墙施工图设计，场地平整围墙施工，施工图设计，施工图设计审查，施工进场准备，焚烧土建工程，焚烧安装工程，竣工调试，竣工后试运行。

2. 非关键线路中，一些工作的延误，如可燃废液储存区出图较晚，不影响项目总工期的实现。

3. 发包人延迟交付场地，直接影响场地平整围墙施工这一关键工作。因发包人原因，未能按照合同要求提供施工场地，导致项目工期整体推迟。直到2008年4月16日，正式开工。以2008年4月16日为开工日期计算，项目工期为14个月，完工日期（竣工调试完成）顺延至2009年6月18日。因征地不能进场施工，项目工期推迟179天。

4. 因发包人原因，路灯形式不能确认，导致场区电缆敷设不能开展施工，进而影响到项目关键工作设备竣工调试以及路面施工不能进行。

5. 自2009年4月14日起，项目所在地唯一进场道路某国道断交施工，断交期为15

天。并且4月28日后，打开小豁口进车，交通堵塞严重，大车难以通行。

（1）因路灯不能及时确认（确认期为2009年3月18日至2009年4月28日），影响关键工作竣工调试共计42天。

（2）因国道断交，完全断交日期为2009年4月14日至2009年4月28日，共计15天。

（3）以上两种因素有重叠时间，实际影响施工日期为2009年3月18日至2009年4月28日，共计42天。原计划为6月18日完成竣工调试，推迟后为7月31日完成竣工调试。

6. 正式电接入推迟，导致竣工调试这一关键工作不能进行。发包人在2009年11月26日会议中，承诺12月10日完成正式电接入。此后正式电接入时间一再推迟，直至2010年3月25日，才完成正式电接入。按照2009年12月10日起等待正式电接入等待调试，至2010年3月26日具备正式电进行调试，项目原定工期应于2009年12月25日完成竣工调试，顺延至2010年4月10日完成竣工调试。

7. 发包人严重欠付工程款，导致包含关键线路的所有工作整体停工，工期相应顺延。

（1）自2009年5月15日起，分包单位因严重缺乏资金被迫停工；其后，设备供应商与安装单位也因资金短缺被迫停工。项目陷入完全停工状态。此次停工时，发包人累计欠付工程款1 019.89万元。

（2）2009年9月底，在市政府介入协调下，项目重新复工，实际复工时间为2009年10月6日。按照停工前的计划，应于7月31日完成竣工调试。复工后按照10月6日为起点计算，应顺延至2009年12月25日完成竣工调试。

（3）2010年3月25日发包人完成正式电接入后，一直未能支付工程款，项目因为严重缺乏资金，不具备重新开工条件。至3月26日停工等待拨付工程款时，已累计欠付工程款1 408.72万元，这种情况一直延续至发包人7月10日终止合同。此时项目仍有剩余工期15天。

9.1 工程施工索赔概述

9.1.1 索赔的概念与特征

索赔是指承包人在合同履行过程中，依据法律规定或合同约定，对于并非因自己的过错且可归责于发包人的情形造成的实际损失或额外费用，主张应由发包人给付的行为。

索赔的概念易产生混淆。对索赔进行字面解释，可理解为索要赔偿。但依索赔之定义，不仅包括索要赔偿，还包括对额外费用的主张。因此，索赔无法全部覆盖其所包含的情形。事实上，索赔一词由“claim”翻译而来，译为“主张”更为精准，能够涵盖其定义所包含的两类主要情形。

索赔具有以下基本特征。

（1）索赔以一方的实际支出为前提。该实际支出既可以表现为经济损失或权利损害，也可以表现为履行一方应对方的要求实施了额外工作。经济损失是指因对方因素造成支出增加的不利后果，如人工费、材料费、机械费、管理费等方面的损失。权利损害是指虽然没有直接经济损失，但造成了一方权利上的损害，如工期进度滞后。经济损失与权利损害往往具有相互转化性。经济损失必然导致一方或双方的经济损失，进而导致社会产生直接经济损失；权利损害往往最终以经济损失的形式表现出来。在某些情形下，索赔的前提表现为一方提出新的工作，对方应其要求实施了额外工作。此时，并未发生实际的经济损失或权利损害，于合同一方或双方乃至是社会，均无损失或损害发生。因此，经济损失、权利损害或额外工作产生对价，是一方提出索赔的一个基本前提条件。

（2）索赔往往具有竞合性。某些情形下，经济损失或权利损害将发生竞合。例如引导案例中，发包人未及时交付施工现场，造成承包人窝工等直接经济损失，同时侵犯了承包人的工期权利，因此，索赔事项既包括经济赔偿又包括工期索赔。

（3）索赔具有双向性。不同的概念体系中，对索赔双向性的描述不尽相同。若将索赔理解为广义的概念，与不同的主体相联结，可以得到承包人向发包人的索赔以及发包人向承包人的索赔两种形式。若按照本章的索赔定义，可以得到索赔与反索赔。索赔实践中，由于工程款由发包人向承包人支付，故发包人始终处于主动和有利地位。发包人向承包人主张经济损失或权利损害，可以直接从应付工程款中扣抵、扣留保留金或通过履约保函向银行索赔来实现。而承包人向发包人索赔，往往仅具有请求权，即通过协商、调解、仲裁或诉讼等方式实现，相对于发包人的扣抵、扣留工程款的行为，缺乏主动性。

（4）索赔的本质是单方行为。按照前述定义，索赔是承包人向发包人单方面的主张。该主张未经和解、调解、仲裁、诉讼等方式，不能构成约束对方的法律效果。

9.1.2 索赔的分类

按照索赔发生的原因，可将索赔划分为以下几类。

（1）工期延期索赔。工期延期索赔是指发生了导致工期延期事件，承包人向发包人主张工期顺延的索赔。工期延期索赔可进一步分为可原谅延误与不可原谅延误、可补偿延误与不可补偿延误、共同延误与单独延误、关键延误与非关键延误等。

根据《建设工程施工合同（示范文本）》（GF—1999—0201）第 13.1 条，因以下原因造成工期延误，经工程师确认，工期相应顺延：① 发包人未能按专用条款的约定提供图纸及开工条件；② 发包人未能按约定日期支付工程预付款、进度款，致使施工不能正常进行；③ 工程师未按合同约定提供所需指令、批准等，致使施工不能正常进行；④ 设计变更和工程量增加；⑤ 一周内非承包人原因停水、停电、停气造成停工累计超过 8 小时；⑥ 不可抗力；⑦ 专用条款中约定或工程师同意工期顺延的其他情况。

（2）赶工索赔。赶工通常意味着构成加班、生产效率降低、增加劳动力与材料机械、改变施工方法、增加管理难度等影响。因此，非承包人自身原因引起的赶工索赔，应由发包人补偿。

（3）生产率降低索赔。生产率降低作为直接表现与结果，往往并不独立提出索赔，而是与工程延期、赶工以及合同变更索赔等紧密结合在一起。

（4）变更索赔。变更通常包括：对合同中任何工作的工程量的改变；任何工作质量或其他特性上的变更；工程任何部分标高、位置和（或）尺寸上的改变；省略任何未被他人完成的工作；永久工程所必需的任何附加工作、永久设备、材料或服务，包括任何联合竣工检验、钻孔和其他检验以及勘察工作；工程的实施顺序或时间安排的改变。变更索赔所涉及的工程价款，实际上分两部分，一部分是变更自身的价款，一种是因变更引起的损失。

根据《建设工程施工合同（示范文本）》第 29.1 条，承包人按照工程师发出的变更通知及有关要求，进行下列需要的变更：① 更改工程有关部分的标高、基线、位置和尺寸；② 增减合同中约定的工程量；③ 改变有关工程的施工时间和顺序；④ 其他有关工程变更需要的附加工作。因变更导致合同价款的增减及造成的承包人损失，由发包人承担，延误的工期相应顺延。

（5）不利现场条件索赔。不利现场条件是指承包商在实施工程中遇见的外界自然条件及人为的条件和其他外界障碍和污染物，包括地表以下和水文条件，但不包括气候条件。

（6）总成本索赔。多个因素交织在一起，导致就每项因素造成的损失单独提出索赔极其困难时，承包人可对整个合同或部分工作一次性提出额外成本索赔。

（7）合同解除后的索赔。因合同解除给对方造成损失的，损失赔偿额应当相当于因违约所造成的损失，包括合同履行后可以获得的利益（利润），但不得超过违反合同一方订立合同时预见到或者应当预见到的因违反合同可能造成的损失。

按照提出主张的主体不同，可以分为索赔与反索赔。反索赔是指发包人向承包人提出索赔。反索赔与索赔在程序等方面相似性较高，可参照索赔有关内容。

反索赔的情形集中在工程质量索赔、工期延误索赔方面。主要情形为：① 承包人在其设计资质等级和业务允许的范围内，未完成施工图设计或与工程配套的设计；② 承包人未向工程师提供年、季、月度工程进度计划及相应进度统计报表；③ 承包人未按合同约定向发包人提供施工场地办公和生活的房屋及设施；④ 承包人未遵守政府有关主管部门对施工场地交通、施工噪声以及环境保护和安全生产等的管理规定，按规定办理有关手续，并以书面形式通知发包人；⑤ 已竣工工程未交付发包人之前，承包人未按专用条款约定负责已完工程的保护工作，保护期间发生损坏；⑥ 承包人未做好施工场地地下管线和邻近建筑物、构筑物（包括文物保护建筑）、古树名木的保护工作；⑦ 承包人未按照环境卫生管理的有关规定，交工前清理现场达到专用条款约定的要求。

9.2　工程施工索赔依据及程序

9.2.1　工程施工索赔依据

按照现行法律及合同示范文本的规定，导致工程施工索赔的主要依据有以下几点。

1．发包人违约

发包人违约主要指发包人违反了通用合同条款和专用合同条款中约定的主要义务，给承包人造成损失。① 发包人不能及时、足额支付工程款。② 发包人授权不明。实行工程监理的，发包人应在实施监理前将委托的监理单位名称、监理内容及监理权限以书面形式通知承包人。发包人派驻施工场地履行合同的代表，职权不得与监理单位委派的总监理工程师职权相互交叉。双方职权发生交叉或不明确时，由发包人予以明确。③ 迟延交付场地，发包人应完成土地征用、拆迁补偿、平整施工场地等工作，使施工场地具备施工条件。④ 未提供其他工作条件，发包人应当将施工所需水、电、电信线路从施工场地外部接至专用条款约定地点，保证施工期间的需要。⑤ 发包人未开通施工场地与城乡公共道路的通道，保证施工期间的畅通。⑥ 发包人未向承包人提供施工场地的工程地质和地下管线资料（工程平行发包模式下）。⑦ 发包人未及时办理施工许可证及其他施工所需证件、批件和临时用地、停水、停电、中断道路交通、爆破作业等的申请批准手续。⑧ 发包人提供的水准点与坐标控制点错误。⑨ 图纸交付迟延，以及存在错误。⑩ 发包人未协调处理施工场地周围地下管线和邻近建筑物、构筑物（包括文物保护建筑）、古树名木的保护工作以及承担有关费用。□ 发包人未按合同约定投保。主要指建筑工程一切险、安装工程一切险。□ 发包人未履行其他随附义务，即违反了诚实信用原则所要求的保密、通知、协助等义务。

2．由发包人直接发包的其他承包人的行为

在工程平行发包模式下，承包人与勘察人、设计人等并无任何合同法律关系。在施工平行发包模式下，某一承包人与发包人直接发包工程的其他承包人也无法律关系。该承包人以外的前述单位的行为均可归责于发包人。前述单位的行为给承包人造成损失的，应由发包人承担赔偿责任。

3．合同缺陷

合同条款不严谨，存在疏漏、错误甚至矛盾，将给承包人的工作造成直接经济损失或权利损害。

4．不利自然条件或客观障碍

不利自然条件或客观障碍将导致工期、质量以及成本控制受到不利影响。索赔的前提应当是，该不利自然条件或客观障碍应当是有经验的承包人无法合理预见的。

5．工程师指令

在合同法律关系上，工程师属发包人的代理人，其行为造成的法律后果当然由发包人承担。工程师指令承包人赶工、进行某项额外工作或发布不当指令等，给承包人增加了工作量或给其造成了实际损失，构成索赔事由。

6．工程变更

施工合同的履行具有长期性，受到人的因素、自然环境、市场环境以及政策法律环境等因素影响较大，因此较之通常的工业产品，其工程变更发生得较为频繁。因设计变更等原因造成工程变更的，发包人应承担因此引起的费用增加。

7．国家法律、政策变化

因国家法律、政策变化，导致直接影响工程造价。

8．其他第三方原因

应由发包人办理的涉及银行、运输以及通信等第三方的事务中，第三方行为造成承包人损失。

9.2.2　工程施工索赔程序

1．寻找索赔机会

通过对合同履行的分析、诊断，发现索赔机会，并对索赔机会进行必要的跟踪调查。

2．发出索赔意向通知

在干扰事件发生后，在合同约定的时限内向发包人、工程师提交索赔意向通知。索赔意向应简明扼要地说明：索赔事件发生的时间、地点和简单事实情况描述，索赔事件对工程成本和工期产生的不利影响，索赔依据和理由，索赔事件的发展动态。

3．干扰事件原因分析

界定干扰事件的责任方，属可归责于发包人的事件，承包人可向发包人提起索赔。

4．损失调查

调查干扰事件对工期、质量以及费用的影响，确定实际损失程度及其费用。

5．证据收集

承包人应当自行或按照工程师的要求，在干扰事件持续期间固定物证、书证等证据，便于查明事实。

6．起草索赔报告

在前述工作的基础上，由合同管理部门组织，由有关人员参加，编制包含足够证据并足以支撑索赔意向的详细报告。

7．提交索赔报告

承包人应当在合同约定的期限内，向发包人或工程师提交最终索赔报告。

根据《建设工程施工合同（示范文本）》第 31.1 条，承包人在工程变更确定后 14 天内，提出变更工程价款的报告，经工程师确认后调整合同价款。变更合同价款按下列方法进行：① 合同中已有适用于变更工程的价格，按合同已有的价格变更合同价款；② 合同中只有类似于变更工程的价格，可以参照类似价格变更合同价款；③ 合同中没有适用或类似于变更工程的价格，由承包人提出适当的变更价格，经工程师确认后执行。

根据《建设工程施工合同（示范文本）》第 31.2 条，承包人在双方确定变更后 14 天内不向工程师提出变更工程价款报告时，视为该项变更不涉及合同价款的变更。

根据《建设工程施工合同（示范文本）》第 31.3 条等的规定，工程师应在收到变更工程价款报告之日起 14 天内予以确认，工程师无正当理由不确认时，自变更工程价款报告送达之日起 14 天后视为变更工程价款报告已被确认。工程师不同意承包人提出的变更价款，按通用条款第 37 条关于争议的约定处理。工程师确认增加的工程变更价款作为追加合同价款，与工程款同期支付。因承包人自身原因导致的工程变更，承包人无权要求追加合同价款。

8．磋商处理索赔

做好谈判前准备，谈判中注意谈判艺术和技巧。经工程师审核后，由发包人与承包人就索赔事项达成一致，解决争议。

9．久拖未决索赔的解决途径

久拖未决的索赔，应当按照“纠纷解决方式”及时采取调解、仲裁或诉讼的方式解决争议。

9.2.3 工程索赔管理的任务及原则

1．工程索赔管理的任务

（1）预测和分析导致索赔的原因和可能性。索赔是承包人实现合同利润、维护己方合法权益的重要手段。在施工合同的形成和实施过程中，因可归责于发包人的事件或行为给承包人施工造成影响时，可能存在索赔机会。承包人的合同管理人员应当发现索赔机会，预测和分析导致索赔的原因和可能性。

（2）通过有效的合同管理减少反索赔事件发生。承包人通过对合同全面、适当的履行，避免发生可由发包人实施的反索赔事件。即便发生可反索赔事件，也可以及早采取措施降低反索赔事件的影响，为合理地解决反索赔事件提供良好的基础条件，减少承包人赔偿损失的额度。

（3）公平合理地处理和解决索赔。索赔只是手段，合同的全面适当履行才是目的。无论是索赔还是反索赔，均应为合同的目的服务。索赔或反索赔事件的公平合理解决，是指双方得到按合同规定的合理补偿，而又不危及合同的目的。

2. 工程索赔管理的原则

（1）公平合理原则。施工合同仅涉及发包人与承包人的直接利益，利益具有封闭性。按照民商法的基本原则，合同双方当事人应当依据现行法律规定和合同约定，从工程整体效益、工程总目标的角度出发作出判断或采取行动，公平合理地解决索赔或反索赔事件。

（2）及时处理原则。在索赔管理中，及时处理有助于减少索赔或反索赔机会，防止干扰事件影响的扩大。否则，将会加深双方的矛盾，扩大合同后续履行中的矛盾，甚至导致合同的终止。

（3）协商优先原则。在解决索赔或反索赔事件的各种方式中，和解成本较低、效率较高。以和解作为解决索赔或反索赔的优先方式，有利于保持缔约双方良好的合作关系，进而节约社会资源。因此，《合同法》第 128 条规定："当事人可以通过和解或者调解解决合同争议。当事人不愿和解、调解或者和解、调解不成的，可以根据仲裁协议向仲裁机构申请仲裁。"

（4）诚实信用原则。诚实信用原则要求索赔或反索赔的当事人在实践中应讲信用，恪守诺言，诚实不欺，在追求自己利益的同时不损害他人和社会利益，要求索赔主体在索赔活动中维持双方的利益以及当事人利益与社会利益的平衡。

9.3 工程施工索赔的计算

9.3.1 工期索赔的计算

1. 工期索赔及其费用索赔

（1）工期索赔分析依据。

- 合同约定的计划工期；
- 经工程师审核的进度计划；
- 双方认可的工期补充或调整文件；
- 实际进度。

（2）干扰事件对总工期影响的分析方法。

- 网络分析方法：通过对比分析干扰事件发生前后的网络计划，分别计算两种情形下的工期计算结果，确定索赔工期。
- 比例分析方法：对于关系较为简单、涉及任务较少的干扰事件，可采取以其合同价款所占合同总价比例的计算方法确定索赔工期。

（3）干扰事件对工程的影响分析。

- 工程延期影响分析：发包人延期交付场地、施工图设计文件等行为，均可能导致工程延期，若这些事件处在关键路径上，其实际延期天数可以直接作为总工期延期天数。

- 工程变更影响分析：主要包括工程量大幅增加、附加工程、发包人造成窝工、发包人行为引起工序变化等情形。
- 工期中断影响分析：主要情形为由于不可抗力或发包人原因（如严重拖延工程进度款支付，导致承包人无法持续施工）造成停工。

2．赶工的费用索赔

赶工费用索赔的适用情形：

（1）非承包人责任造成工程延期，为确保如期完工，工程师下达指令要求赶工；

（2）发包人要求提前交付；

（3）当对工程延期还是工期延误有争议时，为避免影响总工期，工程师先行指令赶工，最终证明为工程延期的。

9.3.2 费用索赔的计算

1．干扰事件的影响分析方法

（1）干扰事件的影响分析基础。

- 干扰事件的实际情况确实存在，并且该事件发生的原因可归责于发包人；
- 合同约定中应当有合同价格的调整方法、工程变更的补偿与计算方法、附加工程的价格计算方法以及工程延期等内容。

（2）干扰事件的影响分析方法。

- 合同文件分析，主要内容为：分部分项工程的工程量，人工、材料、机械等单价，进度计划，附加费，工程总价等。
- 风险分析，主要是合同约定不予调整的风险之外的风险。
- 合同实际履行情况分析，按照实际发生的工程量、生产效率、人力机械使用情况、价格水平、施工方案以及进度计划等确定实际发生的工期与费用，并与前述合同文件分析、风险分析相结合，确定其差异。

2．费用索赔计算的基本原则和方法

（1）计算原则。

- 实际损失原则：按照干扰事件对承包人工程费用的实际影响确定损失赔偿的额度。
- 合同约定原则：按照合同约定的索赔范围、方法与程序实施索赔。
- 合理性原则：符合市场竞争的基本要求，符合行业惯例，体现双方公平合理性。
- 有利原则：以承包人受到的实际损失为基础，统筹考虑在最终索赔谈判环节中的妥协让步，避免亏损，争取有利结果。

（2）计算方法。

- 总费用法：按照类似于成本加酬金合同的计价方法，以承包人的额外成本作为基础，加上管理费、利润等作为索赔价款。

- 分项法：按照各类干扰事件及其所影响的费用项目分别计算索赔价款。

（3）常见的索赔费用项目。

- 人工费；
- 材料费；
- 机械费；
- 企业管理费；
- 利润。

3．工程变更的费用索赔

（1）工程量变更。

- 采用总价合同的，因发包人设计变更引起工程量变更的，应调整价格；
- 采用单价合同的，发包人工程量本就不确定的，应据实结算。

（2）附加工程。

- 合同内附加工程，主要指即便未在工程量表中列明，但对于本项目实施必需的工程；
- 合同外附加工程，主要指新增工程或与本合同（标段）履行并无必然联系的工程。

（3）工程质量标准的提高。发包人修改设计，使得工程质量标准提高，或者另行提出了获得某种奖项的要求，使得承包人增加了额外的费用。

（4）工程变更超过限额的处理。工程变更使得合同总价增减超过一定范围时，可能导致管理费发生变化；分项工程的工程量增减超过一定范围时，往往也将引起单价等的变化，应当允许进行相应调整。

4．利润索赔

（1）利润索赔的适用情形。

- 发包人不履行合同义务或者履行合同义务不符合约定，给承包人造成损失的，损失赔偿额应当相当于因违约所造成的损失，包括合同履行后可以获得的利益（利润）；
- 发包人指令工程变更，如工程量增加等；
- 发生应由发包人承担的风险事件，承包人按工程师指令进行维修。

（2）利润索赔的计算。

- 以一般费用索赔各分项计算结果为基础，乘以合同文件约定的利润率，得到索赔价款；
- 发包人严重违约导致合同终止，承包人可按全部合同的利润总额索赔。

5．其他情况的费用索赔

（1）额外工作的索赔计算。

- 按零星用工计算；
- 由双方签订补充协议或由发包人签发工程签证；

• 用成本加酬金的方式计算。

（2）材料或人工费大幅上涨。采用可调价合同的，材料或人工费按照以下步骤调整：

1）确定合同价格的组成要素及其权重；

2）确定计算价格的时间与地点；

3）按照调价公式计算。

（3）工程款拖欠。按照合同约定执行。合同未约定或约定不明确的，通常按国家关于逾期付款违约金的规定处理。

国家关于逾期付款违约金发布了系列规定。2004 年 1 月 1 日以后，主要以逾期贷款利率的方式进行规定。2003 年 12 月 10 日，中国人民银行发出《中国人民银行关于人民币贷款利率有关问题的通知》（银发［2003］251 号），其中第三条将逾期贷款利率（罚息利率）由现行的日利率万分之二点一修改为："在借款合同载明的贷款利率水平上加收 30%~50%。"

（4）工程中断。工程停工、复工导致承包人的人工费、机械费等费用增加，发包人应予支付。

（5）合同终止。因可归责于发包人的原因造成合同终止的，发包人应按照合同约定的方法向承包人支付已完工工程的价款。此外，对于承包人遣散工人等善后费用、已支付工程机械租金、已购材料损失、分包人等其他各方索赔等费用，发包人也应予以支付。

9.4 索赔策略

9.4.1 索赔文件编写策略

1. 索赔报告的要求

（1）真实准确，证据充分。索赔报告对索赔事件的描述应当真实、准确，并应附翔实确凿的证据，以便发包人或工程师核查。

（2）逻辑正确，责任明确。索赔报告应逻辑严谨，干扰事件、影响因素、合同条款以及违约责任等应紧密关联。

（3）条理清楚，层次分明。索赔报告应首先简要说明索赔事项、理由与主张的工程延期或费用增加。其次应当列明详细理由、证据以及计算过程。

（4）文字简洁，用词适当。索赔通常发生于合同履行期间，施工合同双方仍具有较好的合作关系。承包人应当注意与发包人或工程师的关系，行文应避免使用激化矛盾的措辞。

2. 索赔文件的组成

（1）索赔文件通常包括索赔信、索赔报告（正文包括总论、事实与理由、简要计算）、详细计算书、附件（索赔证据）等。

（2）计算、证据、函件部分通常列入附件，因此应重点管理。

9.4.2　索赔谈判策略

1．策略制定

（1）承包人的索赔策略。

- 争取签订有利合同，全面完成合同义务；
- 提高索赔管理水平，着眼于重大索赔；
- 注意灵活性，处理好与发包人、监理人等的关系；
- 索赔谈判中争取主动，以和谐方式解决争议。

（2）发包人的索赔策略。

- 建立索赔信息系统，全面履行合同义务；
- 提高招标文件的质量；
- 注重合同承包模式与合同计价类型；
- 增加限制索赔的合同条款。

2．索赔分析

（1）成本分析。

- 建立详细合理的工程预算体系；
- 建立有效的会计核算体系；
- 合同履行期间，应当对计划成本与实际成本进行成本差异分析。

（2）时间分析。

- 根据已有资源，制定合理的进度计划；
- 对可能影响进度计划的事件进行重点分析；
- 合同履行期间，应当对进度计划与实际进度进行进度差异分析。

（3）主要事件分析（示例）。

- 由发包人原因造成在恶劣天气下施工；
- 赶进度造成劳动生产率下降、有关成本增加；
- 工程变更的可能性分析。

9.5　工程施工合同的争议处理

9.5.1　协调

协商也称和解，是指发包人与承包人在自愿互谅的基础上，就已经发生的争议进行协商、妥协让步并达成一致，自行解决争议的方式。

协商的特点主要有以下几点。

（1）效率高。仲裁、诉讼等司法方式的程序较为复杂，耗时漫长。然而，和解仅需双方有和解意愿，利于快速解决纠纷。

（2）成本低。仲裁、诉讼等司法方式费用较大，如仲裁费、诉讼费、律师费、公证费、鉴定费等，而和解仅限于双方当事人之间，不涉及其他主体，不存在前述费用。

（3）保持良好的商事合作关系。采取仲裁或诉讼等司法方式解决争议，往往存在保密性不足的问题。但和解仅发生在当事人双方之间，保密性好，争议解决后，双方仍然存在继续合作的较大可能。

（4）和解协议不具有强制履行的效力。当事人不根据和解协议约定的内容履行各自义务，守约方不能依据和解协议向人民法院请求强制执行违约方。

9.5.2 调解

调解是指发包人与承包人在第三方主持下，自愿达成一致解决纠纷的方式。第三方通常可由监理人、行政主管部门、仲裁机构、人民法院等担任。

调解的特点主要有以下几点。

（1）调解以双方自愿为前提。《民事诉讼法》第 201 条规定："当事人对已经发生法律效力的调解书，提出证据证明调解违反自愿原则或者调解协议的内容违反法律的，可以申请再审。经人民法院审查属实的，应当再审。"

（2）调解应坚持合法性原则。《人民调解法》第 3 条规定："人民调解委员会调解民间纠纷，不应违背法律、法规和国家政策。"《民事诉讼法》第 9 条规定："人民法院审理民事案件，应当根据自愿和合法的原则进行调解；调解不成的，应当及时判决。"

（3）调解存在较高效率。与仲裁、诉讼等司法方式相比，调解由双方信任的第三人主持，在双方友好、互谅互让的基础上达成的，当事人本着诚信原则积极履行的可能性更大。

9.5.3 仲裁

仲裁是指发包人与承包人根据施工合同中的仲裁条款或发生争议后达成的仲裁协议，自愿将争议提交仲裁机构裁决，从而解决争议的方式。

仲裁具有自愿性、专业性、独立性、保密性、快捷性等特点。

（1）自愿性。当事人的自愿性是仲裁最突出的特点。仲裁以双方当事人的自愿为前提，即当事人之间的纠纷是否提交仲裁，交与谁仲裁，仲裁庭如何组成，由谁组成，以及仲裁的审理方式、开庭形式等都是在当事人自愿的基础上，由双方当事人协商确定的。因此，仲裁是最能充分体现当事人意思自治原则的争议解决方式。

（2）专业性。民商事纠纷往往涉及特殊的知识领域，会遇到许多复杂的法律、经济贸易和有关的技术性问题，故专家裁判更能体现专业权威性。因此，由具有一定专业水平和能力的专家担任仲裁员对当事人之间的纠纷进行裁决是仲裁公正性的重要保障。根据我国《仲裁法》的规定，仲裁机构都备有分专业的、由专家组成的仲裁员名册供当事人进行选择，专家仲裁由此成为民商事仲裁的重要特点之一。

（3）独立性。仲裁机构独立于行政机构，仲裁机构之间也无隶属关系。在仲裁过程中，仲裁庭独立进行仲裁，不受任何机关、社会团体和个人的干涉，亦不受仲裁机构的干涉，显示出最大的独立性。

（4）保密性。仲裁以不公开审理为原则。有关的仲裁法律和仲裁规则也同时规定了仲裁员及仲裁秘书人员的保密义务。因此，当事人的商业秘密和贸易活动不会因仲裁活动而泄露。仲裁表现出极强的保密性。

（5）快捷性。仲裁实行一裁终局制，仲裁裁决一经仲裁庭作出，即发生法律效力，这使得当事人之间的纠纷能够迅速得以解决。

9.5.4　诉讼

诉讼是指发包人或承包人将争议提交人民法院，由人民法院审理、裁判以及执行，从而解决争议的方式。

诉讼具有公权性、强制性等特点。民事诉讼不同于其他解决纠纷的方式，其主体是国家司法机关。民事诉讼在国家审判权力介入之下，对民事纠纷通过国家的司法程序进行解决。

在争议解决方式上，调解、仲裁均建立在当事人自愿的基础上，只要有一方不愿意选择上述方式解决争议，调解、仲裁就无从进行。而诉讼不以对方的意志为转移，除非存在合法的仲裁协议，否则人民法院均具有管辖权。

在最终权利义务的实现上，诉讼判决书也不同于和解协议或调解协议。诉讼判决书以国家强制力为依托，具有强制执行的法律效力。

本章小结

索赔是指承包人在合同履行过程中，依据法律规定或合同约定，对于并非因自己的过错且可归责于发包人的情形造成的实际损失或额外费用，主张应由发包人给付的行为。按照索赔发生的原因，可将索赔划分为工期延期索赔、赶工索赔、生产率降低索赔、变更索赔、不利现场条件索赔、总成本索赔、合同解除后的索赔等。按照提出主张的主体不同，可以分为索赔与反索赔。

工程施工索赔依据主要是发包人违约、合同缺陷、不利自然条件或客观障碍、工程师指令、工程变更、国家法律和政策变化等。

工程施工索赔程序主要有寻找索赔机会、发出索赔意向通知、干扰事件原因分析、损失调查、证据收集、起草索赔报告、提交索赔报告、磋商处理索赔等。

工程施工索赔的计算主要体现为工期索赔及其费用索赔的计算、费用索赔的计算等。

索赔可按照索赔文件编写、索赔谈判等步骤实施。处理工程施工合同争议时，可根据争议的特点，选择协调、调解、仲裁或诉讼等适当的争议解决方式。

复习思考题

1．问答题

（1）简述发生索赔的原因。

（2）索赔报告的基本内容。

（3）简述索赔的程序。

（4）常用的工期索赔的计算方法。

2．判断题

（1）承包人不可以向发包人索赔，发包人可以向承包人索赔。（ ）

（2）要求发包人补偿费用损失，调整合同价格的索赔是费用索赔。（ ）

（3）战争、敌对行动、入侵等风险的索赔属于人力不可抗拒灾害的索赔。（ ）

3．选择题

（1）根据施工索赔的规定，可以认为索赔是指（ ）。

A．只限承包商向业主索赔　　B．业主无权向承包商索赔

C．业主与承包商之间的双向索赔　　D．不包括承包商与分包商之间的索赔

（2）指定分包商违约或延误的索赔属于（ ）。

A．工期变更索赔　　B．有关工程施工的索赔

C．关于价款方面的索赔　　D．合同外索赔

（3）按索赔所依据的理由分类，索赔有（ ）。

A．工程索赔、费用索赔　　B．合同内索赔、合同外索赔和道义索赔；

C．对内索赔、对外索赔　　D．单项索赔、总索赔

（4）索赔按目的划分包括（ ）。

A．综合索赔　　B．单项索赔

C．工期索赔　　D．合同内索赔

E．费用索赔

（5）施工项目索赔应具备的理由有（ ）。

A．发包人违反合同给承包人造成时间、费用损失

B．承包人的原因导致工程暂时停工

C．发包人延误支付期造成承包人的损失

D．承包人提出提前完成项目或缩短工期而造成的费用增加

E．物价上涨，法规变化及其他

实训题

某市地下工程，业主与施工单位签订了施工合同，除税金外的合同总价为8 600万元，其中：现场管理费率15%，总部管理费率8%，利润率5%，合同工期730天。为保证施工安全，合同中规定施工单位应安装满足最小排水能力1.5t/min的排水设施，并安装1.5t/min的备用设施，两套设施合计15 900元。合同中还规定，施工中如遇业主原因造成工程停工或窝工，业主对施工单位自有机械设备按台班单价的60%给予补偿，对租赁设备按租赁费给予补偿。

该工程施工过程中发生以下两项事件。

事件1：施工过程中遇到了非季节性大暴雨天气，原有排水设施不能满足要求，使施工单位被迫停工，并造成施工设备被淹没。为保证施工安全和进度，业主指令施工单位紧急购买排水设施。施工单位按业主要求购买并安装了两套1.5t/min的排水设施，恢复了施工。

事件2：施工中发现地下文物，处理文物工作造成工期拖延40天。

【问题】就以上两项事件，施工单位如何按合同规定的索赔程序向业主提出索赔?

第 10 章　国际工程合同条件

本章学习目标

☑ 了解国际工程合同条件的类型。
☑ 理解各合同条件的主要内容和结构。
☑ 掌握各合同条件的使用范围。

引导案例

黄河小浪底水利枢纽工程位于河南省洛阳市孟津县小浪底，是黄河干流上的一座集减淤、防洪、防凌、供水灌溉、发电等为一体的大型综合性水利工程，是治理开发黄河的关键性工程，属国家“八五”重点项目。小浪底工程浩大，总工期 11 年。小浪底水利枢纽工程部分利用世界银行的贷款。项目管理实行业主负责制、建设监理制、招标投标制，按照 FIDIC 合同条件，对工程实施严格的合同管理。

业主根据世行所规定的采购程序，以世界范围内的竞争性招标的方式，选择了三个土建国际承包商联营体（Joint-Venture），分别承担大坝、泄洪系统和引水发电系统的施工和建设。小浪底工程咨询有限责任公司作为 FIDIC 合同条件意义上的“工程师单位”，承担小浪底工程监理任务，负责工程投资、进度、质量控制、工程建设各方的协调。此外，业主还聘请世界银行特别咨询专家团、加拿大国际工程管理咨询公司（CIPM），并组建小浪底工程建设技术委员会作为业主的合同管理、技术管理决策方面的咨询机构。

小浪底国际土建合同采用 FIDIC 合同条件第四版关于变更、费用和利润、当地费用调整、不可预见的外界障碍或条件、延期和赶工、工程的分包、常见的工程索赔的处理方法等各个方面的规定。合同条件由三部分组成。除 FIDIC 合同条件要求原样引用“通用合同条款”，并按照 FIDI 合同条件提供的格式编制“专用合同条款”外，业主根据工程情况，将一些特殊和具体要求汇总编写了“特殊合同条款”，内容包括进现场设施、对施工计划的要求、环保、当地费用调价和外币调价等。

10.1　国际工程合同概述

10.1.1　国际工程合同含义

国际工程（International Projects）是指一个工程项目从咨询、投资、招投标、承包、设备采购、培训到监理，各个阶段的参与方均来自不同国家，各参与方为了形成具有特定使用价值的固定资产，并且按照国际上通用的工程项目管理模式，为达到各自目的进行管理的工程。从我国的角度看，国际工程既包括我国工程单位在海外参与的工程，也包括大量的国内涉外工程，如利用世界银行等国际金融组织的贷款项目，因而国际工程属于国际经济合作范畴。

国际工程合同是雇主与承包商在招标或谈判成立后签订的，用以确定双方权利义务关系的协议，合同双方在合同条件的框架下紧密、友好合作，有利于工程的顺利完成，其本质是一种要约（Offer）和承诺（Promise）。在国际工程实践中，一般工程合同的成立程序为：投标人资格预审、业主邀请承包商投标、承包商投标、业主评标、业主发出中标函、双方签订协议等。

国际工程合同的参与方主要有业主（包括公共工程业主、私人工程业主、业主代表等）、专业设计师（包括建筑师、结构工程师、机械工程师、电气工程师、土木工程师、测量师等）、承包商（包括总承包商、专业承包商、分包商等），以及材料和设备供应商等。

由于各国的资源、技术、产品等优势各不相同，通过全球资源优势互补，能够促进生产力发展，降低成本，从而取得高额利润，这是近几十年来国际工程得以迅速发展的原动力。但是由于国际工程的涉外性，各国文化习俗、法律环境等存在不同程度的差异性，难以以特定某国的合同文本来约束合同双方的权利义务关系，因此出现了国际合同文本。

国际上通常将建筑业划分为房屋建筑业和土木工程行业。房屋建筑合同的标准条件通常由建筑师学会编写，如英国皇家建筑师学会编制的《建筑业标准合同》（简称 JCT 合同）、美国建筑师学会编制的《业主与承包商标准协议书》（简称 AIA 合同）。而土木工程合同的标准合同通常是由土木工程师学会编写，如英国土木工程学会编制的《土木工程施工合同条款》（简称 ICE 合同）、国际工程师联合会（FIDIC）编制的《土木工程施工合同条件》等。

10.1.2　合同、惯例与法律的相互关系

合同是一个契约、一个协议。国际工程合同是不同国家的有关法人之间为了实现工程项目中特定目的而签订的明确相互权利、义务、责任以及相互管理程序的协议。在国际工程承包领域，当合同方作出合同安排或处理当事方间的冲突或争议时，由于工程参与方各国之间法律、文化、习俗等的不同，经常运用国际惯例来解决争端。

《辞海》中将惯例解释为法律上没有明文规定，但过去曾经施行，可以仿照办理的做法。国际惯例是指在国际交往中逐渐形成的不成文的法律规范，国际惯例只有经过国家认可才有效力。国际工程承包活动中，各相关方签订的合同是履约的主要依据。合同约定了签约双方的权利义务，涉及双方利益的分配，所以合同的设计对签订合同的双方非常重要。随着工程承包行业的不断发展，逐渐形成了一些习惯性的做法，这些做法在工程管理中得到了普遍认可，并通过国际组织的编纂形成一系列标准的合同条件，如国际咨询工程师联合会编制的合同条件、英国土木工程师学会（ICE）编写的《新工程合同条件》（NEC）、美国建筑师学会（AIA）编制的合同条件。这些合同条件是国际工程管理中的国际惯例的典型代表。

所谓法律效力，即法律的约束力，是指人们应当按照法律规定的行为模式来行为，必须予以服从的一种法律之力。它意味着人们应当遵守、执行和适用法律，不得违反。国际惯例作为一种国际行为规范，根据其形成过程的不同，可以将其分为两类：一类属于法律范畴的国际惯例；另一类属于非法律范畴的国际惯例。前者具有法律效力，后者则不具有法律效力。属于法律范畴的国际惯例按其法律效力又可分为合同性惯例和规范性惯例。其中，合同性惯例的法律适用就其本质而言是供当事人在其所从事的特定交易中在法律允许的范围内自愿适用的制度；规范性惯例的法律适用，对于特定交易中当事人各方应该知道或理应知道的为该特定交易领域内的人们所广泛了解的惯例，即便当事人各方未作出明确表示，也应视为他们已默示同意此惯例。

10.1.3 国际工程合同的法律基础

在国际工程承包合同中，明确规定“适用于本合同的法律”或“某法律管辖本合同”不仅可以使合同双方在履行合同过程中遵守该法律原则，减少争端，而且在争端产生后，可使仲裁庭或法院在裁决或审理时有共同的法律依据。

在国际工程合同中选择适用法律时，要注意是否有选择适用法律的自主权利。如果工程所在国有强制性的规定，必须适用当地法律时，除了要广泛收集和熟悉当地各种有关法律，特别是合同法、劳动法、税收法、工商企业法、进出口管理法、外汇管制法、出入境管理法、交通运输管理法和各种私法，同时为了减少导致争端的潜在因素，改善自己在解决争端时的法律地位，建议聘请当地律师为常年法律顾问。

如果合同规定争端将提交某国（例如工程所在国）的法院通过诉讼程序解决，但未明确选择适用法律，则通常各国的诉讼程序都必须按照该国司法制度中的诉讼法进行，许多国家的法院将会引用该国的国际司法规则，确定该国的法律为适用于本合同的法律。

10.2 国际工程通用的合同条件

10.2.1 FIDI C 合同条件

1. FIDIC 组织简介

FIDIC 是国际咨询工程师联合会的法文（Fèdèration Internationale Des Ingènieurs Conseils）缩写，是国际上具有权威性的咨询工程师组织。FIDIC 组织成立于 1913 年，是一个非官方机构，总部设在瑞士洛桑，最初的成员是欧洲境内的法国、瑞士、比利时 3 个独立的咨询工程师协会，二战结束后迅速发展起来。1996 年 10 月，中国工程咨询协会正式加入 FIDIC，取得了在 FIDIC 的发言权和表决权，增加了开展国际交流、了解国外信息渠道和开拓对外业务的机会。

FIDIC 主要的职能机构有业主与咨询工程师关系委员会（CCRC）、合同委员会（CC）、风险管理委员会（RMC）、质量管理委员会（QMC）、环境委员会（ENVC）。其宗旨是倡导先进的工程管理理念，从而指导国际承包业的良性发展，为其成员国的会员公司提供服务。主要从事三方面的工作：① 研究国际工程中存在的问题，提出解决问题的策略；② 召开工程管理国际专题研讨会；③ 编制和推行国际工程中的各类合同范本。

2. 1999 年以前的 FIDIC 合同条件

FIDIC 专业委员会编制的一些规范性合同条件，构成了 FIDIC 合同条件体系。这些标准合同条件不仅 FIDIC 成员在世界范围内广泛使用，也被世界银行、亚洲开发银行、非洲开发银行等世界金融组织在招标文件中使用。

在 FIDIC 合同条件体系中，最早的 FIDIC 合同源于 1957 年，FIDIC 与国际房屋建筑和公共工程联合会（现在的欧洲国际建筑联合会）在英国咨询工程师联合会（ACE）颁布的《土木工程合同文件格式》的基础上出版了《土木工程施工合同条件（国际）》（第 1 版）（俗称“红皮书”），常称为 FIDIC 条件。该条件分为两部分，第一部分是通用合同条件，第二部分为专用合同条件。随后于 1969 年、1977 年、1987 年分别出版《土木工程施工合同条件》第 2、3、4 版。1988 年、1992 年两次对第 4 版进行修改，1996 年又作了增补。

1963 年，首次出版了适用于业主和承包商的机械与设备供应和安装的《电气与机械工程标准合同条件格式》，即“黄皮书”。随后于 1980 年、1987 年分别出版第 2、3 版。1995 年，出版了《设计—建造和交钥匙合同条件》即“橘皮书”。以上的“红皮书”、“黄皮书”、“橘皮书”和《土木工程施工合同—分合同条件》、“蓝皮书”（《招标程序》）、“白皮书”（《顾客/咨询工程师模式服务协议》）、《联合承包协议》、《咨询服务分包协议》共同构成 FIDIC 彩虹族系列合同文件。

3. 新版 FIDIC 合同条件

国际承包市场商业项目的增多，使得原来的 FIDIC 合同条件有必要加以更新。于是

FIDIC 在调查了全球几百家业主单位、承包商、咨询公司的基础上，于 1999 年正式出版了四个新合同版本。

（1）《施工合同条件》（Condition of Contract for Construction），简称“新红皮书”。新红皮书对业主的职责、权力、义务有了更严格的要求，如对业主资金安排、支付时间和补偿、业主违约等方面的内容进行了补充和细化；对承包商的工作提出了更严格的要求，如承包商应将质量保证体系和月进度报告的所有细节都提供给工程师、在何种条件下将没收履约保证金、工程检验维修的期限等；增加了与索赔有关的条款并丰富了细节，加入了争端委员会的工作程序，由 3 个委员会负责处理那些工程师的裁决不被双方认可的争端。主要用于业主或其代表工程师设计的建筑或工程项目。这种合同的通常情况是，由承包商按照业主提供的设计进行工程施工。但该工程可以包含由承包商设计的土木、机械、电气和构筑物的某些部分。

（2）《永久设备和设计—建造合同条件》（Condition of Contract for Plant and Design-Build），简称“新黄皮书”。借鉴 1995 年橘皮书的格式，合同结构类似新红皮书，并与新红皮书、银皮书相统一。主要用于电气、机械设备供货和建筑或工程的设计与施工。这种合同的通常情况是，由承包商按照业主要求，设计和提供生产设备和其他工程；可以包括土木、机械、电气和构筑物的任何组合。

（3）《设计采购施工（EPC）交钥匙工程合同条件》（Condition of Contract for EPC Turnkey Projects），简称“银皮书”。主要适用于建设规模大、复杂程度高，承包商提供设计、复杂采购并承担绝大部分风险的项目。这种合同条件所适用的项目的最终价格和工期确定性要求较高，承包商承担项目的设计和实施的全部职责，业主基本不参与工作。

（4）《简明合同格式》（Short Form of Contract），简称“绿皮书”。主要适用于价值相对较低的建筑或工程，在这种合同形式下，一般都是由承包商按照业主或其代表（工程师）提供的设计实施工程，但对于部分或完全由承包商设计的土木、机械、电力或建造工程的合同也同样适用。

以上前三种合同格式，采用了固定的 20 条“通用条件”，在各自“专用条件”中可相互借鉴调整。如设计由谁提供、合同双方各自承担的风险程度，都可在“专用条件”中，根据业主的最佳选择，参照其他合同格式作出规定。

4．新版 FIDIC 合同条件的结构

新版 FIDIC 合同条件的内容由两部分构成，第一部分为通用条件，第二部分为专用条件以及一套标准格式，本教材主要介绍 FIDIC《施工合同条件》的基本结构。

FIDIC《施工合同条件》的通用条件包括了 20 条 160 多款，每条每款下又分为若干字款。条款内容涉及：合同履行过程中业主和承包商各方的权利和义务；工程师的权利和职责；各种可预见事件发生后的责任界限；合同正常履行过程中各方应遵循的工作程序；因意外事件而使合同被迫解除时各方应遵循的工作准则。在通常情况下，国际间的项目招投标文件中，对于 FIDIC《施工合同条件》中的通用条款是直接采用的，不再需要编制相关

的合同条款。

FIDIC《施工合同条件》的第二部分是专用条件，共包括 20 条。根据准备实施的项目的工程专业特点，以及工程所在地的政治、经济、法律、自然条件等地域特点，针对通用条件中条款的规定加以具体化。可以对通用条件的规定进行相应补充完善、修订或取代其中的某些内容，以及增补通用条件中没有规定的条款。专业条件中条款的序号应与通用条件中要说明条款的序号对应，通用条件和专用条件内相同序号的条款共同构成对某个问题的约定责任。如果通用条件内某一条款内容完备、适用，专用条件内可不再重复列此条款。

5. FIDIC《施工合同条件》的主要内容

（1）一般性条款。一般规定中除了 FIDIC 合同定义外，主要是与沟通相关的事项，如通信、图纸、文件、保密等。

1）合同文件。FIDIC 规定构成合同的各个文件应被视作互为说明的。为解释之目的，各文件的优先次序如下：① 合同协议书（如有）；② 中标函；③ 投标函；④ 专用条件；⑤ 本通用条件；⑥ 规范；⑦ 图纸；⑧ 资料表以及其他构成合同一部分的文件。

2）合同的各方参与人及其权利与义务。

① 雇主。在投标函附录中指定为雇主的当事人或此当事人的合法继承人。其权利主要包括：有权指定分包商、有权决定工程暂停或复工；在承包商违约时，有权接管工程或没收各种保函及保证金，有权决定在一定幅度内增减工作量，有权拒绝承包商分包或转让工程等。

雇主的义务主要包括：向承包商提供施工场地的工程地质和地下管线路资料；帮助承包商获得与合同有关的但不易取得的工程所在国的法律的副本，以及申请法律所要求的许可、执照或批准；向承包商提供完整、准确、可靠的信息资料和图纸，并对这些资料的准确性负责；承担由雇主风险所产生的损失或损坏；由雇主负责办理保险时，支付相关款项等。

② 承包商。在雇主收到的投标函中指明为承包商的当事人及其合法继承人。承包商人员包括承包商代表及其为承包商在现场工作的一切人员。其权利主要包括：有权向雇主收取工程款；因工程变更超过合同规定的限值而享受补偿权；有权要求进行合同价格调整；有权要求工程师书面确认口头指示；有权反对雇主随意更换监理工程师等。

承包商的义务主要包括：遵守合同要求、保质保量按时完成工程任务并在质保期内修复工程缺陷；向工程师提供年、季、月工程进度计划报表；向发包人提供现场办公和生活的房屋及设施；按规定办理有关施工噪声以及环境保护和安全生产等的手续；向雇主提供永久设备的文件；提交现金流量估算、各种要求的担保；为雇主保守机密；按时缴纳税金和各种强制险、按时参加各种检查和验收等。

③ 工程师。受雇于业主来管理工程项目，属于业主的人员，不是独立的第三方，按照业主与承包商签订的合同中授予他的权利来履行其职责，是业主方管理工程的具体执行者，在国外，其全称为“咨询工程师”。具体的职责主要包括：可以行使合同明文规定和必然隐

含的赋予他的权利；无权更改合同；无权解除业主和承包商的义务和责任；可以根据合同随时向承包商签发指令和图纸；有权拒绝承包商的代表；有权要求承包商撤走不称职人员；有权决定工程量的增减及相关费用；有权增加工程成本或延长工期；有权确定费率；有权下单开工、停工、复工令；有权对工程的各个阶段进行检查等。

④ 指定分包商。是由业主（或工程师）指定、选定，完成某项特定工作内容并与承包商签订分包合同的特殊分包商。承包商对指定分包商的支付依据分包合同的规定，并需经过工程师证明，用暂定金额支付并加入合同价格；加上其他费用，增加到主合同中，并由业主支付给承包商。

3）合同的时间概念。

① 基准日期。提交投标文件截止日前28天的当日。

② 开工日期。工程师按照有关开工的条款通知的开工的日期。开工日期是计算工期的起点。

③ 竣工时间。在投标函附录中说明的，按照竣工时间的规定，由开工日期算起到工程或某一区段（视情况而定）完工的时间段，即国内施工合同文本所指的合同工期。

④ 缺陷通知期。根据投标函附录中的规定，从接收证书中注明的工程或区段被证明完工的日期算起，根据合同通知工程或区段中的缺陷的期限，即国内施工合同文本中所指的工程质保期或者保修期。

4）合同价格和支付。

① 中标合同金额。业主在中标函中接受的基于承包商承建工程而支付给承包商的价格，一般为中标承包商的投标价格。如果在评标期间业主发现投标价格计算有误，业主可以对其修改，得到承包商的确认后，该价格为有效投标价格，此价格是名义的合同价格。

② 合同价格。工程结束时发生的实际价格，即工程完成后的“竣工结算价”，合同价格的确定是经过工程实施过程中的累计计价而得到的。

③ 支付证书。按照第14款合同价格和支付颁发的支付证书。包括最终支付证书和期中支付证书。

④ 暂定金额。业主为预计发生的工程项目准备的金额，相当于业主备用金。产生此费用的原因有：工程实施过程中可能发生业主方负责的应急费、不可预见费等，如计日工涉及的费用；在招标时，对工程的某些部分，业主方还不可能确定到使投标者能够报出固定单价的深度；对某些工作，业主方希望以指定分包商的方式来实施。一般用固定数额表示，有时也用投标价格的百分数表示，一般由业主在招标文件中确定。

⑤ 费用。承包商在现场内或现场外正当发生（或将要发生）的所有开支，包括管理费和类似支出，但不包括利润。

（2）质量控制条款。

1）实施方式。无论是永久设备和材料的加工与制造，还是其他的工程施工作业，承包商应遵循：合同中有具体规定的，按合同规定具体方式实施；按照公认的良好惯例，以恰当的施工工艺和谨慎的态度去实施；若合同没有另外的规定，应使用恰当配备的设施和无害材料来实施。

2）样品。承包商在将材料用于工程之前，应向工程师提交有关材料的样品资料，并取得工程师的同意。样品包括承包商自费提供的厂家的标准样品以及合同中规定的其他样品。如果工程师还要求承包商提供任何附加样品，则工程师应以变更的形式发出指令。同时每种样品上应列明其原产地和在工程中的用途。

3）检查和检验。雇主的人员应有权在一切合理的时间内进入现场及天然料场。还应有权进入项目设备和材料的生产基地，检验和测量永久设备和材料的用材、制造工艺以及进度。承包商应提供一切机会协助业主人员完成此类工作，并提供所需的设施。值得注意的是，此类检查不解除承包商的任何义务和责任。当完成的一项工作在隐蔽之前，或者任何产品在包装储存或运输之前，承包商应及时通知工程师。工程师应前来检验和测量等，不得无故拖延；但如果他不要求检查，应及时通知承包商。如果承包商没有通知工程师，则在工程师要求时，承包商应自费打开已经覆盖的工程，供检查并随后恢复原状。

对于合同中有规定的检验，承包商应配合。工程师可以通过变更改变规定检验的位置和详细内容或指示承包商进行附加检验。工程师应提前至少 24 小时通知承包商将参加检验，如果工程师未能如期参加，承包商可以自行检验，工程师应确认此检验结果。

4）补救工作。不论以前是否进行了任何检验或颁发了证书，工程师仍可以指示承包商：将工程师认为不符合合同规定的永久设备或材料从现场移走并进行替换；把不符合合同规定的任何其他工程返工并重建。

5）竣工验收。承包商应提前 21 天将准备好进行竣工检验的日期通知工程师，说明在该日期后将准备好竣工验收。若验收合格，则承包商应向工程师提交一份有关此次检验结果的证明报告；若验收未通过，工程师可以拒收工程或该区段，并责令承包商修复缺陷，修复缺陷的费用和风险由承包商自负。

如果承包商无故延误竣工试验，工程师可通知承包商要求他在收到该通知后 21 天内进行此类检验。承包商可以确定在这一期间内的某日期进行试验，并通知工程师。如果雇主无故延误竣工试验，则承包商可根据合同中的有关条款进行索赔。

（3）成本控制条款。

1）合同价格。承包商在开工后的 28 天内要向工程师提交明细表（工程量表）中的每一包干项的价格分解表，供工程师签发支付证书时参考，但不受其约束。

2）雇主的资金安排。在接到承包商的请求后，雇主应在 28 天内提供合理的证据，表明他已作出了资金安排，并将一直坚持实施这种安排。合理的证据一般情况下应为银行证明之类的文件。如果业主对自己的资金安排作出大的变动，应通知承包商，说明情况。

3）预付款。业主应向承包商支付一笔无息预付款，用于承包商启动项目，但承包商在得到预付款之前应提交一份预付款担保。同时应在投标函附录中规定清楚预付款的额度、分期支付的次数、支付时间以及支付货币和货币比例。预付款比例一般为合同额的

10%-30%。

承包商应保证，在其归还全部预付款之前，该保函一直有效并能够被执行兑现，担保额度可以随预付款逐步归还而相应递减。预付款归还的方式是按每次付款的百分比在支付证书中减扣，如果减扣百分比没有在投标函附录中写明，则按下面的方法减扣：当期中支付证书的累计款额（不包括预付款以及保留金的减扣与退还）超过中标合同款额与暂定金额之差的 10%时，开始从期中支付证书抵扣预付款，每次扣发的金额为该支付证书的 25%（不包括预付款及保留金的减扣与退还），扣发的货币比例与支付预付款的货币比例相同，直到预付款全部归还为止。

4）履约保证。承包商应自费按投标函附录规定的金额和货币种类办理履约保证，以保证其恰当履约。承包商应在收到中标函之后的 28 天内将履约保证提交给业主，同时抄报给工程师复印件。履约保证金一般为合同价的 10%。若履约保证中的条款规定有效期，如果承包商在有效期届满之前的 28 天前仍拿不到履约证书，那么他应将履约保证的有效期相应延长到工程完工和缺陷修复为止。业主在收到工程师签发的履约证书 21 天内将履约保证退还给承包商。

FIDIC《施工合同条件》在下列情况下雇主可以没收履约保证：

- 承包商未按上述规定延长履约保证的有效期，此时业主可以将该履约保证全部没收；
- 在双方商定或工程师决定后的 42 天内，承包商没有支付已商定工程师决定的业主的索赔款；
- 在收到业主方发出的补救违约的通知之后 42 天内，承包商仍没有补救；
- 业主有权终止合同的情况。

5）期中支付。在每个月月末之后，承包商应按工程师批准的格式向工程师提交月报表，一式六份，详细列出承包商认为自己有权获得的款额，并附有证明文件。月报表包括下列内容，并按所列顺序给出，但可视情况增减有关内容，涉及的款额用应支付的各类相应货币表示。

- 截至该月底完成的工程价值以及编制的承包商文件的价值；
- 第 13.7 款和第 13.8 款涉及的立法变更和费用调整的各类款项，根据情况，可以上调，也可以减扣；
- 保留金的扣除，额度为投标函附录中的百分率乘以前两项款额之和，一直扣到投标函附录规定的保留金限额为止；
- 按第 14.2 款“预付款”规定支付的预付款或扣还的预付款；
- 按第 14.5 款“拟用于工程的永久设备和资料”规定的材料设备预付款或减扣款；
- 其他应追加或减扣的款项，如所扣款等；
- 对以前支付证书中款额的扣除。

工程师在收到承包商的付款申请表和证明文件后的 28 天内，向业主发出期中支付证书，说明支付金额，并附详细说明。在接收证书签发以前，如果期中支付证书的数额在扣除保留金等应扣款项之后，其净值小于投标函附录中的期中支付证书最低限额，则工程师可以不开具该期中支付证书，该款额转至下月支付，同时相应通知承包商。

6）保留金。当整个工程接受证书签发之后，保留金一般应由工程师开具证书，并支付给承包商。如果签发的接受证书只是某一工程区段/部分，则支付的保留金应等于保留金总额的 40%乘以该区段/部分工程估算合同价值占整个工程合同的估算价值的比重。最迟的工程缺陷通知期到期之后，保留金余额应立即支付承包商。保留金的支付方式主要有两种：

- 如果工程没有进行区段划分，则所有保留金分两次退还，签发接受证书后先退还一半，缺陷通知期结束后退还另一半；
- 涉及工程区段/部分，则分三次：区段接收证书后返还 40%，该区段缺陷通知期到期后返还 40%，剩余 20%待最后的缺陷通知期结束后退还。

7）最终支付和结清单。收到履约证书后的 56 天内，承包商应按工程师批准的格式，向其提交最终报表草案，一式六份，同时附有证明文件。最终报表包括与工程量清单相应项目的结算额、调价、变更、索赔、违约和风险等补偿额等，实际支付与未支付情况说明。承包商提交最终报表时，同时还应提交一份结清单。收到最终报表和结清单后 28 天内，工程师应向业主发出最终支付证书。最终支付证书中应包括：① 最终到期应支付的金额 ；② 在扣除业主以前已经支付的款额后，还应支付承包商的余额，但如果业主已经多支付了承包商，承包商应退回差额。

（4）进度控制条款。

1）开工。工程师应至少提前 7 天通知承包商开工日期。如果专用条件中没有其他规定，开工日期应在承包商接到中标函后的 42 天内。承包商在开工日期后，“尽可能合理快”地开始实施工程，随后应以恰当的速度施工，不得拖延。

2）进度计划。承包商在收到开工通知后 28 天内向工程师提交详细的进度计划。进度计划应包括：

- 承包商实施工程的顺序，即各阶段工作的时间安排，如设计（如有）、承包商的文件、货物采购、永久设备的制造、运达现场、施工、安装和检验等；
- 涉及指定分包商工作的各个阶段；
- 合同中规定的检查和试验的顺序和时间安排；
- 一份支持报告，包括承包商的施工方法和主要施工阶段，以及各阶段现场所需的各类人员及施工设备数量。

如果收到承包商的进度计划后，工程师认为某些方面不符合合同的规定，应在接到进度计划后 21 天内通知承包商，否则承包商可以依据该进度进行工作。在实施过程中，如果承包商认为有可能随后发生的事件会影响工作，增加合同价格和延误进度，应立即通知工程师。

3）进度报告。从开工日期起至完工日期后完成要求的扫尾工作为止，承包商应在每月月末后的 7 天内向工程师提供一式六份的月进度报告。进度报告的内容主要包括：

- 进度图表及详细说明。包括承包商文件、设备材料采购情况、指定分包商工作，以及施工、安装和检验；
- 能表明设备制造和工程进度的照片；
- 设备材料情况；
- 提供详细的人员数量及设备细目；
- 质量保证文件、检查结果和材料证书；
- 索赔文件备案；
- 安全事项；
- 进度对比，国内项目多在会议上说明。很少有承包商能够自行以文件的形式明确进度的精细状况。

4）工程进度。如果实际进度太慢，不能在合同工期内完成工程，或者进度已经或将落后于现有的进度计划，而承包商又无权索赔工期，那么工程师可以要求其递交一份新的进度计划，同时附有赶工方法说明。若工程师没有另外通知，承包商应按新的赶工计划实施工程，其中，延长工作时间、增加人员和设备投入、赶工的风险和费用由承包商承担。如果新的计划导致业主支付了额外的费用，业主可以提出索赔。如果承包商仍未按时完工，除了上述费用外，还应支付延期赔偿费。

5）竣工时间的延长。如果由于下述任何情况致使承包商竣工在一定程度上遭到或将要遭到延误，承包商有权要求延长竣工时间：

- 发生合同变更或某些工作量有大量变化；
- 本合同条件中提到的赋予承包商索赔权的原因；
- 异常不利的气候条件；
- 由于传染病或其他政府行为导致无法预见的人员或货物短缺；
- 业主方或其在现场的其他承包商造成的延误、妨碍或阻止。

6）工程暂停。工程师可随时指示承包商暂停进行部分或全部工程。暂停期间，承包商应保护好工程，避免损失。工程师可以将停工的原因通知承包商。如果承包商因暂停工作及复工导致了费用损失和工期延误，他可以按索赔程序通知工程师，提出索赔。但如果因为承包商的设计、工艺、材料等有缺陷或没有根据规定尽到暂停期间的保护、存放和保安等职责，则他没有权利获得相应的费用和工期补偿。

7）误期损害赔偿费。如果承包商没有按期完工，承包商应根据业主的赔偿要求，向业主支付拖期赔偿费。拖期赔偿费的支付标准在投标函附录中有规定，其额度为每天的标准乘以拖期的天数，其总额不得超过投标函附录中规定的最高限额。拖期的天数为合同竣工日期到接收证书上注明的实际完工日期之间的天数。除了在竣工前根据15.2款“业主的终止”发生终止情况外，拖期赔偿费是承包商对其拖延完工的唯一赔偿责任。拖期赔偿费的支付不解除承包商完成工程的义务，也不解除合同中规定的其他的义务和责任。

（5）变更与调整。

1）变更权。在签发接收证书之前，工程师有权签发工程变更指令，或要求承包商提交变更建议书。变更主要包括：

- 合同中单项工作的工程量的改变，但此类工程量的变化也不一定构成变更；
- 合同中单项工作的质量或其他特性的改变；
- 工程某部分的标高、位置或尺寸的改变；
- 某项工作的删减，但此类删减的工作也不得由他人来做；
- 对原永久工程增加任何必要的工作、永久设备、材料，包括各类检验、钻孔和勘探工作；
- 工程实施的顺序和时间安排的变动；

2）价值工程。如果承包商认为自己的建议能够使得工程缩短工期，降低工程实施、维护或运营的成本，提高项目竣工后的效率或价值，或者对业主产生其他利益，其可以随时向工程师提出建议。如果承包商的建议节省了工程费用，承包商应得到一定的报酬，其额度为节省的费用的一半。如果降低的合同额度小于潜在的损失，承包商则无任何报酬。

3）变更程序。若工程师在签发变更指令之前要求承包商提交建议书，承包商应尽快答复。建议书应包括：变更工作的实施方法和计划、工程总体进度计划因变更而必须进行调整的建议、承包商对变更的费用估算。工程师收到承包商的建议书后应尽快答复，可以批准、否决或提出意见，但承包商在等待答复的过程中应正常工作。

（6）风险与保险。

1）承包商保障。承包商在设计和施工过程中，如果出现了任何人员的伤亡或疾病，承包商应保证：不让业主及一切相关人员承担这类事件导致的索赔损失及相关开支，但如果此类事件是因为业主及其人员的渎职、恶意行为或违约行为造成的，则承包商对他们不予保障。在承包商的设计和施工过程中，若由于承包商及其人员的渎职、恶意行为或违约行为致使任何不动产和私人财产（工程本身除外）遭受损害，则承包商应保证，不让业主及其一切相关人员承担这类事件导致的索赔、损失及相关开支。

同时，从开工到接收证书的签发，承包商应对工程的照管负全部责任。接收证书签发后，照管责任转移给业主方，但承包商仍需负责扫尾工作的照管。承包商照管工程期间，若工程、物品及承包商的文件发生了损失，除业主风险导致的原因外，一律由承包商自行承担。若在签发接收证书之后，承包商的行为导致了损失，承包商应为该损失负责。对于签发了接受证书后发生的损失，若该损失是接受证书签发之前承包商负责的原因所致，则承包商仍需对该损失负责。

2）业主风险。业主面临的主要风险如下：

- 战争及敌对行为等；
- 工程所在国内部恐怖活动、革命等内部战争或动乱；
- 非承包商（包括其分包商）人员造成的骚乱和混乱等；
- 军火和其他爆炸性材料，以及放射性造成的离子辐射或污染等造成的威胁，但承包商使用此类物质导致的情况除外；

- 飞机以及其他飞行器造成的压力波；
- 业主占有或使用部分永久工程（合同明文规定的除外）；
- 业主方负责的工程设计；
- 一个有经验的承包商也无法合理预见并采取措施来防范的自然力的作用。

如果发生业主的风险，导致工程、物品或承包商的文件受到损害，承包商应立即通知工程师，并按工程师的要求予以修复和补救。

3）保险。投保方指的是办理并保持合同要求的各类保险的一方。

如果承包商为投保方，办理保险时他应遵循业主批准的条件，这些条件应于双方在承包商中标前谈判中商定的投保条件相一致，若商定的投保条件与本款规定不一致，以双方商定为准。如果业主为投保方，他应按专有条件中列出的具体条件投保。

投保方应按投标函附录中的时间规定，向另一方提供办理保险的证据以及保险单的复印件，同时通知工程师。当支付保险费后，投保方也应通知另一方。双方都应遵守保险单的规定。一旦工程实施过程中情况发生改变，与投保时提供给保险公司的不一样，投保方应通知保险公司，作出相应安排，以便保险单持续有效。合同双方都不得单方面对保险单作出大的修改，若保险公司提出修改，先得到通知的一方应立即通知另一方。若投保方没有办理保险或使之持续有效，或者没有按规定向另一方提供有关情况，则另一方可以去办理相关保险，支付保险费，并有权从投保方收回该费用，合同价格相应调整。

投保方应为工程本身、永久设备、材料以及承包商的文件办理保险，投保金额不低于全部重置成本、拆迁费加上相应利润额。投保方应将保险的有效期一直保持到签发履约证书的日期为止。保险覆盖的范围主要包括：承包商负责的、发生在签发接收证书之前的原因导致的损失，以及从签发接受证书日期起到签发履约证书为止的这一段时间由承包商在其他工作中导致的损失，以及在这一段时间内其工作导致的损失。

（7）违约与索赔条款。违约与索赔是 FIDIC 条款的一项重要内容，也是国际承包工程圆满实施的有效途径。

1）雇主对承包商的惩罚措施。若因承包商违约或履约不利，雇主可以采取相应的惩罚措施，包括没收有关保函或保证金、误期罚款、由雇主接管并终止合同。若承包商有下列行为，雇主有权终止合同：

- 不按规定提交履约保证，或在接到工程师的改正通知后仍不改正；
- 放弃工程或公然表示不再继续履行其合同义务；
- 没有正当理由，拖延开工，或者在收到工程师关于质量方面的通知后，没有在 28 天内整改；
- 没有征得同意，擅自将整个工程分包，或将整个合同转让；
- 承包商已经破产清算，或承包商已经无法再控制其财产的类似问题；
- 直接或间接向工程有关人员行贿，引诱其作出不轨行为或言不实之词，包括承包商雇员的类似行为，但承包商支付其雇员的合法奖励不在之列。

2）承包商对雇主的索赔。当雇主不执行合同时，例如，如果工程师没有按规定时间签发支付证书，或者业主没有按规定时间提供资金证明或没有按时支付工程款，承包商在提前给业主 21 天的通知后，有权放慢工作速度或暂停工程进展。如果承包商因放慢工作速度或暂停工作，致使工期和费用受到影响，则他有权提出索赔，索赔费用时还可以加入利润。即使承包商暂停了工程，他仍有对迟付款享有融资费以及终止合同的权力，若雇主有下列行为，承包商有权终止合同：

- 雇主不提供资金证明，承包商发出暂停工作的通知 42 天内，仍没有收到任何合理证据；
- 工程师在收到报表和证明文件后 56 天内没有签发有关支付证书；
- 承包商在期中支付款到期后的 42 天内仍没有收到该笔款项；
- 业主严重不履行其合同义务；
- 业主不按合同规定签署合同协议书；
- 如果工程师暂停工程的时间超过 84 天，而在承包商的要求下在 28 天内又没有同意复工，则如果暂停影响到整个工程，承包商有权终止合同；
- 业主已经破产、清算，或已经无法再控制其财产等。

3）索赔、争端与仲裁。若承包商认为按照合同有权索赔工期和额外款项，应该尽快向工程师发出通知，说明导致索赔的案件。该通知由承包商在应知道或本应知道该事件发生后的 28 天内发出，否则，承包商失去一切索赔权利，同时承包商还应提供合同要求的其他通知以及支撑索赔的证据。在承包商得知（或本应意识到）索赔事件发生后的 42 天内，或承包商建议并经过工程师同意的其他时间内，向工程师提供完整的索赔报告，包括索赔依据、索赔的工期和款额。收到每项索赔报告后的 42 天内或工程师提出并经承包商同意的其他时间内，工程师应给予答复，予以批准。若不批准承包商的索赔，则应该说明详细原因，工程师可以要求承包商提交进一步的证据。

如果工程实施过程中合同双方出现争端，任一方都可将争端书面提交给争端裁定委员会（DAB）裁定，争端裁定委员会可以由一人组成，也可以由三人组成，如果数量没有在投标函附录中规定或双方没有一致建议，则为三人：每方提名一位，供对方批准，双方与两位成员磋商后商定第三位，作为主席，若合同附有委员会成员候选人名单，则应从该名单中选取愿意承担此任务的人员。DAB 委员会的报酬由双方平均支付。收到争端申请后 84 天内，委员会应作出决定，并给出支持决定的理由，如果某一方对此决定不满，可在收到决定后 28 天内，将其不满的意见通知另一方。

若争端裁定委员会的决定没有成为终局决定，且双方也没有友好解决对该决定的争端，在友好解决期 56 天后，该争端应最终按仲裁方式解决。仲裁规则应采用国际商会仲裁规则，除非双方另有商定。

（8）附加和补充条款。FIDIC 条款还规定了作为招标文件的内容和格式，以及在各种具体合同中可能出现的补充条款。其中，附加条款包括投标书及其附件、合同协议书；补充条款包括防治贿赂、保密要求、支出限制、联合承包情况下的各承包人的各自责任及连带责任、关税和税收的特别规定等五方面内容。

10.2.2 美国AIA系列合同条件

1．美国AIA系列合同简介

美国的工程建设规模很大，而且美国各州的法律规定差别较大，因此统一的合同范本的作用就更加重要。目前美国的工程建设合同范本有许多种，其编制机构既包括政府机构，也包括各种专业组织，例如各级联邦政府机构使用的《联邦政府施工合同》、美国总承包商会（AGC）合同文本等，而应用最广的则是美国建筑师学会（The American Institute of Architects，以下简称AIA）编制的合同范本。

AIA系列合同条件主要用于私营的房屋建筑工程。该合同条件下确定了传统模式、设计—建造模式和CM模式三种主要的工程项目管理模式。AIA所编制的标准合同范本涵盖面非常广，不仅包含合同协议书和合同条件，还包括招投标、资质审查、合同签订、项目管理等各阶段所需要的各种附件、保险和担保等文书，甚至包括建筑师在日常项目管理中需要的各种表格，可以说基本涵盖了一个工程项目的方方面面。按照AIA公布的官方标准，其出版的所有合同范本可以按照两种方式进行分类。

第一类是按照“系列”（series），即适用该合同范本的合同双方的关系进行分类，共可分为A、B、C、D、F、G六个系列：

- A系列，用于业主与承包商之间的协议书和合同条件，还包括承包商资格申报表，保证标准格式；
- B系列，用于业主与建筑师之间的协议书和合同条件，还包括专门用于建筑设计、室内装修工程等特定情况的标准合同文件；
- C系列，用于建筑师与其他专业咨询人员之间的协议书和合同条件；
- D系列，建筑师内部使用的文件；
- F系列，财务管理表格；
- G系列，建筑师企业及项目管理中使用的各种表格和文件。

第二类是按照“族”（family），即该合同文本所适用的工程的类型或承发包模式，共可分为八族：

- 第1族，适用于传统模式项目；
- 第2族，适用于小型项目；
- 第3族，适用于咨询型建设管理项目；
- 第4族，适用于承包型建设管理项目；
- 第5族，适用于内部装修项目；
- 第6族，适用于国际项目；

- 第7族，适用于设计—建造项目；
- 第8族，合同管理和项目管理表格。

2. 美国AIA系列合同条件的主要内容

AIA 系列合同文件的核心是“一般条件”（A201）即《施工合同通用条件》，共计14条68款，14个条款的主要内容主要包括：① 合同文件；② 建筑师；③ 业主；④ 承包商；⑤ 分包商；⑥ 由业主或其他承包商完成的工作；⑦ 其他规定；⑧ 工期；⑨ 建造与支付；⑩ 人员及财产的保护；□ 保险；□ 工程变更；□ 工程剥露与修改；□ 合同的终止。

将上述合同文件用于具体工程时，还应针对具体工程进行条款的补充，补充条款具体约定工程的地点、工程范围、实施竣工、税收、工程临时设施、施工图纸、支付、保险以及场地清理等具体事宜。

10.2.3 英国ICE合同条件

英国土木咨询工程师学会（The Institution of Civil Engineers，ICE），在土木工程建设合同方面具有较高权威性，已有200多年的历史，是世界公认的学术中心、资质评定组织及专业代表机构。ICE 的标准合同条件有悠久历史，其《土木工程施工合同条件》对FIDIC合同具有深远影响，FIDIC第一版合同条件就是以ICE合同条件为蓝本的。ICE《施工合同条件》是国际上流行的工程承包合同制式，其应用范围仅次于FIDIC合同条件，特别是英联邦国家和地区基本上普遍采用ICE《施工合同条件》。目前，我国香港地区或其在内地的投资项目也常使用ICE《施工合同条件》或其变通形式。

ICE《施工合同条件》共计71条109款，主要内容包括：工程师及工程师代表；转让与分包；合同文件；承包商的一般义务；保险；工艺与材料质量的检查；开工、延期与暂停；变更、增加与删除；材料及承包商设备的所有权；计量；证书与支付；争端的解决；特殊用途条款；投标书格式。此外，ICE 合同条件的最后也附有投标书格式、投标书格式附件、协议书格式、履约保证等文件。

ICE《施工合同条件》与FIDIC《施工合同条件》一样属于固定单价合同，都是以实际完成的工程量和投标书中的单价来控制工程项目的总造价，但 ICE《施工合同条件》又具有许多自身的特点。

（1）ICE《施工合同条件》没有独立的专用条款部分，而是在合同的第72条中对项目的特殊要求进行约定，其第72条就相当于FIDIC的专用条款；

（2）ICE《施工合同条件》对土木工程承包合同中经常遇到的问题，在条款中都有较全面和严肃的规定，例如第69条款和第70条款对税收作了专门的规定。

（3）项目一般采用议标机制，议标文件只发给资格预审合格的投标单位；资格预审过程比较漫长，要求被考察单位提供其曾建造项目的施工图纸，考察时会根据施工图检查室内净高、进深、建筑外墙长度等是否符合设计文件，如果投标单位准备不足或估计不足，则很难获得机会。

（4）发包方将合同管理及项目头筹管理权限授予建筑师，建筑师在合同授予范围内有至高无上的权利，发包方对承包方及专业分包方的任何指令均通过建筑师发出，发包方不直接面对承包方或专业分包方；发包方又将项目成本控制权限通过合同授予专业的造价测量公司，有专业的造价测量公司对承包方及其专业分包的报量、进度款、变更签证、索赔处理进行管理和控制；为了符合国内法律要求将指令、安全管理及现场见证事宜权限授予监理公司。上述三家均称为发包方的顾问单位，共同对承包方及专业分包方实施管理。

10.2.4 国际上其他通用的合同条件

1．NEC《工程施工合同》

（1）NEC《工程施工合同》简介。为了满足建筑工程市场日益多元化的发展、激励和提倡合同双方开展良好的工程管理、满足业主多样化的要求，以及能有效地解决工程频繁的争议和造成的不利影响。1985年9月，英国土木工程师学会委员会批准并开始编制新工程合同条件（NEC），工作小组由土木工程师学会成员、承包商、咨询工程师和业主代表组成。新工程合同条件的征求意见于1991年出版。随后通过征求广泛的意见和多次讨论，并在一些国家的不同类型工程中使用，于1993年3月正式出版第一版，而后在1995年修订后出版第二版。

NEC《工程施工合同》合同是一个系列合同，包括：工程设计与施工合同；工程设计与施工简明合同；工程设计与施工分包合同；专业服务合同；争端裁定合同。NEC《工程施工合同》最大的特点是灵活，增进合同各方的合作，建立团队精神，明确合同各方的风险分担，减少了工程建设中的不确定性，减少了索赔以及仲裁、诉讼。

（2）NEC《工程施工合同》的主要结构和内容。NEC《工程施工合同》主要包括以下几个部分。

1）核心条款。所有合同组合中必有的部分，共9个条款：总则、承包商的主要责任、工期、测试和缺陷、付款、补偿事件、所有权、风险和保险、争端和合同终止。无论选择何种计价方式，NEC施工合同的核心条款均是通用的。

2）主要选项条款。针对6种不同的计价方式设置，设定一个特定的合同只能选择1个主要选项，这种选择的范围基本涵盖了各种类型的工程和建筑施工情况。每种选择方式业主和承包商所分担的风险有所不同，其付款方式也有所不同。

- 选项A（带有分项工程表的标价合同）：分项工程表由承包商制定并对其进行报价，这些分项工程的价格总和就是承包商承包整个工程的价格，即价格风险和数量风险均由承包商承担。
- 选项B（带有工程量清单的标价合同）：工程量清单包含了工作项目和数量，承包商根据招标文件及有关资料进行报价，承包商承担价格风险，业主承担数量风险。
- 选项C和D（带有分项工程表和工程量清单的目标合同）：按分项工程总价确定目

标总价，价格风险和数量风险由业主和承包商按约定共同承担。目标合同适用于拟建工程范围没有完全界定或预测的风险较大的情况。

- 选项 E（成本偿付合同）：承包商不再承担成本风险，其得到的款项是实际成本加上所报价的间接费。成本偿付合同适用于当施工工程的范围界定不充分，甚至作为目标价格的基础也不够充分而又要求尽快施工的情况。
- 选项 F（管理合同）：管理承包商不必亲自施工，但其承担的责任等同于那些根据其他主要选项工作的承包商所承担的责任，分包商与管理承包商签订分包合同。这种合同的价格确定方式仍在不断地演变中。

3）次要选项。在决定了主要选项后，当事人可根据需要选择部分、全部或根本不选择次要选项，选定的次要选项和选定的主要选项必须在合同资料文件第一部分的首要说明中加以说明。次要选项包括保函、担保等 15 项条款。

4）成本组成表。对成本组成项目进行全面定义，从而避免因计价方式不同、计量方式差异而导致的不确定性。

5）合同资料。包括由业主发给投标人的文件、投标人投标的文件、双方谈判期间的改动以及合同实施过程中的变更等。

2. JCT 合同

英国联合合同委员会（Joint Contract Tribunal，JCT）始建于 1931 年。JCT 的创始机构有英国皇家建筑师学会（Royal Institute of British Architects，RIBA）和全国建筑职业联合会（National Federation of Building Trades Employers，NFBTE），之后，英国皇家建筑师协会（RIBA）、英国皇家测量师协会（RICS）、咨询建筑师协会（ACA）、专业工程承包商会（the Specialist Engineering Contractors Group）、英国财产联合会（BPF）等多个专业组织加入 JCT。其编制的 JCT 合同范本是英国第一部建筑业合同条件，并在英国和英联邦国家得到广泛应用。JCT 范本的核心文件是《建筑合同格式范本》（The Standard Form of Building Contract）。

JCT 章程对“标准合同”的定义为：“所有相互一致的合同文件组合，这些文本共同被使用，作为运作某一特定项目所必需的文件。”这些合同文本包括：顾问协议；雇主与总承包商之间的主合同；总承包商与分包商之间的分包合同；分包商与次分包商之间的次分包合同；雇主与专业设计师之间的设计协议；标书格式，用于雇主对总承包商的招标、主承包商对分包商的招标以及分包商对次分包商的招标；货物供应合同格式；保证金和抵押合同格式。JCT 的工作是制作这些标准格式的组合，用于各种类型的工程承接。

现在国际上应用较为广泛的 JCT 合同范本包括以下版本：JCT98（传统格式，六个版本）、含承包商设计的 JCT98、中间合同（IFC98）、小型工程合同（MW98）、JCT 管理合同 1998、JCT 建筑管理系统 2002、JCT 标准条款合同 1998、JCT 业主合同等。

3. 其他知名合同范本

- 美国工程师联合合同委员会（Engineers Joint Contract Documents Committee，EJCDC）编制的 EJCDC 合同范本。
- 美国总承包商会（Associated General Contractors of American，AGC）编制的 AGC 合同范本。
- 英国咨询工程师协会（Association of Consulting Engineers，ACE）编制的 ACE 合同范本，其对 FIDIC 合同范本产生了重要的影响。为了适应国际建设工程领域的需要，ACE 基于 ICE 合同范本，于 1956 年 8 月出版了《海外土木工程合同条件》（简称 ACE 合同范本）。FIDIC《土木工程施工合同条件》（红皮书）第一版正是基于 ACE 合同范本起草的。

本章小结

合同是一个契约、一个协议。国际惯例是指在国际交往中逐渐形成的不成文的法律规范，国际惯例只有经过国家认可才有效力。所谓法律效力，即法律的约束力，是指人们应当按照法律规定的行为模式来行为，必须予以服从的一种法律之力。

在国际工程承包合同中，明确规定“适用于本合同的法律”或“某法律管辖本合同”不仅可以使合同双方在履行合同过程中遵守该法律原则，减少争端，而且在争端产生后，可使仲裁庭或法院在裁决或审理时有共同的法律依据。

FIDIC 是国际咨询工程师联合会的法文缩写（Fèdèration Internationale Des Ingènieurs Conseils），是国际上具有权威性的咨询工程师组织。

美国目前的工程建设合同范本有许多种，其编制机构既包括政府机构也包括各种专业组织，例如各级联邦政府机构使用的《联邦政府施工合同》、美国总承包商会（AGC）合同文本等。而应用最广的则是美国建筑师学会（AIA）所编制的合同范本。

ICE 是英国土木咨询工程师学会的简称，该学会在土木工程建设合同方面具有较高权威性，已有 200 多年的历史，是世界公认的学术中心、资质评定组织及专业代表机构。

复习思考题

1. 问答题

（1）简述合同、惯例与法律的相互关系。

（2）FIDIC 系列合同条件有什么特点？

（3）业主的风险有哪些？

（4）试比较FIDIC《施工合同条件》与国内《工程建设施工合同》有哪些相近之处？

2．判断题

（1）FIDIC《施工合同条件》规定在双方商定或工程师决定后的42天内，承包商没有支付已商定工程师决定的业主的索赔款的情况下，雇主不可以没收履约保证。（　　）

（2）如果发生业主的风险，导致工程、物品或承包商的文件受到损害，承包商应立即通知工程师，并按工程师的要求予以修复和补救。（　　）

（3）ICE《施工合同条件》与FIDIC《施工合同条件》一样属于固定单价合同，都是以实际完成的工程量和投标书中的单价来控制工程项目的总造价。（　　）

3．选择题

（1）FIDIC《施工合同条件》的“缺陷通知期”是指（　　）。

A．工程保修期

B．承包商的施工期

C．工程师在施工过程中发出的改正质量缺陷通知

D．工程师在施工过程中对承包商改正缺陷限定的时间

（2）FIDIC 合同中用于由发包人设计或咨询工程师设计的房屋建筑工程的合同条件是（　　）。

A．施工合同条件　　B．永久设备和设计制造合同条件

C．EPC交钥匙项目合同条件　　D．合同的简明格式

（3）NEC合同为了增强适用范围，主要合同条款都用（　　）编写。

A．非技术意义　　B．专业术语

C．法律术语　　D．经济术语

（4）FIDIC合同条件规定的纠纷解决程序包括以下几个步骤（　　）。

A．记录纠纷　　B．工程师准裁决

C．友好协调　　D．调解

E．正式仲裁

（5）FIDIC合同中指定分包商与一般分包商的差异主要表现为（　　）。

A．选择分包单位的权利不同　　B．分包合同的工作内容不同

C．工程款的支付开支项目不同　　D．业主对分包商利益的保护不同

E．承包商对分包商违约行为承担责任的范围不同

实训题

我国某水电站建设工程，采用国际招标，选定国外某承包公司承包引水洞工程施工。

在招标文件列出应由承包商承担的税赋和税率。但在其中遗漏了承包工程总额 3.03%的营业税。因此承包商报价时没有包括该税。工程开始后，工程所在地税务部门要求承包商交纳已完工程的营业税 92 万元，承包商按时交纳，同时向业主提出索赔要求。

【问题】请分析上述案例中的责任以及索赔的处理过程。

参考文献

[1] 吴芳, 冯宁. 工程招投标与合同管理[M]. 北京: 北京大学出版社, 2010.
[2] 刘伊生. 建设工程招投标与合同管理[M]. 北京: 北京交通大学出版社, 2007.
[3] 郝永池, 刘健娜. 建设工程招投标与合同管理[M]. 北京: 北京理工大学出版社, 2011.
[4] 刘黎虹, 陈起俊. 工程招投标与合同管理[M]. 北京: 机械工业出版社, 2012.
[5] 顾永才. 建设工程合同管理[M]. 北京: 科学出版社, 2010.
[6] 丁士昭. 建设监理导论[M]. 上海: 上海快必达软件出版公司, 1990.
[7] 詹柄, 殷为民. 工程建设监理[M]. 北京: 中国建筑工业出版社, 2007.
[8] 刘贞平，等. 工程建设监理概论[M]. 北京: 中国建筑工业出版社, 1997.
[9] 王秀艳, 李艳. 工程招投标与合同管理[M]. 北京: 机械工业出版社, 2014.
[10] 陈梅. 工程量清单计价模式下的工程造价控制方法探讨[J]. 安徽建筑，2009(1): 108-110.
[11] 吴世勇. 工程量清单计价模式下建设单位在招标阶段对工程造价的控制[J]. 建筑工程, 2008(4): 44-45.
[12] 张宝玲. 编制工程量清单和招标控制价过程中应注意的问题[J]. 建筑监督检测与造价, 2009, 2(6): 43-45.
[13] 尹贻林, 周金娥. 新清单计价规范招标控制价的有关问题分析[J]. 建筑经济，2009(3): 98-101.
[14] 吕文学, 郝丽华. 国际工程管理中的国际习惯与国际惯例[J]. 国际经济合作，2015(6): 66-69.
[15] 谢文哲. 论国际惯例在商事仲裁中的适用[J]. 河北法学, 2008, 26(12): 67-71.
[16] 袁晓勇. 国际工程承包合同的法律效力问题探讨[J]. 广西社会科学, 2008(8): 117-120.
[17] 《建筑工程方案设计招标投标管理办法》建市[2008]63 号.
[18] 《工程建设项目勘察设计招标投标办法》(八部委 2 号令，2013 年 23 号令修改).
[19] 《中华人民共和国政府采购法》(2014 年修订).
[20] 《评标委员会和评标方法暂行规定》(七部委令第 12 号).
[21] 《中华人民共和国房屋建筑和市政工程标准施工招标文件》(2010 年版).
[22] 《中华人民共和国简明标准施工招标文件》(2012 年版).
[23] 《中华人民共和国标准设计施工总承包招标文件》(2012 年版).

[24]《建设工程监理规范》（GB/T50319-2013）.
[25]《中华人民共和国建筑法》.
[26]《建设工程监理规范》（GB/T50319-2000）.
[27]《建设工程质量管理条例》国务院令279号.
[28]《建设工程委托监理合同》（示范文本）.
[29]《工程建设项目施工招标投标办法》（2013年4月修订）七部委令30号.